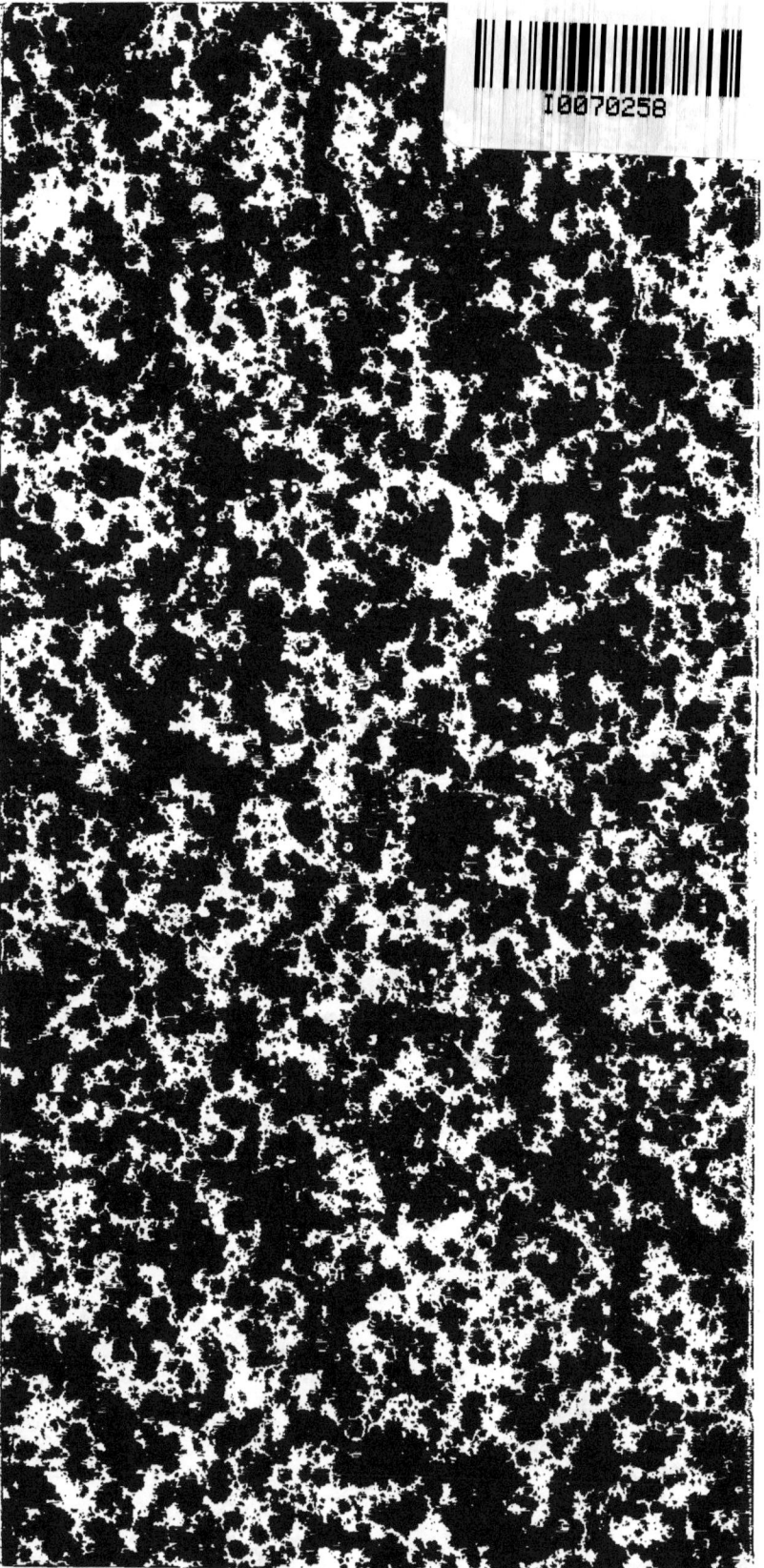

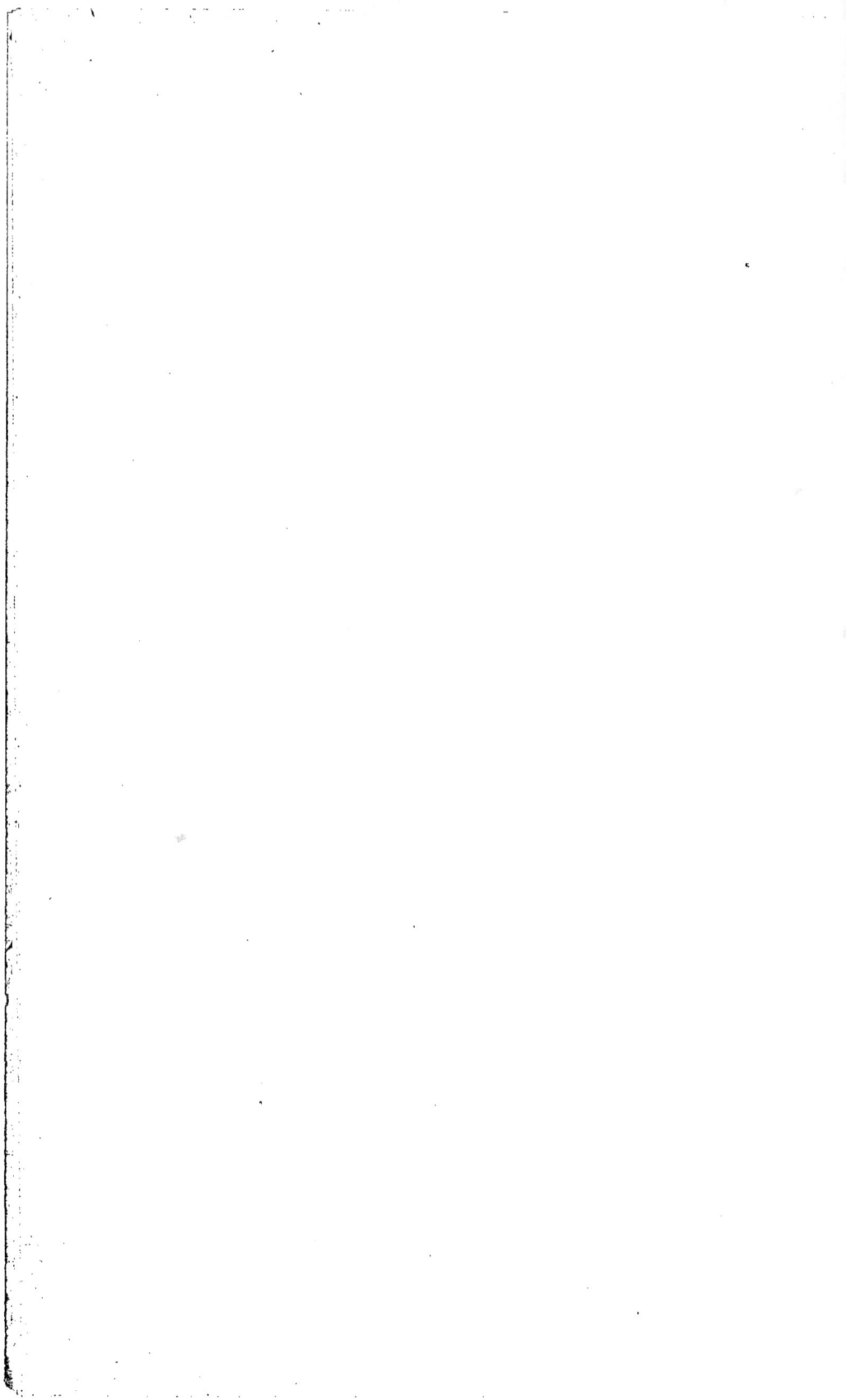

LES LEÇONS

DE LA NATURE

2ᵉ SÉRIE IN-4°.

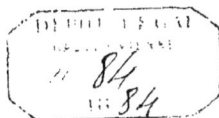

Propriété des Éditeurs.

LES LEÇONS

DE

LA NATURE

OU

L'HISTOIRE NATURELLE

PRÉSENTÉE A L'ESPRIT ET AU CŒUR

PAR

LOUIS COUSIN-DESPRÉAUX

ANCIEN CORRESPONDANT DE L'ACADÉMIE DES INSCRIPTIONS ET BELLES-LETTRES
ET MEMBRE DE PLUSIEURS AUTRES ACADÉMIES DE FRANCE.

> Un des meilleurs usages de la véritable philosophie,
> et particulièrement de la physique, est de nourrir la
> piété et de nous élever à Dieu.
>
> LEIBNITZ.

LIMOGES

EUGÈNE ARDANT ET Cie, ÉDITEURS.

LES LEÇONS
DE LA NATURE

ou

L'HISTOIRE NATURELLE

PRÉSENTÉE A L'ESPRIT ET AU CŒUR.

INTRODUCTION.

PREMIÈRE CONSIDÉRATION.

Invitation de chercher Dieu dans les œuvres de la nature.

Réveille-toi, mon âme; sors du sommeil où tu as été si long-temps plongée, et sois enfin attentive au magnifique spectacle qui t'environne. Considère et toi-même et les autres créatures : considère leur origine, leur structure, leur forme, leur utilité; tant de rapports divers, si propres à remplir d'admiration tout observateur assidu des œuvres du Très-Haut.

Lorsque je contemple le ciel, ses couleurs si vives et si diversifiées, les étoiles qui répandent tant d'éclat, la lumière qui me découvre les objets dont je suis entouré, saisi d'étonnement, je me demande à moi-même : D'où viennent toutes ces choses? qui a construit la voûte immense des cieux? qui a placé dans le firmament ces feux innombrables, ces astres qui, d'une si prodigieuse distance, envoient leurs rayons jusqu'à nous? qui leur ordonna de se mouvoir avec tant de régularité? qui a dit au soleil d'éclairer et de fertiliser la terre?

Superbes montagnes, qui vous a établies sur vos fondements?
qui éleva vos têtes jusqu'au-dessus des nues? qui vous orna de
forêts verdoyantes, de ces arbres fruitiers, de ces plantes si utiles
et si variées, de tant de fleurs agréables? qui a couvert vos
cimes sourcilleuses de neiges et de glaces, et fait jaillir de vos
entrailles ces sources qui humectent et fécondent la terre; ces
fleuves majestueux, qui portent partout l'abondance et la vie?

Fleurs des champs, qui vous donne cette magnifique parure?
par quel prestige un peu de terre et quelques gouttes d'eau ont-
elles produit vos grâces enchanteresses? d'où vous viennent ces
parfums qui nous embaument et nous récréent; ces couleurs
brillantes qui réjouissent nos yeux, et que l'art des mortels ne
peut imiter?

Et vous, créatures animées, qui peuplez et la terre et les eaux,
à qui devez-vous votre existence, votre structure, ces instincts
si divers et si merveilleux qui étonnent notre raison, et qui sont
si appropriés à votre nature et à votre genre de vie?...

Mais lorsque, surpris de tant de merveilles, au milieu desquelles mon esprit se perd et se confond, je viens à me replier
sur moi-même et à contempler l'homme, qui est comme le centre ici-bas de tous les êtres créés, quelle foule d'autres merveilles
plus étonnantes encore vient s'offrir à ma raison et toucher mon
cœur! Comment quelques grains de poussière ont-ils pu être
transformés en un corps si bien organisé? Comment se fait-il
qu'une des parties de ce corps voie les objets qui l'entourent;
qu'une autre entende les différents sons qui s'excitent loin d'elle;
qu'une troisième jouisse avec délices de tant d'agréables émanations qui, de tous côtés, parfument les airs? A qui dois-je cette
précieuse faculté de communiquer à mes semblables mes idées
et mes désirs, et d'être rendu participant des leurs? Comment
un peu de terre modifiée par d'autres éléments qui s'y combi-
nent, et broyée par mes dents, procure-t-il à mon âme tant de
sensations agréables? Et, ce qui est un bienfait plus insigne encore, quelle est cette intelligence dont je suis doué, et qui me
met en état de réfléchir sur tout ce qui m'environne, d'en cal-

culer les rapports, d'acquérir une multitude de connaissances, d'être homme enfin?...

Etre des êtres, pourrais-je, dans toutes ces incompréhensibles merveilles, ne pas reconnaître l'ouvrage de votre main adorable? pourrais-je n'y pas retrouver votre sagesse, votre puissance et votre bonté, travaillant de concert à me rendre heureux? Oui, mon Dieu, c'est votre parole puissante et sage qui appela toutes ces choses, et qui leur donna l'être, le mouvement et la vie.

II. — Sur l'indifférence de la plupart des hommes pour les œuvres de l'Auteur de la nature.

Le spectacle de la nature a quelque chose de si imposant, il est si intéressant à méditer pour quiconque aime à se nourrir l'esprit de grandes vérités, et le cœur des sentiments les plus doux, qu'on s'étonne, avec raison, de la froideur de la plupart des hommes pour les œuvres de Dieu.

Cependant, quand on vient à réfléchir sur le peu d'intérêt qu'ils mettent d'ordinaire aux choses qui ne touchent point à leur bien-être corporel, et sur les passions diverses qui les agitent, l'étonnement cesse, et l'on conçoit pourquoi Dieu, malgré le langage si énergique du ciel et de la terre, est si souvent méconnu.

L'inattention est une des principales causes de cette indifférence. Accoutumés aux beautés qui s'offrent à nos regards, nous négligeons d'admirer la sagesse dont elles portent l'empreinte, et les avantages sans nombre qui nous en reviennent n'excitent plus notre gratitude. Il n'est que trop d'hommes semblables à l'animal stupide, qui se nourrit de l'herbe des prés et se désaltère le long des ruisseaux, sans rechercher d'où lui viennent les biens dont il jouit, et sans soupçonner la main qui les lui prodigue si libéralement. Ainsi, quoique doués des facultés les plus excellentes, et comblés des bienfaits de la nature, les hommes ne pensent presque jamais à la source d'où ils émanent; et, lors même que Dieu se manifeste à leur esprit de la manière la plus touchante, ils n'en sont point frappés; l'habitude les rend indifférents et insensibles.

D'autres sont froids sur le spectacle de la nature, par ignorance. Combien d'hommes qui n'ont aucune connaissance réflé-
chie des phénomènes même les plus ordinaires! Tous les jours
ils voient le soleil se lever et se coucher; leurs champs sont tantôt humectés par la rosée ou la pluie, et tantôt fécondés par la
neige; sous leurs yeux, les plus admirables révolutions s'opèrent
à chaque printemps : mais; peu jaloux de rechercher les causes
et les fins de ces divers phénomènes, ils vivent, à cet égard, dans
l'ignorance la plus profonde. Quelque ardeur, il est vrai, que
nous mettions à étudier la nature, une multitude de choses de-
meureront incompréhensibles pour nous; et jamais les bornes de
nos lumières ne se découvrent mieux que quand nous entrepre-
nons sérieusement d'approfondir ses opérations. Cependant, il
nous serait facile d'en acquérir au moins une connaissance suffisante : et quel est le laboureur qui ne pût comprendre comment
il arrive que le grain dont il ensemence son champ germe,
pousse, et lui rend cent pour un?

Heureux encore si ce n'est point de l'oubli de Dieu que naît,
chez tant d'hommes, leur dédain pour ses œuvres! Celui qui ne
sent aucun goût pour la piété ni pour les obligations qu'elle impose, se met peu en peine de connaître la main qui tira du néant
tous les êtres. Lui payer le tribut d'amour et de reconnaissance
qu'exigent ses bienfaits devient alors une occupation désagréable
et pénible; et qu'il est à craindre que ce ne soit là une des principales causes de l'indifférence des hommes pour les œuvres du
Seigneur? S'ils estimaient comme ils le doivent la connaissance
de Dieu, ils saisiraient avec empressement tous les moyens de
s'affermir, de se perfectionner dans cette sublime étude, et dans
l'amour qui en est à la fois et le fruit et la plus douce récompense.

III. — La contemplation de la nature est une source de plaisirs pour l'esprit, et une école pour le cœur.

Les hommes se fatiguent à inventer des amusements dont ils
ne tardent pas à se dégoûter; tandis que la nature, avec une

bonté maternelle, offre à tous ses enfants le moins dispendieux, le plus innocent et le plus durable des plaisirs. C'est celui dont jouissaient dans le jardin d'Eden les premiers des humains; et notre dépravation seule nous fait rechercher des satisfactions d'un genre différent. Pour peu que l'on conserve l'antique simplicité, il est presque impossible de ne pas trouver des charmes à contempler la nature. Le pauvre, ainsi que le riche, peut se procurer cette jouissance : mais c'est précisément ce qui en diminue le prix. Insensés que nous sommes! rien ne devrait donner plus de valeur à un bien, que la pensée qu'il fait le bonheur de tous nos frères; et nous donnons peu de prix à ce que tous les hommes partagent avec nous!

Combien cependant, auprès de ce plaisir si touchant et si noble, combien sont frivoles et trompeurs ces amusements recherchés que le riche se procure à si grands frais! Uniquement propres à nous arracher à nous-mêmes, ils laissent un vide affreux dans notre âme, et amènent toujours avec eux l'ennui et le dégoût. Au contraire, la bienfaisante nature offre continuellement de nouveaux objets à nos yeux. Tous les plaisirs qui ne sont l'ouvrage que de notre imagination ont une courte durée, et sont aussi fugitifs qu'un beau songe, dont l'illusion se détruit au moment du réveil. Les plaisirs de l'esprit et du cœur, ceux que nous goûtons en contemplant les œuvres de Dieu, sont solides et constants, parce qu'ils nous ouvrent une source inépuisable de délices. Le ciel avec tous ses feux, la terre émaillée de fleurs, le chant mélodieux des oiseaux, le doux murmure des fontaines, le cours majestueux d'un fleuve, la diversité des paysages, mille points de vue tous plus ravissants les uns que les autres, fournissent sans cesse de nouveaux sujets de contentement et de joie; et si nous y sommes insensibles, c'est que nous voyons les œuvres de la nature d'un œil indifférent. La grande science du chrétien consiste à jouir innocemment de tout ce qui l'environne : il possède l'art de se rendre heureux dans toutes les circonstances, à peu de frais, et sans qu'il en coûte à sa vertu.

La contemplation de la nature n'est pas moins propre à me

remplir de reconnaissance pour son auteur; partout elle me prê-
che à haute voix cette vérité si consolante : *Dieu est amour*. C'est
la charité qui a engagé Dieu à manifester sa gloire par la
création du monde, et à communiquer à d'autres êtres quelques
portions de la félicité qu'il trouve en lui-même.

Quelles heureuses dispositions ne produirait pas dans une
âme la considération de l'ordre admirable qui règne dans toute
la nature! Si je suis intimement convaincu que rien ne saurait
plaire à Dieu que ce qui est conforme à l'ordre, ne m'applique-
rai-je pas de tout mon pouvoir à m'y conformer moi-même? Que
je serais vil à mes yeux si, par ma faute, j'apportais quelque
dérangement à l'admirable plan du monde? Dieu veut ma perfection : ne suis-je pas obligé de correspondre à ses vues miséri-
cordieuses, et d'employer à cette fin tous les moyens de la
nature et de la grâce? Telle aussi désormais sera ma grande, ma
principale occupation; et je ne cesserai de veiller sur moi,
pour seconder, par mes efforts, les salutaires inspirations de la
divinité.

C'est ainsi que la nature peut devenir une excellente école
pour le cœur. Soyons attentifs à ses leçons; profitons-en avec
docilité. C'est là que nous apprendrons la vraie science, cette
science qui n'est jamais accompagnée de dégoût ni d'ennui : elle
nous donnera la connaissance de Dieu, et nous y fera trouver les
avant-goûts du bonheur de cet autre monde, où n'étant plus bornés aux premiers éléments de la sagesse, notre sainteté et nos
lumières se perfectionneront pendant toute l'éternité. Occupés à
cette étude, nous sentirons s'écouler doucement nos jours terrestres : la bonté du créateur nous y prodiguera les plaisirs les plus
touchants; mille sources de délices s'ouvriront pour nous; la joie
et l'allégresse pénètreront de toutes parts dans nos cœurs.

LA NATURE

ET SES LOIS GÉNÉRALES

IV. — La Création.

Il fut un temps où la terre et les cieux n'étaient point : Dieu
voulut qu'ils existassent, et sa volonté toute-puissante créa l'univers. Le suprême ouvrier pouvait, sans doute, produire tout et
tout arranger en un instant; mais une création successive deve-
nait une grande instruction pour l'homme, en l'empêchant de
pouvoir attribuer à la terre une fécondité, et au ciel une puissance qui ne résident qu'en Dieu seul. Si le chaos disparaît insensiblement, et fait place à l'ordre, ce n'est qu'autant qu'il plaît
à cette souveraine intelligence; et aucune créature ne se montre
qu'à mesure que sa voix l'appelle. *Que la lumière soit*, dit le
Seigneur, *et la lumière fut;* et, du moment que ce fluide destiné
à donner aux créatures le magnifique spectacle de la création
commence d'exister, on compte les révolutions qui font la mesure
du jour et de la nuit. Telle fut l'œuvre du premier des jours.

La terre n'est encore qu'un amas de matériaux informes, qui,
par le défaut d'arrangement, sont rendus inutiles à tout. Les
corps fluides et solides sont confondus les uns avec les autres.
Dieu les sépare : il rassemble les eaux de l'atmosphère; de la
terre, il fait élever des vapeurs qui, en s'épaississant, deviennent des nuées, et forment, dans le second des jours, ce firmament inférieur, qu'on appelle le ciel. La volonté suprême donne
à toutes choses le degré de bonté qui leur est propre; elle va dégager la terre de la dernière enveloppe qui la couvre. A son ordre, les collines s'élancent, les montagnes s'élèvent, et sa main
puissante creuse le réservoir profond où vont se rassembler les

eaux inférieures. Mise à découvert par la retraite des eaux, la terre, ornée de prairies, de coteaux, de forêts, est prête à s'embellir d'une multitude innombrable de plantes garnies de feuillages, de fleurs et de fruits : tous ces végétaux nouvellement créés contiennent les semences nécessaires à la propagation de leur espèce : ils allongent leurs racines, et vont chercher sous terre des sucs nourriciers. Mais un froid âpre comprime les bou·tons et les fleurs cachées sous leurs enveloppes, et le principe de vie qui les anime y demeure dans une sorte d'engourdissement. De cette masse de lumière, qui dès les premiers instants avait été séparée des ténèbres, Dieu forme, au quatrième jour, des corps lumineux pour servir d'une manière plus précise à la distinction du jour et de la nuit, et pour régler la vicissitude des saisons de l'année. Alors, parut le soleil, dont les feux et la bienfaisante chaleur échauffent et fertilisent la terre. A son aspect, les feuillages et les fleurs s'épanouissent; les champs, tapissés de verdure, sont émaillés des plus vives couleurs; et l'astre qui a tout vivifié déploie en même temps, par la lumière dont il est le principe, ce spectacle à la fois ravissant et majestueux. La lune, réfléchissant l'éclat de ce premier flambeau, préside à la nuit, accompagnée d'un nombre prodigieux d'étoiles qui brillent sur nos têtes, et qui, en l'absence de cet astre nocturne, dissipent en partie les épaisses ténèbres dans lesquelles nous resterions plongés.

Jusqu'ici, Dieu n'a produit sur la terre que des créatures inanimées, attachées à sa surface : le cinquième jour est employé à donner l'existence à une partie des êtres vivants, libres de se transporter en différents lieux, doués de la faculté de perpétuer leur espèce, et capables ainsi de peupler toute la nature. L'air, la mer et les eaux, les forêts, les vallons, les plaines, les rochers même, tout a ses habitants; les uns doux et traitables, les autres agrestes et solitaires. Leurs inclinations diverses et appropriées aux fonctions auxquelles ils sont appelés par leur auteur, les retiennent tous dans l'ordre et le rang qui leur sont assignés.

Mais pourquoi tant d'apprêts? A qui est destiné ce magnifique séjour?... Ton cœur, homme, répond à ces questions; et ton esprit t'a plus d'une fois confirmé ses réponses. La simple inspection de la terre prouve que, si l'on en retirait l'homme, tout y serait sans beauté, sans harmonie et sans dessein; qu'il fait seul le lien de tout ce qui s'y trouve, parce que tout y a été livré à son pouvoir, à son industrie, à son gouvernement et à sa reconnaissance. L'être suprême, qui voulait créer l'homme, lui a préparé une demeure. Il a d'abord fait la terre qui devait le recevoir, et l'a placé de manière que ce chef-d'œuvre de ses mains pût avoir part au spectacle de l'univers : les provisions dont elle est enrichie dureront autant que les siècles. Dieu lui donne une compagne qu'il tire du corps de l'homme, pour qu'elle lui soit aussi chère que lui-même, et il lui fait partager avec la femme le domaine de toute la terre, pour la lui rendre respectable. Celui à qui le créateur réservait l'usage de tout ce qu'il a produit dans cet heureux séjour en est mis en possession : tout est fait; il n'y sera plus rien créé de nouveau, parmi les objets visibles, dans la suite des âges.

V. — La matière; son étonnante divisibilité.

La matière qui constitue l'univers sensible, quoiqu'elle affecte nos sens de tant de manières différentes, ne nous est cependant point connue dans son essence : tout ce que nous savons, c'est que, dans son état naturel, elle est une substance étendue et impénétrable. Mais est-elle divisible à un tel point que, malgré l'extrême petitesse à laquelle on suppose réduit par la division un élément de matière, il y ait toujours un intervalle immense entre la division effectuée et la division possible? C'est une question qui, soit que l'on nie, soit qu'on affirme, renferme plus de difficultés qu'on ne pense, et que nous ne nous empresserons pas de résoudre. Contentons-nous de dire que les bornes de la divisibilité de la matière sont réellement inassignables; qu'elle est actuellement divisible et divisée, autant que l'exige la conservation de l'univers; et que ses éléments sont d'une si inconcevable petitesse, qu'il nous serait impossible de rien imaginer d'aussi subtil.

Sous le marteau de l'ouvrier qui bat l'or pour le réduire en feuilles, un grain de ce métal acquiert une étendue de cinquante pouces carrés, qu'on peut diviser en quatre millions de parties sensibles à la vue. Ceux qui préparent le fil d'or ou le fil d'argent pour le convertir en galons, portent cette prodigieuse extension de l'or au point de réduire une once de métal en plus de vingt-cinq billions de parties visibles. Si l'homme, malgré la grossièreté des instruments qu'il emploie, peut opérer une si incompréhensible division dans la matière, à quel degré ne pourra pas la porter l'artiste suprême, qui, pour agir, n'a qu'à vouloir, et à qui tout est possible?

Vous posez sur des charbons ardents une cassolette remplie d'une liqueur odoriférante ; et quand elle commence à bouillir, la vapeur qui s'en exhale se fait sentir dans tous les points du lieu où se fait l'expérience. Supposez un salon de quinze pieds en tous sens, et la liqueur évaporée, de deux lignes cubes : vous trouverez que le nombre des particules odoriférantes qu'elles ont données, en n'en supposant que quatre dans chaque ligne cube d'air, est de plus de cinq trillions huit cent quatre billions. Cependant, ce qui produit l'odeur sensiblement répandue dans ce salon, n'est que la moindre partie de ce qui s'est évaporé ; puisqu'il n'y faut pas comprendre le fluide qui la tenait en solution : et c'est une quantité de matière qui, réunie, n'égalerait que le volume d'un petit grain de sable, qui a donné ce nombre de parties effrayant pour l'imagination.

On peut se convaincre de l'extrême division des corps, en se promenant dans un jardin, et en y respirant les parfums divers qu'exhalent les fleurs. De quelle inexprimable petitesse ne doivent pas être les corpuscules odoriférants d'un œillet, qui se divisent, se répandent dans tout un parterre, voltigent de toutes parts, et viennent, sans interruption et si agréablement, frapper notre odorat?

Le règne animal n'offre pas, sur cet objet, des preuves moins frappantes que celles que fournissent les deux autres règnes. L'invention du microscope a fait découvrir, dans la nature, un nouveau monde d'êtres vivants, dont l'infinie petitesse confond l'homme même le plus accoutumé à réfléchir. Le microscope solaire vous fait reconnaître dans une petite quantité de cette poussière qui se forme sur le fromage sec, une fourmilière d'animaux de même espèce, dans lesquels on aperçoit jusqu'à la circulation interne des humeurs. Une très petite goutte d'eau de mare s'y transforme en un étang, où nagent une foule d'animaux de diverse nature, et bien caractérisés dans leur espèce. Du poivre mis dans un verre d'eau, y donne le spectacle d'une multitude d'animalcules un milliard de fois plus petits qu'un grain de sable. Ces animaux cependant ont des organes, des muscles, des veines et des nerfs. Quelle en est l'énorme petitesse! quelle sera celle de leurs œufs, de leurs petits, des membres de ceux-ci, de leurs vaisseaux, des liqueurs qui y circulent!... Ici l'imagination se perd, les idées se confondent.

Ainsi, Dieu a imprimé jusque dans le moindre atome une image de son infinité. Le corps le plus subtil est comme un monde où des millions de parties se trouvent réunies, et arrangées dans l'ordre le plus parfait. Jusque dans les moindres objets du règne de la nature, on retrouve, avec de nouvelles preuves de l'inconcevable divisibilité de la matière, les plus grands sujets d'admiration. Au milieu d'un grain de sable, que l'œil peut à peine discerner, un insecte fait sa demeure. La moisissure du pain présente, au microscope, une épaisse forêt d'arbres fruitiers, dont on distingue les branches, les feuilles et les fruits. Votre corps même contient une foule d'objets d'une petitesse extrême, que vous n'avez peut-être pas remarqués jusqu'ici, et qui méritent cependant toute votre attention. Il est couvert d'une multitude innombrable de pores, dont il n'y a que la moindre partie qu'on puisse distinguer à la simple vue. Votre épiderme ressemble aux écailles d'un poisson : un grain de sable peut couvrir deux cent cinquante de ces petites écailles; et une seule couvre cinq cents de ces interstices, ou pores, qui donnent passage à la sueur et à la transpiration insensible.

VI. — Réflexions sur le globe terrestre ; sage ordonnance qu'on y découvre.

Quelque borné que soit l'esprit humain, quelque incapable qu'il soit d'approfondir et de concevoir en entier le plan que le Créateur a exécuté en formant notre globe, nous pouvons néan- moins, par le moyen des sens, et en faisant usage des facultés naturelles dont nous sommes doués, en découvrir assez pour y reconnaître et admirer la sagesse divine. Il suffirait, pour nous en convaincre, de réfléchir sur la figure de la terre. On sait qu'elle est presque semblable à celle d'une boule : et dans quelle vue le Créateur a-t-il choisi cette forme? afin qu'elle pût, dans tous les points de sa surface, être habitée par des créatures vivantes. Dieu n'aurait point atteint ce but, si les habitants de la terre n'avaient pu trouver partout un degré suffisant de chaleur et de lumière; si l'eau n'avait pu facilement se répandre en tous lieux; et si, dans quelque contrée, l'action des vents avait ren- contré des obstacles. La terre ne pouvait avoir de figure plus propre à prévenir tous ces inconvénients, que celle qui lui a été donnée. Au moyen de cette forme, la lumière et la chaleur, ces deux choses si nécessaires à la vie, se distribuent sur tout le globe. Sans elle, la révolution du jour et de la nuit, les change- ments dans la température de l'air, le froid, le chaud, la séche- resse et l'humidité n'auraient pu avoir lieu. Que la terre eût été carrée, conique, hexagonale, ou de toute autre forme angulaire, une partie de sa surface, et même la plus considérable, aurait été submergée, tandis que l'autre eût langui dans la sécheresse : on doit encore admettre que plusieurs de nos contrées seraient privées à jamais de l'agitation salutaire que procurent les vents, pendant que les autres seraient en proie à des ouragans con- tinuels.

Si je considère ensuite l'énormité de la masse qui compose le globe terrestre, quelle nouvelle raison n'ai-je pas d'admirer la sagesse suprème! Cette terre immensément grande par rapport a nous, infiniment petite en comparaison de l'univers; cette terre qui nous paraît fixée sur elle-même, au milieu de l'espace, à une distance sensiblement égale des différents corps célestes, lesquels font ou paraissent faire chaque jour leur révolution autour d'elle; cette terre est un corps qui, avec une circonférence de quarante mille kilomètres, et un diamètre de douze mille sept cents, présente une surface d'environ cinq cent neuf millions huit cent quatre-vingt-cinq mille sept cents kilomètre carrés, dont les trois quarts sont couverts d'eau. Plus molle ou plus spongieuse qu'elle ne l'est en effet, les hommes et les animaux s'y enfonceraient : plus dure, plus compacte et moins pénétrable, elle se refuserait aux travaux du laboureur; elle serait incapable de produire et de nourrir cette multitude d'herbes, de plantes, de racines et de fleurs qui sortent actuellement de son sein.

Ce globe est formé de couches distinctes, les unes de différentes pierres, les autres de divers métaux ou minéraux. Les nombreux avantages qui résultent de ces couches, surtout par rapport aux hommes, sont de la dernière évidence. D'où nous viendrait en très grande partie l'eau douce, si nécessaire aux besoins de la vie, si elle n'était purifiée, et, pour ainsi dire, filtrée, au moyen des couches de sable qu'on découvre dans la terre, à une grande profondeur? Sa superficie offre un spectacle varié, un mélange admirable de plaines et de vallées, de collines et de montagnes. Qui ne voit clairement les fins pleines de sagesse que l'auteur de la nature s'est proposées en la diversifiant ainsi? Sans parler spécialement ici de l'utilité des montagnes, dont nous traiterons incessamment, la terre ne perdrait-elle pas infiniment de sa beauté, si elle n'était qu'une plaine uniforme? Combien cette variété de vallons et de hauteurs est-elle plus favorable à la santé des êtres vivants, plus commode pour la demeure de tant de créatures différentes, plus propre à produire ces espèces si variées de végétaux? Sans montagnes, la terre serait moins peuplée d'hommes et d'animaux : nous aurions moins de plantes, moins d'arbres; les vapeurs condensées dans l'air ne

2

pourraient être rassemblées, et nous n'aurions ni fleuves ni fontaines.

VII. — Origine des montagnes ; leur nature, leurs volcans, leurs cavernes.

Il se trouve des hommes qui regardent les montagnes comme des inégalités placées au hasard, et sans intention de produire aucun effet utile. Quelle ignorance ou quelle ingratitude ! Les montagnes sont pour nous une source de bienfaits sans cesse renaissants, et sans elles la terre ne serait bientôt qu'un séjour de mort.

On peut distinguer trois ordres de montagnes : les unes aussi anciennes que notre globe, les autres ouvrage de la nature et du temps. La formation des montagnes primitives, de ces principales chaînes, dont les sommets sourcilleux s'élèvent à une hauteur si considérable dans l'atmosphère, ne souffre aucune explication physique, parce qu'elle ne présente rien qui puisse être regardé comme une dépendance des lois générales de l'univers. Elles doivent leur origine à l'action de l'auteur de la nature, qui, en formant le globe terrestre, lui donna une constitution conforme à la sagesse et à la bienfaisance de ses vues adorables.

Les montagnes primitives, parmi lesquelles se trouvent les éminences les plus considérables de notre planète, sont toujours composées de matières vitrifiables, et pour l'ordinaire de granits, où l'on ne rencontre point de corps marins. Mais les montagnes secondaires, qui sont formées de matières calcaires disposées par couches parallèles, horizontales, et où l'on voit un grand nombre de dépôts marins, décèlent le secret de leur origine, et annoncent qu'elles sont l'ouvrage des eaux. Toutefois, il existe trop de matières et de montagnes calcaires sans traces de pétrifications, pour que l'on puisse se persuader qu'elles doivent toutes leur origine aux dépôts de la mer.

Les montagnes du troisième ordre n'offrent pas, dans leur composition, la même régularité que celles dont nous venons de parler. Un entassement de sables, de grès, de cailloux roulés, de différents corps marins, épars avec les dépouilles d'animaux et de végétaux terrestres, nous montre les archives de ce déluge décrit par le plus respectable des historiens, et qu'on retrouve dans les monuments de tant de nations. Non-seulement cette inondation universelle, mais les divers tremblements de terre, l'éruption des volcans, le débordement des rivières et des mers, etc., peuvent avoir accumulé en mille et mille manières, sur la surface du globe, des substances de toute espèce, qui auront formé de nouvelles éminences. Quelques petites montagnes d'Afrique paraissent devoir leur origine aux épouvantables ouragans qu'essuient fréquemment ces contrées. Les énormes tas de sable qu'ils accumulent d'espace en espace, acquérant de l'adhérence avec le temps, deviennent de véritables montagnes, où la postérité pourra découvrir avec étonnement, et des arbres, et des animaux, et même des troupes de voyageurs qui s'y trou· veront pétrifiés.

Plusieurs montagnes offrent d'énormes bouches à feu, qui pro- jettent dans les airs d'immenses amas de pierres, de scories, de cendres, et dont les larges flancs entr'ouverts vomissent des tor- rents de laves, matières fondues et demi-vitrifiées, qui parcou- rent des terrains fort étendus, et ravagent les campagnes, qu'elles livrent à la stérilité pour une longue suite de siècles. Des bruits souterrains, semblables à ceux du tonnerre que l'on entend gron- der au loin, précèdent pour l'ordinaire ces terribles éruptions. Un mugissement affreux, un fracas épouvantable, annoncent com- munément le désastreux phénomène, qui a pour cause des feux recélés dans le sein des montagnes, et occasionnés par d'énormes assemblages de matières combustibles, que la fermentation échauffe et embrase. L'action de ces feux produit quelquefois des secousses assez fortes pour agiter violemment de vastes contrées, pour soulever et déplacer la mer, fendre et renverser des monta- gnes, détruire et engloutir des villes, ébranler et abattre les édifices les plus solides, à des distances considérables. Qui pour- rait décrire ces immenses soupiraux de la terre, ce majestueux Etna enfantant de nouvelles montagnes, et vomissant de si pro-

digieux torrents de matières enflammées, qu'ils donnent naissance à de nouveaux promontoires, et forcent la mer d'abandonner son ancien lit.

De l'explosion des volcans, de l'action des vapeurs souterraines, des tremblements de terre proviennent les cavernes, qui
se trouvent d'ordinaire dans les montagnes, rarement dans les
plaines, et qui semblent déparer, sans une utilité réelle, ce globe
fait pour être la demeure de l'homme. Mais, quand il nous serait
impossible d'en découvrir la destination, en devrions-nous moins
être persuadés que c'est dans des vues très sages qu'elles ont été
formées? Ces vastes cavités rassemblent les eaux pour les distribuer sur la terre et pour l'humecter, quand celles de la pluie
viennent à manquer : elles permettent à l'air de pénétrer dans
l'intérieur des montagnes; elles donnent une issue aux exhalaisons. Souvent ces cavernes se remplissent d'eaux, dont se forment
ensuite des rivières et des lacs.

VIII. — Elévation des montagnes; leur température, leur utilité.

De toutes parts notre globe est hérissé de ces montagnes plu
ou moins élevées, dont les sommets, tantôt arides et privés de
tout ornement, tantôt couverts de forêts ou de prairies, ici terminés en angles, là évasés en entonnoir, semblent dominer dans
la région de l'air, et commander aux vallées qui les environnent.
Les Cordilières, les plus hautes montagnes de la terre, ont plus
de six mille mètres d'élévation au-dessus de la mer du Sud; le
Mont-Blanc, en Savoie, a plus de quatre mille huit cents mètres
au-dessus de la Méditerranée; le pic de Ténériffe, si renommé
pour sa hauteur, n'en a guère que trois mille huit cents. La cime de
ces masses énormes, près desquelles nos autres montagnes ne
sont que des collines ou des monticules, est placée beaucoup au-
dessus de la région où d'ordinaire se forment les nuages; et le
voyageur, après avoir gravi sur leur sommet, placé pour ainsi
dire entre le ciel et la terre, dans un jour pur et serein pour lui,
voit sous ses pieds d'affreuses nuées tour à tour enflammées et

ténébreuses, darder au loin et la grêle et la foudre sur les campagnes inférieures.

La température des montagnes est d'autant moins chaude,
qu'elles ont plus de hauteur. Sur leur sommet, même dans la
zone torride, et sous la ligne, règne persévéramment pendant
les plus grandes chaleurs de l'été un froid beaucoup plus rigoureux que celui de nos plus rudes hivers. Sur les hautes montagnes du Pérou, qui sont une portion des Cordilières, existe, depuis le commencement des temps, une zone permanente de
neiges et de glace, qui a quelquefois jusqu'à deux mille huit
cents mètres de largeur, dont le terme inférieur, où commence la
nature végétante et vivante, est peu variable, et dont le terme
supérieur, fixe et constant, est le sommet de ces montagnes.

Mais quel peut être le but de cet immense appareil? Ne serait-
il pas plus avantageux pour notre globe, que sa surface fût plus
égale, et que tant d'énormes masses ne la défigurassent point?
La terre serait plus régulière; la vue s'étendrait plus au loin;
nous voyagerions plus commodément; nous jouirions enfin de
mille autres avantages, si elle n'était qu'une vaste plaine... Mortel, tu t'égares : réfléchis au moins un instant, et juge ensuite si
c'est avec raison que tu blâmes l'arrangement du globe.

D'abord, il est manifeste que les montagnes et les collines ont
été principalement destinées à entretenir et à perpétuer les différentes sources qui forment les rivières et les fleuves. Cette
froidure qui règne éternellement sur la partie supérieure des
hautes montagnes, contribue à condenser les vapeurs, à les convertir en neige, à les ménager avec économie pour rafraîchir et
désaltérer la terre, pendant les ardeurs brûlantes de l'été. Leur
surface attire, arrête, absorbe les nuages qui sont portés en différents sens dans l'atmosphère par les vents. Les espaces qui séparent leurs pointes sont comme des bassins préparés pour recevoir les brouillards épaissis, les nuées précipitées en pluies ou
en neiges. Leurs entrailles sont autant de réservoirs d'où les
eaux s'échappent peu à peu par une infinité de petites ouvertures, pour féconder nos plaines, abreuver l'homme et les animaux,

former de nouveaux nuages par leur évaporation, et réparer les pertes de la mer en se portant de toutes parts dans son sein, tantôt en petites rivières, tantôt en fleuves immenses.

A l'avantage inestimable des sources et des fontaines que nous procurent les montagnes, s'en joignent quantité d'autres non moins sensibles. Elles sont la demeure de plusieurs espèces d'animaux dont nous faisons beaucoup d'usage, et auxquels, sans qu'il nous en coûte la moindre peine, elles fournissent l'entretien et la subsistance; sur leurs flancs, croissent des arbres et un nombre infini de plantes salutaires, qu'on ne cultive pas avec le même succès dans les plaines, ou qui n'y ont pas les mêmes vertus.

Les montagnes mettent certaines contrées à l'abri des vents froids et piquants : nous leur devons les vignes les plus exquises, et leur sein renferme les pierres les plus précieuses; elles garantissent des pays entiers de la fureur des mers et des tempêtes. Posées par la nature comme des espèces de remparts et de fortifications, elles sont les bornes de différents Etats, et en défendent plusieurs contre les invasions de l'ennemi et l'ambition des conquérants. Qui sait si elles ne maintiennent pas l'équilibre de notre globe? Les montagnes n'ont pas été répandues au hasard sur sa surface : elles ont entre elles des rapports de situation, à la lueur desquels l'observateur tente de découvrir les lois secrètes qui ont présidé à leur formation. En général, les grandes chaînes vont rayonner vers un centre commun; et, des chaînes principales, naissent des chaînes secondaires qui, à leur tour, donnent naissance à d'autres chaînes subordonnées. Enfin, à n'envisager les montagnes que du côté de l'agrément, ce sont des espèces d'amphithéâtres qui nous procurent les perspectives les plus riantes, et qui donnent aux maisons, et même à des villes entières, la plus intéressante position.

IX. — La surface de la terre.

Pour se former une idée générale du globe que nous habitons, il est nécessaire, après avoir considéré ces énormes protubéran-

ces qui semblent en quelque sorte s'élancer de son sein, et ces
vastes cavités qui pénètrent jusque dans ses entrailles, d'en
examiner séparément la surface et l'intérieur. C'est une chose
agréable, sans doute, pour un propriétaire, que de connaître le
domaine dont il doit tirer tous les objets propres à ses jouissances.

La surface de la terre, cette couche extérieure sur laquelle
marchent l'homme et les animaux, et qui sert à la formation des
végétaux dont ils se nourrissent, est, pour la plus grande partie;
composée de matière végétale et animale, livrée à un mouvement et à un changement continuels. Tous les animaux et tous
les végétaux qui ont existé depuis la création du monde ont tiré
successivement de cette couche la matière de leur corps, et lui
ont rendu, à la mort, ce qu'ils en avaient emprunté.

Cette couche supérieure de terre noire, meuble, qui, humectée
par les pluies, s'embellit de tant de plantes destinées à la subsistance des animaux, n'est pas partout la même : elle varie considérablement pour la qualité. Tantôt elle est sablonneuse et
légère, tantôt argileuse et pesante, tantôt humide et tantôt
sèche, tantôt plus chaude, tantôt plus froide. De là vient que les
plantes qui croissent d'elles-mêmes dans certains pays ne réus-
sissent dans d'autres qu'à force de culture et d'art. De là aussi
cette diversité dans des végétaux de la même espèce, selon la
qualité du sol qui les a nourris. Si tous les terroirs avaient les
mêmes parties constitutives, nous serions privés d'une infinité de
plantes. Chaque espèce exige un sol qui soit analogue à sa
nature. Les unes demandent un terrain sec, d'autres un terrain
humide; telles exigent de la chaleur, et telles un sol plus froid;
celles-ci croissent à l'ombre, celles-là au soleil; plusieurs aiment
·es montagnes, beaucoup ne se plaisent que dans les vallées.
Transplantez l'aulne dans une terre sablonneuse, et essayez
d'élever le saule dans un sol gras et sec, vous verrez que ces
terroirs ne sont point appropriés à la nature de ces arbres : le
premier aime à croître près des marais, et l'autre sur le bord des
rivières. Aussi, le Créateur a-t-il assigné à chaque classe, à cha-

que espèce, le terrain le plus analogue à sa constitution. L'art, il est vrai, parvient quelquefois à forcer la nature : mais rarement les effets de cette contrainte dédommagent l'homme de ses peines; et il se trouve à la fin qu'il est plus avantageux de suivre la nature que de la contrarier.

Les variétés qu'on observe dans le sol de notre globe me rappellent celle qui se trouve dans le caractère des hommes, et sur laquelle Dieu lui-même a daigné fixer notre attention. Il est des cœurs endurcis, devenus par-là incapables de toute instruction, qu'aucun fait ne peut émouvoir, qu'aucune vérité ne peut réveiller de leur indolence et de leur assoupissement : ils sont comparés à ces terrains pierreux que la plus douce température, la culture la plus assidue ne sauraient rendre fertiles. Dans d'autres, c'est la légèreté qui domine; et, au lieu de la fixer par le soin qu'ils devraient apporter à se vaincre, et par l'habitude à réfléchir, c'est par cette légèreté même qu'ils se laissent entraîner. Ils reçoivent les impressions salutaires de la religion : mais le moindre obstacle abat leur courage, et leur zèle s'évanouit aussi promptement que leurs résolutions. Chez ces hommes frivoles, timides et lâches, la vérité et la vertu ne sauraient prendre racine, parce que le sol n'a, par leur faute, acquis aucune profondeur : semblables à ces terrains légers et secs, dans lesquels rien ne parvient à la maturité, et où tout se dessèche quand les ardeurs du soleil viennent à se faire sentir. Heureux les caractères où, comme dans un sol excellent, les semences de 'a piété produisent d'abondantes moissons!

X. — Révolutions accidentelles de notre globe.

Le globe terrestre, sorti des mains du Créateur avec ses principales montagnes et ses principales mers, a depuis essuyé bien des révolutions qui y ont causé des changements très remarquables. Tous les jours, la nature en produit sous nos yeux. En divers endroits, sa surface s'affaisse, tantôt plus lentement, tantôt plus vite : les montagnes sont exposées à des bouleversements occasionnés par la qualité du sol, par les eaux qui les minent, par les feux souterrains.

Mais si quelques parties s'abaissent, d'autres au contraire s'élèvent. Une vallée fertile peut, au bout d'un siècle, être convertie en un marais, où la glaise, la tourbe et d'autres substances forment différentes couches amoncelées les unes sur les autres. Des lacs et des golfes se changent en terre : les joncs et d'autres plantes, venant à se putréfier dans les eaux dormantes où elles croissent, s'y transforment peu à peu en une espèce de limon qui s'augmente insensiblement, et s'élève enfin au point que la terre ferme prend la place des eaux. C'est à cela qu'est due l'origine des tourbières, qui remplacent si avantageusement le bois de chauffage, dont la consommation, fort augmentée, fait craindre d'en manquer sous peu de temps.

Les feux intérieurs ne produisent pas sur le globe des changements moins sensibles. De violentes commotions, des oscillations ou balancements horizontaux, bouleversent une certaine étendue de terrain, et renversent les édifices : des explosions semblables à celles des mines, et accompagnées de l'éruption de matières embrasées, entr'ouvrent la terre : d'horribles soulèvements y forment quelquefois des lacs, des marais et des sources, ou font sortir tout-à-coup de nouvelles îles du fond des mers. Ainsi, dans des temps reculés, Thérasie, aujourd'hui Santorin, se montra tout-à-coup aux yeux des mariniers : près de cette île, Hiéra fut formée de masses terreuses et ferrugineuses, lancées du fond des eaux ; et, dans le siècle dernier, il naquit subitement au milieu des mêmes mers une espèce d'île pelée qui, pendant plusieurs mois consécutifs, vomit des torrents de matières enflammées, dont l'embrasement intérieur échauffait au loin toute la masse des eaux.

Les tremblements de terre ont pu entr'ouvrir de mille et mille manières les rivages qui captivaient l'immense océan, et lui donner un libre passage dans de vastes et fertiles contrées. Par eux, des villes entières ont été englouties, abîmées ; et le laboureur a pu ensemencer la terre qui les couvre. Est-il hors de vraisemblance qu'une telle cause ait séparé l'Europe de l'Afrique, au détroit de Gibraltar; l'Asie de l'Amérique, aux côtes du Kamtschatka; l'Asie, d'une foule d'îles adjacentes à ce continent?

Plusieurs des altérations que notre globe a souffertes ont été produites par le mouvement des eaux. Les plus considérables, sans contredit, ont été la suite du déluge universel. De ce fléau destructeur, durent naître de nouvelles montagnes, de nouvelles îles, de nouvelles mers, de nouveaux abîmes, de nouvelles saisons; enfin une nouvelle terre, image informe de la terre primitive. Mais il ne faut pas remonter jusqu'à cette terrible catastrophe, dont la mémoire se retrouve dans les anciennes traditions de presque tous les peuples, pour trouver beaucoup de révolutions occasionnées sur notre globe, par le mouvement des eaux. Leur cours est souvent changé; les côtes mêmes se déplacent : tantôt la mer se retire et met à sec des continents qui lui servaient de lit; tantôt elle gagne sur les terres, et inonde des contrées entières. Des pays autrefois contigus à la mer, en sont aujourd'hui fort éloignés. Les gros anneaux de fer destinés à amarrer les vaisseaux, et les débris de navires que l'on rencontre à de grandes distances de la mer, prouvent que ces lieux furent anciennement couverts de ses eaux.

Les rivières, en se portant dans le sein des mers, y voiturent sans cesse une quantité considérable de substances étrangères, qui, détachées des montagnes et des plaines, doivent insensiblement hausser le fond de cet immense bassin. Supposons ce rapport un millième par an de la substance aqueuse; dans un espace de mille ans, le sein des mers aurait reçu un volume de substances terrestres égal à l'énorme volume d'eau que tous les fleuves portent dans la mer pendant le cours d'une année. Cette observation nous fait sentir une vérité qui n'échappe point aux naturalistes éclairés : il est de fait que de jour en jour les montagnes s'abaissent, tandis que les vallées s'exhaussent; donc, si la terre était éternelle, comme l'ont prétendu quelques matérialistes, le globe, depuis longtemps, serait sans montagnes et sans vallées:

il ne devrait y avoir d'autres inégalités que celles que peuvent
y occasionner accidentellement les causes physiques, telles que
les tempêtes et les volcans.

XI. — Des trois règnes de la nature en général.

Le globe terrestre, tel que nous l'avons examiné, est l'habitation destinée par la Providence à une créature privilégiée, qui
doit l'occuper durant sa vie, et y trouver le bonheur dont elle est
capable ici-bas. C'est un vaste palais, sans doute, mais qui n'a
pas encore tous les ameublements ni tous les ornements qui peuvent le rendre logeable et commode. Avant d'y introduire le propriétaire, plaçons-y tout ce qui doit contribuer, non-seulement à
l'utilité, mais encore à l'agrément. La terre recèle dans son sein
une infinité de trésors créés pour l'homme : une multitude de
plantes, dont la fin est la même, embellissent et parent sa surface : de nombreux serviteurs, aux ordres du maître, la parcourent et l'animent. Tel est l'intéressant spectacle qui va nous occuper. Après avoir considéré l'antiquité du globe et sa nature, il
nous reste à contempler les divers objets que nous présentent les
trois règnes.

On entend par *règne animal* tous les êtres organisés, qui ont
un principe de vie et de sentiment : par *règne végétal,* toutes les
substances qui ont une organisation, un accroissement, un dépérissement; en un mot, une espèce de vie, mais sans aucun principe de sentiment proprement dit : le *règne minéral* renferme
toutes les substances qui n'ont aucune organisation : telles que
les métaux, les pyrites, les bitumes, les sels, les différentes espèces de terres et de pierres, etc. Tous les êtres terrestres viennent se ranger naturellement sous ces trois classes : les êtres
bruts ou inorganisés; les êtres organisés et inanimés; enfin, les
êtres organisés et animés, auxquels toutefois on peut ajouter une
quatrième classe, c'est-à-dire l'être organisé, animé et raisonnable, pour l'usage duquel tout ce qui l'environne a été créé.

Les êtres qui constituent le règne végétal et le règne animal

ont une vie organique, laquelle résulte de l'action réciproque des
solides et des fluides qui les composent : elle consiste à transformer en leur propre substance, par voie d'*intussusception*, les
matières étrangères qui vont s'élaborer dans leurs organes. Au
moyen de ces organes, les végétaux, aussi bien que les animaux,
s'assimilent les différents sucs qui servent à leur développement
et à leur accroissement. Ces substances, en s'incorporant en eux
par des voies intérieures, deviennent autres qu'elles n'étaient
avant de faire partie de leur organisation. Il n'en est pas ainsi
des êtres organisés, qui constituent le troisième règne de la nature. Ces corps n'ont rien qui ressemble à cette vie organique des
êtres qui composent les deux premières classes : ils n'ont aucune
espèce de vie, et ne se forment que par voie de *juxtaposition*;
c'est-à-dire que leurs parties s'arrangent extérieurement les
unes près des autres, sans subir, à proprement parler, de transformation; puisque la chimie, au moyen de différents inter-
mèdes, peut faire reparaître les principes constituants de ces
corps.

Si l'action des organes n'est point accompagnée du sentiment
de cette action, l'être organisé ne possède que la vie végétative :
et telle est celle de toutes les plantes, à qui la sensibilité proprement dite est tout aussi étrangère qu'aux minéraux. Si, au contraire, l'action des organes est accompagnée du sentiment de
cette action, l'être organisé possède à la fois et la vie végétative,
qui n'est autre chose que le résultat du jeu plus ou moins régulier de ses organes, et la vie sensitive, laquelle consiste dans
une suite de perceptions dont les organes matériels ne sont point
le sujet, mais la cause occasionnelle : telle est la vie de toutes
les espèces d'animaux. L'homme, par ses organes corporels,
tient à cette dernière classe d'êtres, dont il occupe le degré le
plus élevé. Mais, par ses facultés intellectuelles, il se trouve appartenir à l'ordre des êtres purement spirituels, dont Dieu possède la souveraine perfection.

XII. — Règne minéral.

Ce qui est, avant tout, nécessaire à l'homme, sur la terre, c'est une habitation. L'homme primitif a pu se contenter pour un temps de grottes et de cavernes : mais, à l'homme civilisé, une maison est indispensable. Dès lors, de combien d'éléments ne faut-il pas se munir pour édifier une maison, même la plus simple! La Providence, qui a tout fait pour le bien du roi des animaux, pouvait-elle lui livrer la terre, présentant ici et là les matériaux indispensables à toute construction? Non, certes. Elle n'eût plus été qu'un immense chantier, dont le pêle-mêle n'eût offert rien d'agréable à l'œil : partout il n'y eût eu que des entraves à la circulation. Dans les plans de Dieu, notre sphère devait conserver à jamais ses aspects variés et pittoresques, sans que rien vînt en troubler l'harmonie; sa surface libre pour le mouvement humain et la culture indispensable à la nourriture des peuples. Qu'a donc fait la Providence? Dans le sein même de cette terre, elle a ouvert d'incommensurables, d'inépuisables approvisionnements, et, pour y choisir ce dont elle a besoin, il ne faut pas que la créature descende profondément dans les sombres abîmes de ses entrailles; il lui suffit de percer la couche du sol, l'écorce de la terre, assez solide pour abriter les matériaux cachés, assez peu épaisse pour permettre d'ouvrir des issues et de les prendre ici et là, selon qu'ils ont été classés par la main du Créateur.

Je dis « classés par la main du Créateur. » En effet, pierres et métaux, tous les éléments du règne minéral se classifient, et ces *classes* ou divisions sont revêtues de caractères propres et distinctifs.

Ce sont ces caractères, c'est-à-dire la composition de ces substances, qui établissent cette classification.

Deux classes : corps simples et corps composés.

Les *corps simples*, dont on ne compte pas moins de soixante-quatre, sont faits d'une substance unique.

Les *corps composés* forment un ensemble combiné de plusieurs matières.

Les métalloïdes et les métaux appartiennent aux corps simples : mais alors, par leur combinaison, l'on produit des corps composés.

On compte seize MÉTALLOÏDES : quatre gazeux, *oxygène, hydrogène, azote* et *chlore ;* un liquide, le *brôme ;* dix solides, *soufre, phosphore, arsenic, iode, bore, silicium, sélénium, tellure, carbone, zirconium ;* et enfin *fluor,* dont l'état n'est pas encore déterminé. Ces métaux n'offrent pas d'éclat métallique : ils ont pour caractères d'être de mauvais conducteurs de la chaleur, et de donner, en se combinant avec l'oxygène, des corps indifférents ou des *acides.*

Les MÉTAUX, au nombre de quarante-sept : *or, argent, fer, cuivre, mercure, plomb, étain,* connus de toute antiquité ; puis *zinc, bismuth, antimoine,* connus au xv° siècle ; puis *cobalt, platine, nikel, manganèse, titane* et *tungstène, molybdène, chrôme, columbium* ou *tantale,* découverts au dernier siècle ; et enfin, de notre temps, *osmium, palladium, rhodium, iridium, cerium, potassium, sodium, baryum, stroutium, calcium, cadmium, lithium, aluminium, yttrium, glucinium, magnesium, vanadium, thorium, lanthane, didyme, uranium, orbium, terbium, niobium, norium, pelopium, ilmenium* et *ruthenium.* Les métaux, dis-je, sont des substances minérales simples, bons conducteurs de la chaleur et de l'électricité, doués d'un éclat particulier, l'*éclat métallique,* généralement opaques, pesants, tous solides, à l'exception du mercure, et possédant à un degré variable plusieurs propriétés générales, ductilité, malléabilité, ténacité et densité.

Parmi les métalloïdes, nous avons cité l'oxygène et l'azote.

Or, l'*oxygène* est le corps simple le plus important de la nature. Il est l'agent de la restauration animale et de la combustion. En effet, l'air se compose de vingt-une parties d'oxygène et de soixante-dix-neuf d'*azote.*

L'oxygène fait partie du plus grand nombre de composés, tels

que l'eau, le plus grand nombre des acides, les terres et les pierres, et enfin les parties végétales et animales.

L'acide carbonique n'est autre qu'un mélange d'oxygène et de
carbone. L'acide sulfurique est produit par l'oxygène et le *soufre*,
et l'acide azotique est le résultat de l'oxygène et de l'azote. Ce
dernier acide se nomme aussi nitrique, plus vulgairement l'eau-
forte.

Que l'on combine l'oxygène avec des métaux, on obtient des
oxydes; que l'on mélange les oxydes et les acides, on a des *sels,*
c'est-à-dire des composés formés par cette combinaison.

Parlons maintenant des COMBUSTIBLES, c'est-à-dire de tout
corps susceptible de s'unir chimiquement avec l'oxygène.

Le premier de tous est le *soufre*. C'est une substance simple,
solide, de couleur jaune, sans odeur, sauf quand on le frotte et
qu'ainsi on le rend électrique. Il prend feu dans l'air à la température de 150°, produit alors une flamme bleuâtre et répand des
vapeurs suffocantes formées d'*acide sulfureux*.

On trouve le soufre dans la plupart des terrains qui constituent
l'enveloppe de notre globe, mais spécialement dans le voisinage
des volcans en ignition. La *Solfatare*, près de Naples, n'est autre
chose qu'un volcan de soufre. Mis en combinaison avec certains
métaux, il engendre des *sulfures*, jadis *pyrites,* des *galènes*, des
blendes.

Ce sont particulièrement les solfatares de l'Etna qui fournissent le soufre nécessaire aux besoins de l'industrie, et dont les
vapeurs servent à blanchir la soie, la laine, etc. Le soufre entre
dans la composition de la poudre : il est employé pour sceller le
fer, faire des médailles, produire des empreintes et fabriquer des
allumettes.

Savez-vous quelle est la base du diamant? Le *carbone*. Pur,
c'est le vrai diamant. Impur, c'est le *charbon*, la *plombagine*,
l'*anthracite*, la *houille* ou *charbon de terre*, le *lignite*, le *vitume*,
la *tourbe*, le *graphite* ou mine de *plomb*, le *naphte*, le *pétrole...*

Donc le diamant brûle; le charbon, le lignite, le pétrole, etc.,
brûlent : ce sont des combustibles.

Des combustibles, passons aux SUBSTANCES TERREUSES.

La *silice*, appelée aussi *acide silicique*, se compose de silicium et d'oxygène. C'est une substance blanche, solide, sans saveur, sans odeur. La silice est très répandue dans la nature, surtout en combinaison avec l'aluminium, le potassium, le sodium, le calcium et le magnesium.

A l'état de pureté, elle constitue le *sable*, les *cailloux*, le *silex* ou pierre à fusil, le *quartz* et ses variétés : on la retrouvée dans le *porphyre*, le *granit*, les *grès*, les *pierres meulières*, etc. Avec l'alumine elle forme la terre des champs, un grand nombre de pierres, la paille des céréales, etc.

Le sable, fondu avec la potasse, ou bien la soude et la chaux, devient le *verre à vitres*. Le *cristal de roche*, ou *quartz hyalin*, n'est autre chose que la silice cristallisée et tout-à-fait pure. Certaines eaux minérales, celles des geysers de l'Islande, et d'autres encore, contiennent de la silice en dissolution.

Avec l'*alumine*, appelé encore *oxyde d'aluminium* ou *terre d'alun*, la nature compose le *kaolin*, terre blanche dont on fait la porcelaine; la *terre à foulon*, dont on se sert pour nettoyer les étoffes de laine; l'*argile*, cette terre grasse, molle et ductile, avec laquelle on façonne des poteries, des briques, de la faïence; l'*émeri*, variété du corindon, que l'on emploie pour polir les corps durs, etc.

L'alumine constitue les pierres précieuses dites *corindon*, *rubis*, *topaze orientale*, *saphir oriental*, etc. Enfin on la retrouve en partie dominante dans le *schiste*, les *ardoises*, le *talc*, etc.

Avec la silice, elle forme les *silicates*, c'est-à-dire ces argiles précitées.

Vient ensuite le *calcaire*. La racine de ce mot est *calx*, chaux. Le calcaire est donc de la chaux. On donne cette épithète, calcaire, à toutes les roches qui sont essentiellement composées de chaux carbonatée.

Les calcaires les plus importants sont les MARBRES, de Dinan, de Namur, des Hautes-Alpes; le *griotte*, ou *marbre rouge* d'Italie; le *marbre jaune* de Sienne; les *brèches* ou *brocatelles*, sortes de marbres composés de fragments de diverses teintes réunis par un ciment calcaire; les *lumachelles* ou coquillages brisés.

On trouve les marbres dans presque toutes les chaînes de montagnes.

Les calcaires produisent aussi la *pierre lithographique*, la *pierre à chaux* qui sert à édifier les maisons, la pierre à bâtir, etc.; la *craie*, variété de calcaire friable et tendre.

On appelle *stalactites* les concrétions calcaires qui, suintant à travers les voûtes des grottes et des cavernes, y restent suspendues sous les formes les plus bizarres; et *stalagmites* de semblables concrétions qui s'élèvent de terre, au-dessous des stalactites dont elles sont l'égouttement.

Que stalactites et stalagmites se rejoignent, elles se soudent et forment des colonnettes, des statues fantastiques, etc.

Mais revenons aux métaux, aux métaux le plus en usage.

Certainement le fer est moins précieux que l'or et l'argent, mais il est plus utile. C'est un corps simple, solide, gris-bleuâtre, tantôt grenu, tantôt lamelleux, très ductile, parfaitement malléable, et on ne peut plus tenace.

Il devient *fonte*, mais se casse alors facilement, lorsque le minerai a été fondu au feu de forge le plus ardent. Il prend alors toutes les formes, selon les moules de sable dans lesquels on le coule.

Lorsque le fer est rouge et qu'on le refroidit brusquement en le plongeant dans l'eau, on l'appelle *acier trempé*, et il est plus dur et plus élastique que le fer. Quelques millièmes de carbone et d'azote le constituent tel.

Le *fer battu*, ou *fer forgé*, est le plus pur, celui qui contient le moins de carbone.

Que l'on étire le fer, qu'on le lamine, c'est alors de la *tôle*. Si l'on étame cette tôle, elle passe à l'état de *tôle étamée*. Du moment qu'on couvre cette tôle d'une couche de zinc, elle devient du *fer galvanisé*.

De tous les métaux, le fer est le plus universellement répandu dans la nature. Mais on le trouve par variétés : fer *oligiste*, fer *spéculaire,* fer *olithique,* etc., selon sa couleur et ses adhérences.

Le fer jouit à un haut degré de la propriété d'être attiré par l'aimant, et il peut lui-même être rendu magnétique.

Le *zinc* est un corps simple métallique, mou, d'une texture lamelleuse, d'un blanc-bleuâtre, très brûlant, et qui devient ductile, malléable, se laissant laminer et tirer en fils très minces.

Ce métal n'existe dans la nature qu'à l'état de combinaison. Inoxydable à l'air, le zinc est des plus attaquables par les acides; aussi doit-on ne pas s'en servir comme ustensile de cuisine, il devient dangereux.

Après le fer, le CUIVRE, métal d'une belle couleur rouge, et qui a une saveur sensible, est celui que l'on emploie le plus dans les arts et l'industrie. Le *cuivre jaune* est un alliage de cuivre et de zinc. Cuivre rouge et cuivre jaune servent aux instruments de musique, aux ustensiles de ménage, etc. Unis à d'autres métaux, ces cuivres forment le *bronze,* le similor, le *maillechort,* etc. Il entre pour un dixième dans les monnaies d'or et d'argent, et il est la base de la monnaie de billon.

Le cuivre se trouve sous les formes les plus variées. On le rencontre le plus souvent à l'état natif, comme l'or : il est alors rouge, et en masses dendritiques ou en cristaux. Défiez-vous de la couleur verte sur le cuivre humide : c'est du *vert-de-gris,* un vrai poison.

Le PLOMB, le *saturne* des alchimistes, blanc-bleu, très brillant lorsqu'on le coupe, acquiert de l'odeur par le frottement. Il est très fusible. Il est si mou qu'on peut le rayer avec l'ongle. Il est plus malléable que ductile. On peut le réduire en feuilles très minces, et alors on l'emploie à toutes sortes d'usages.

Le plomb se combine avec l'oxygène, et alors il produit le *protoxyde,* plus connu sous le nom de *litharge* ou de *massicot;* le *carbonate de plomb* ou blanc de céruse, le *minium,* le *chromate,* l'*acétate,* ou *sel de saturne,* et alors il joue un grand rôle dans la médecine et l'industrie.

Vient ensuite l'ÉTAIN, corps simple toujours, d'un blanc-gris, mou et très malléable, qui communique aux doigts une odeur particulière. On appelle *cri de l'étain*, le craquement qu'il fait entendre lorsque, étant à l'état de baguette, on le ploie. Entretenu en fusion au contact de l'air, il se couvre d'une pellicule grisâtre appelée *crasse*. Il finit par se convertir en un oxyde pulvérulent qui a nom *potée d'étain*.

L'étain sert à l'étamage, à la soudure, à la fabrication de vases, etc. L'Angleterre notamment est très riche en étain.

Le seul métal à l'état liquide est le MERCURE ou VIF-ARGENT; mais il se solidifie à 40° au-dessous de zéro et bout au 360°. C'est sous forme de globules qu'on le rencontre, en Carinthie, en Espagne, dans la Bavière rhénane et au Mexique. Il est d'un blanc d'argent.

Le mercure s'allie facilement avec beaucoup de métaux, et produit des combinaisons liquides appelées *amalgames*.

Le *vermillon* ou *cinabre* n'est autre chose que le *sulfure* de mercure. Le *calomel* ou *mercure doux* et le *sublimé corrosif* proviennent du mercure. Combiné avec l'étain, on s'en sert pour le *tain* des glaces et miroirs, ce qui leur permet alors de réfléchir les objets. On emploie aussi le mercure pour confectionner des *thermomètres* et des *baromètres*. ¯

L'ARGENT, métal blanc, fusible, plus élastique et plus retentissant que l'or, est le plus inaltérable et le plus ductile des métaux. On peut le réduire en feuilles excessivement ténues. Poli, l'argent est le plus éclatant des métaux, mais il perd tout son éclat et devient noir du moment qu'il est mis en présence de l'hydrogène sulfuré. Son gaz produit alors le *sulfure d'argent*.

Parmi les combinaisons chimiques de l'argent, il faut compter le *nitrate*, le *chlorure* et le *fulminate*. Les *sels d'argent* sont incolores et leur saveur est astringente et métallique.

C'est dans l'Amérique équatoriale, au Pérou, au Mexique, etc., que se trouvent les plus riches mines d'argent.

Inutile de donner ici la nomenclature des usages de ce métal. Disons seulement que l'on nomme *plaqué*, le cuivre couvert d'une très mince couche de ce précieux métal.

Salut à l'OR, le roi des métaux! C'est un métal jaune et brillant trop connu, trop aimé, et que l'on trouve trop rare. Il est le plus ductile et le plus malléable. L'air ne l'attaque pas. Il est peu tenace, et le fil d'or se rompt facilement.

L'or ne se trouve dans la nature qu'à l'état natif, dans des filons de quartz, quelquefois : mais on le rencontre en *paillettes*, *grains* ou *pépites*, à la surface de la terre, dans les terrains d'alluvion de l'Amérique, de l'Asie centrale et de l'Océanie. Nombre de fleuves ont charrié de l'or. Notre Ariège, le Gardon, le Rhin ont encore des paillettes d'or.

Qui donc ignore à quoi peut servir l'or?...

A l'or succède le PLATINE. On a cru longtemps que ce métal n'était qu'une modification de l'argent, car il est presque aussi blanc. Très malléable, très ductile, et assez mou pour qu'on puisse le couper avec des ciseaux, il est le plus pesant et le moins dilatable des métaux. Il est inaltérable à l'air, résiste à tous les acides, et jusqu'à présent n'a été trouvé qu'à l'état natif, ou plutôt à l'état d'alliage avec le fer, le rhodium, l'iridium, etc. Il se montre en grains ou pépites dans les terrains d'alluvion, qui renferment l'or et les diamants, au Brésil, au Pérou, etc., dans la Sibérie, etc.

Le platine sert à fabriquer des paratonnerres, des lumières de fusil, des boîtes de montres, des instruments de précision, etc.

Ne quittons pas les entrepôts de tant de richesses dissimulées dans le sein de la terre, sans parler des pierres précieuses.

On donne le nom de PIERRES PRÉCIEUSES à toutes les pierres qui entrent dans la joaillerie.

Ce qui fait la base de ces pierres, c'est la silice, c'est l'alumine : mais elles doivent leurs couleurs aux oxydes métalliques.

On compte dix espèces de pierres précieuses : *diamant, rubis, saphir, topaze, émeraude, chrysolithe, améthyste, grenat, hyacinthe* et *béryle* ou *aigue-marine*. Tel est l'ordre de leur valeur.

Viennent ensuite des pierres secondaires : *turquoise, tourmaline, péridot, zircon, corindon, cornaline, onyx, agate, jaspe, opale, spinelle,* etc.

Le DIAMANT, nom qui veut dire indomptable, à cause de sa

dureté, est un corps vitreux, transparent, doué d'un éclat très vif, rayonnant de toutes couleurs, et formé par du carbone cristallisé. C'est le plus dur de tous les corps; aussi les pénètre-t-il tous, sans se laisser pénétrer par aucun. Il en résulte que pour arriver à le polir, on a recours à la poussière que l'on en tire en le taillant.

C'est au Brésil et dans les Indes orientales, à Golconde, etc., que l'on trouve le diamant. Le *régent* est un spécimen magnifique de ce genre de pierres : il appartient à la France. Mais il y en a encore de plus beaux.

Nous supprimons l'analyse de quantité de pierres, pour passer

Au CORINDON, minéral vitreux ou pierreux, le plus dur après le diamant, cristallisé en rhomboïdes et composé d'alumine presque pure.

Le corindon est-il jaune? c'est la *topaze orientale*; bleu? c'est le *saphir*; rouge? c'est le *rubis oriental*; vert? on l'emploie sous le nom d'*émeraude orientale*; pourpre ou violet? c'est l'*améthyste orientale*.

Quelquefois on remarque dans le corindon une étoile blanchâtre à six rayons : c'est ce que les lapidaires appellent *astérie*.

La Malabar, le Thibet, la Chine, et le ruisseau d'Expailly, près du Puy-en-Velay, dans notre France, recèlent le corindon.

Le QUARTZ, mot qui désigne la silice à peu près pure, se présente sous le nom de *quartz hyalin*, et n'est autre alors que le *cristal de roche*, ordinairement cristallisé, incolore et transparent

Lorsqu'il est coloré, selon sa nuance il prend les noms d'*améthyste*, de *topaze de l'Inde*.

Quand il est compacte, rubanné, offrant de vives couleurs, il devient *agate*.

Demi-transparent, et présentant souvent dans l'intérieur des couleurs irisées, c'est l'*opale*.

Le *jaspe*, sorte d'agate opaque, colorée par différentes substances en rouge, jaune ou vert, par bandes ou par taches, devient *jaspe sanguin*, ou *jaspe onyx*, ou *jaspe panaché*.

On en trouve en Sibérie une variété rubannée de vert et de violet.

Le quartz forme encore la *calcédoine*, d'une transparence nébuleuse, ainsi nommée parce que la première pierre de ce genre fut trouvée en Bithynie, près de Chalcédoine ;

La *sardoine*, de couleur orangée, à zones concentriques quel· quefois ;

La *chrysoprale*, variété d'agate vert-pomme qui doit sa couleur à l'oxyde de Nikel ;

L'*héliotrope*, espèce d'agate parsemée de points rouges, sur un fond vert-obscur, qui n'est autre que le quartz rhomboïdal.

De tous ces quartz, le plus précieux est le cristal de roche, que souvent l'on conserve par curiosité sous sa forme naturelle. Souvent aussi on le taille, on le grave. On en fait d'admirables lustres, des vases merveilleux. Le miroir de Louis XIV était en cristal de roche étamé

On trouve le quartz précieux dans les Alpes, les Pyrénées, à Madagascar, etc.

Le *silex-molaire*, ou *quartz carié*, fournit des *pierres meulières* pour la bâtisse ; le *quartz terreux* constitue les *tufs siliceux* des eaux thermales. Le *quartz aréné* compose le *grès*, si répandu sur le globe.

Au quartz et à ses variétés, succède la famille des GRENATS, substance minérale qui doit son nom à sa couleur, imitant celle des grains de grenade.

Le grenat se rencontre par masses dans les gneiss, les schistes, les serpentines, etc. Il raie le quartz. Sa forme est dodécaèdre rhomboïdal.

Rouge, c'est le *grenat de Bohême* ou *pyrope* ; violacé, *grenat-almandin* ; orangé, *grenat-hyacinthe* ; rouge coquelicot, *sozonia*.

Calicut, Cambaye, Ceylan, etc., et la Syrie, fournissent les grenats.

Le ZIRCON est un silicate non alumineux. Ce minéral se présente dans la nature sous forme de petits cristaux octaèdres, tantôt blanchâtres, tantôt grisâtres, verdâtres, bleuâtres, rougeâtres, etc. La teinte pâle devient le *jargon ;* les teintes plus prononcées constituent l'*hyacinthe* et la *zirconite.*

Le zircon est fort dur et jouit de la double réfraction.

L'ÉMERAUDE est plus dure que le quartz. Elle se compose de silice, d'alumine et de glucine. Bleuâtre, elle est l'*aigue-marine ;* jaunâtre, le *béryl.* Mais l'émeraude riche et précieuse est la verte.

Le Pérou et le Brésil sont la patrie de l'émeraude. Elle est disséminée dans l'espèce de granit appelée *pegmatite.* Aussi en trouve-t-on également dans les granits de la Haute-Egypte.

La TOPAZE est d'un beau jaune d'or. On nomme *topazes brûlées* les variétés d'une nuance rosée.

En Bohême, au Brésil, les topazes.

Rouge-ponceau, la SPINELLE devient le *rubis-spinelle,* et *rubis-balais* celle qui est d'un rouge très prononcé.

Enfin, la TURQUOISE est une pierre précieuse d'un bleu opaque. Celle qui se trouve en rognons dans les argiles de la Perse se nomme *turquoise de vieille roche,* et de *nouvelle roche* ou *odontolithe,* celle qui provient des dents de mammifères, et accidentellement colorée en bleu verdâtre.

Que l'on ose donc dire que la Providence ne s'occupe pas de l'homme, elle qui a confié, pour lui, au sein de la terre, de tels réservoirs de richesses !...

XIII. — L'aimant.

Nous ne quitterons point ce qui concerne les substances métalliques, sans nous entretenir de la plus singulière, et en même temps de la plus incompréhensible de toutes, l'*aimant,* qui, comme un génie tutélaire, guide les navigateurs au sein des mers, et les éclaire sur la route qu'ils doivent tenir, quand toutes les autres lumières les abandonnent. Cette espèce de mine de fer, dure, pesante, de couleur obscure, et ordinairement grise, présente à nos observations cinq propriétés principales, sources d'une multitude de phénomènes tous plus intéressants les uns que les autres.

L'aimant *attire* un autre aimant; il attire et s'attache un morceau de fer. Mais cette vertu n'est pas également répandue dans toute la substance de cette pierre : elle réside principalement dans deux de ses points qu'on appelle les pôles.

Cette attraction, l'aimant la *communique* et la transmet au fer qu'il touche, sans rien perdre de sa propriété attractive. Ainsi, un morceau de fer aimanté peut être considéré comme un véritable aimant, et s'appliquer aux mêmes expériences. Ces deux premières propriétés de l'aimant étaient connues de l'antiquité.

Libre et suspendu par un fil, l'aimant affecte constamment de *diriger* un de ses pôles, et toujours le même, vers le nord, et l'autre vers le sud. Cette direction, qui souffre cependant quelques variations, dont nous parlerons bientôt, a fait donner au pôle qui se tourne vers le nord, le nom de pôle boréal ou septentrional; et à celui qui se tourne vers le sud, le nom de pôle austral ou méridional. Une si précieuse découverte, qui ne date que du treizième ou du quatorzième siècle, amena celle de l'aiguille aimantée, ou la boussole, instrument qui ouvrit le vaste sein des mers aux navigateurs et aux commerçants : nouvelle preuve que des choses qui paraissent d'abord peu importantes peuvent devenir extrêmement utiles au monde entier, et qu'en général la connaissance et l'étude des œuvres de Dieu sont infiniment avantageuses à l'esprit humain.

Ces vertus de l'aimant excitèrent les physiciens à l'examiner de plus en plus, tant afin de pénétrer la cause de ces effets surprenants, que pour y découvrir de nouvelles propriétés. Plus heureux à ce dernier égard qu'au premier, ils trouvèrent que les pôles de l'aimant ne se dirigeaient pas constamment vers les points du nord et du midi, et que cette ligne de direction déclinait, tantôt vers l'orient, et tantôt vers l'occident, sous un plus grand ou un plus petit angle. C'est la *déclinaison* de l'aimant.

De plus, en se dirigeant vers le nord et vers le midi, ces pôles de l'aimant ont une *inclinaison* qui fait que, sous l'équateur, l'aiguille s'établit à peu près dans le plan de l'horizon, qui atteint les deux pôles du ciel. Mais, à mesure que l'on avance vers l'un ou l'autre de ces points, elle s'abaisse de plus en plus au-dessous de celui dont on s'éloigne, affectant de se tenir toujours à peu près dans le plan de l'horizon.

On a remarqué que la vertu attractive de l'aimant agissait aussi fortement lorsqu'on interposait, entre lui et le fer, quelque corps qui semblait devoir mettre obstacle à cet effet. Tous les métaux, à l'exception du fer, le bois, le verre, le feu, l'eau, et même l'homme et les animaux, donnent passage à l'activité de l'aimant, et ne l'empêchent point d'agir sensiblement sur le fer. On découvrit aussi que, dans deux aimants, le pôle boréal de l'un attire le pôle austral de l'autre, et repousse son pôle boréal; tandis que le pôle boréal du second est attiré par le pôle austral du premier, qui repousse constamment le pôle austral du second : c'est-à-dire que les deux pôles de même nom se repoussent, et semblent se fuir.

Comme le fer attire l'aimant aussi fortement qu'il en est attiré, il s'en suit que la vertu attractive réside dans tous les deux. En effet, suspendez un aimant à l'une des extrémités du fléau d'une balance, et un poids semblable à celui de l'aimant à l'autre extrémité; lorsque l'aimant sera en équilibre et en repos, présentez-lui par-dessous un morceau de fer : vous le verrez descendre, et faire monter le poids opposé. La même chose arrivera, si l'on suspend le fer à la place de l'aimant : en mettant celui-ci sous le fer, le métal sera attiré par l'aimant.

Tous les efforts, toute la sagacité des philosophes, pour découvrir la cause des phénomènes que nous venons d'indiquer ont été jusqu'ici inutiles : l'aimant est encore un mystère pour l'esprit humain. Et nous serions surpris que dans la religion, qui est infiniment élevée au-dessus des sens, il se trouve des mystères impénétrables, et dont la parfaite connaissance soit réservée à une économie future! Quoi! dans les choses que nous voyons de nos yeux, que nous touchons de nos mains, il se rencontre une multitude d'objets qui obligent les savants les plus distingués à confesser leur ignorance et la faiblesse de leurs lumières : et nous prêterons l'oreille à des hommes qui ont la témérité de révoquer

en doute, et même de nier tout ce qu'ils ne peuvent comprendre
dans la religion, dont toutefois les preuves sont si frappantes, si
bien liées, si fort au-dessus de toutes les objections. S'il suffit de
nier ce que nous ne concevons pas, disons donc aussi que
l'aimant n'attire point le fer; qu'il ne se dirige point vers le
nord, etc., puisque nous ne saurions ni expliquer, ni comprendre
ces phénomènes.

XIV. — Les pétrifications.

On trouve assez fréquemment dans les entrailles de la terre, à
différentes profondeurs, quelquefois même au sein des montagnes
de roche et de marbre, des végétaux, des coquillages, des osse-
ments d'animaux, qui semblent convertis en la nature des pierres, en conservant leur forme primitive : c'est ce qu'on nomme
pétrifications; espèces de médailles dont l'explication peut répandre beaucoup de jour sur l'histoire naturelle. Il ne faut pas
confondre les pétrifications avec les *incrustations :* celles-ci se
bornent à envelopper d'une couche pierreuse la substance
animale ou végétale : celles-là pénètrent cette substance dans
toutes ses parties, la dénaturent, et paraissent la changer en une
véritable substance pierreuse.

Parmi les animaux et les végétaux qui ont été ensevelis dans
des sucs pierreux, les uns n'ont en quelque sorte laissé qu'une
image d'eux-mêmes. Couverts de toutes parts d'une argile molle,
ils s'y sont corrompus et dissous; tandis que l'argile s'est durcie,
pétrifiée, en formant une cavité qui représente distinctement le
corps qui y était contenu : c'est ce que l'on nomme *empreinte.*
Ces objets présentent aux yeux de l'observateur, des hommes,
des oiseaux, des poissons, des amphibies, des quadrupèdes terrestres, et une multitude de végétaux différents.

D'autres corps semblent réellement *pétrifiés,* ou convertis en
pierres. Mais nous ne connaissons que fort imparfaitement la
manière dont la nature opère ces pétrifications. D'abord, il est
certain qu'aucun corps ne peut se pétrifier à l'air libre : les ani-

maux et les végétaux se consument ou se pourrissent dans cet
élément. Une terre aride et sans humidité n'a pas plus de vertu
pétrifiante. Quant aux eaux courantes, elles peuvent incruster
certains corps, mais non les changer en pierre : leur cours même
s'y oppose. Il est vraisemblable qu'il faut, pour les pétrifications,
une terre humide et molle, mêlée à des particules pierreuses et
dissoutes. Dans un végétal et dans les parties dures et solides
d'un animal, il y a des vides à travers lesquels se sont insinués
et durcis les sucs pierreux, à mesure que les sucs animaux ou
végétaux s'échappaient par la même voie. Ce corps, après la dissipation de tous ses sucs, n'aura plus conservé de sa nature
primitive que ses filaments les plus indestructibles qui, à la
longue, seront peut-être eux-mêmes détruits et corrompus : d'où
il suit qu'il n'y a point de pétrification proprement dite, ou de
changement des substances organiques en pierre.

Tous les corps ensevelis dans la terre ne se pétrifient pas.
Pour que ce changement arrive, il faut que le corps soit de nature à se conserver longtemps sous terre sans se corrompre; qu'il
soit à couvert de l'air et de l'eau courante; qu'il soit garanti
d'exhalaisons corrosives et de dissolvants destructeurs; enfin,
qu'il soit placé dans un lieu où se rencontrent des liquides chargés de molécules qui, sans détruire ce corps, le pénètrent, et
s'unissent intimement à lui, à mesure que ses parties se dissipent par l'évaporation : circonstances qui ne se rencontrent toutes ensemble que très difficilement dans la nature.

Il est fort rare de trouver des hommes pétrifiés; les pétrifications d'animaux quadrupèdes sont également assez peu communes. La plupart des squelettes extraordinaires que l'on rencontre
dans la terre sont des squelettes d'éléphants; on en voit même
en divers endroits de l'Allemagne. Les pétrifications d'animaux
aquatiques se trouvent fréquemment : il est des poissons entiers
dont on distingue jusqu'aux moindres écailles. Mais tout cela
n'est rien en comparaison de cette multitude de coquillages convertis en pierres, qu'on trouve dans le sein de la terre. Non-
seulement le nombre en est prodigieux, mais il y en a de tant

d'espèces différentes, que les animaux vivants de quelques-uns
d'entr'eux sont encore inconnus. Les corps marins pétrifiés se
trouvent en grande abondance dans tous les pays : on en voit sur
le sommet des montagnes, comme à différentes profondeurs de la
terre. On rencontre aussi, dans ses différents lits, toutes sortes
de plantes et de parties de plantes pétrifiées; souvent on n'en
voit que les empreintes : ici, ce sont quelquefois des arbres entiers, ensevelis plus ou moins avant, et convertis en pierres.

Quand les pétrifications n'auraient d'autre utilité que de répandre beaucoup de jour sur l'histoire naturelle de notre globe,
elles mériteraient par cela seul notre attention. Mais elles sont
aussi pour nous des preuves des opérations secrètes de la nature,
et de cette sagesse que nous avons admirée dans toutes les parties du règne minéral.

Les œuvres de la nature ont pour fin le bonheur du monde :
elles existent, non-seulement pour servir de spectacle à l'homme,
mais pour lui procurer des jouissances; et toutes, sans exception, publient la bonté de Dieu et la sagesse de ses desseins.

XV. — Règne végétal. — Agréments de la campagne ; nombre prodigieux des plantes.

Les considérations sur le règne minéral nous ont fait parcourir l'intérieur et les dehors du globe que nous habitons : nous
avons fouillé les entrailles de la terre, visité ces magasins immenses où sont déposées en grande partie nos richesses; mais, ô
hommes! pour exciter votre reconnaissance, je n'ai guère pu
parler qu'à votre raison. Une nouvelle carrière s'ouvre : tout y
est propre à éclairer notre esprit, à toucher notre cœur, à flatter
notre imagination par des tableaux enchanteurs, et à devenir
pour nous la source des plaisirs les plus délicieux. Venez donc
jouir de ceux qui ne sont goûtés que par le vrai sage. La douce
lumière du soleil nous appelle dans les champs : c'est là qu'une
joie pure nous est réservée; c'est dans ce vallon fleuri que nous
allons adresser un hymne au Créateur.

Comme le souffle du zéphir agite doucement chaque rameau, chaque feuille de ces buissons! Tout ce qui paraît devant nos yeux saute, bondit, folâtre, ou bien entonne des chants d'allégresse : tout semble rajeuni, animé d'une nouvelle vie

Bois touffus, vallées charmantes, et vous montagnes que la nature pare de ses dons, votre aspect récrée nos sens et flatte notre cœur; vos attraits ne doivent rien à l'art, et ils effacent l'éclat des jardins.

Le grain mûrit; et bientôt il invitera le laboureur à y porter la faulx. Les arbres couronnés de feuilles, ombragent les collines et les campagnes. Les oiseaux jouissent de leur existence : ils chantent leurs plaisirs; leurs accents expriment ou la tendresse ou la joie. Le paisible cultivateur voit renouveler ses trésors : dans ses regards sereins, brillent la liberté et le sentiment du bonheur; l'odieuse calomnie, l'orgueil ni les noirs soucis dont l'habitant des villes est trop souvent dévoré, ne viennent point troubler le repos de ses matinées ni peser sur ses nuits.

Aucun lien ne peut empêcher le sage qui aime à exercer ses sens et sa raison, de venir goûter les douceurs innocentes et si pures qu'on trouve au sein des campagnes. Là, de riches pacages, des prairies couvertes de rosée, et les riants objets qui s'offrent de toutes parts, remplissent son âme d'une douce joie, et l'élèvent jusqu'à son Créateur.

La contemplation de la nature, dans le règne végétal, ne nous promet pas seulement des plaisirs enchanteurs; j'ajoute qu'ils ne peuvent être plus variés. Un botaniste moderne se vante d'avoir fait une collection de vingt-cinq mille espèces de végétaux; et il porte à quatre ou cinq fois autant, le nombre de celles qu'il n'a pas vues. Mais cette évaluation est bien faible, si l'on considère que l'on ne connaît presque rien de l'intérieur de l'Afrique, de celui des trois Arabies, et même des deux Amériques; fort peu de chose de la nouvelle Guinée, des nouvelles Hollande et Zélande, et des îles nombreuses de la mer du Sud. On ne connaît guère que quelques rivages de l'île de Ceylan, de celle de Madagascar, des Archipels immenses des Philippines et des Moluques,

et de presque toutes les îles de l'Asie. Pour son vaste continent,
à l'exception de quelques grands chemins dans l'intérieur, et de
quelques côtes où trafiquent les Européens, on peut dire qu'il
nous est tout-à-fait inconnu. Combien de terrains en Tartarie, en
Sibérie, et dans beaucoup de royaumes de l'Europe même, où
jamais les botanistes n'ont mis le pied! En un mot, s'il est per-
mis de hasarder des conjectures à ce sujet, peut-être n'y a-t-il pas
de lieue carrée sur la terre qui ne présente quelque plante qui
ne lui soit propre, ou du moins qui n'y vienne mieux, qui n'y
soit plus belle qu'en aucun autre endroit du monde : ce qui doit
porter à plusieurs millions le nombre d'espèces primitives répandues sur la surface solide du globe.

À l'aide du microscope, on a trouvé des plantes dans les lieux
où l'on pouvait le moins s'y attendre. La mousse a été se ranger
parmi les végétaux ; les taches brunes et noirâtres dont sont couvertes les pierres de taille, sont devenues des plantes elles-mêmes :
on en découvre jusque sur le verre le mieux poli. Cette moisissure qui s'attache à presque tous les corps, offre un jardin, une
prairie, une forêt, où les plantes, malgré leur extrême petitesse,
ont des fleurs et des graines.

Si donc on réfléchit sur la quantité de mousse qui couvre jusqu'aux pierres les plus dures, jusqu'aux lieux les plus arides;
sur la quantité d'herbes qui ornent la surface de la terre; sur les
diverses espèces de fleurs qui récréent nos sens; sur tous les arbres et arbustes; si l'on y joint les plantes aquatiques, dont la
finesse égale celle d'un cheveu, et qui, pour la plupart, n'ont pas
été examinées suffisamment, on ne pourra qu'être frappé de
l'étendue du règne végétal. Mais ce qu'il y a de plus merveilleux
encore, c'est que toutes ces espèces se conservent, sans que
l'une détruise l'autre. Le souverain de la nature a désigné à
chacune un séjour analogue aux qualités qui lui sont propres : il
les a distribuées partout avec sagesse; aucun lieu n'en est dépourvu; et nulle part elles ne croissent avec trop d'abondance.
Telles plantes demandent à s'élever en plein champ, exposées au
soleil : elles périraient à l'ombre des forêts, ou du moins elles ne

feraient qu'y languir. D'autres ne peuvent subsister que dans l'eau; et, ici, les diverses qualités de cet élément occasionnent de grandes variétés. Quelques-unes poussent dans le sable; d'autres encore dans les marais et dans les lieux bourbeux submergés par intervalles; celles-ci germent sur les premières couches de la terre; celles-là ne se développent que dans son sein. Les différents sols ont leurs productions particulières; et, dans l'immense jardin de la nature, il n'est point d'endroit absolument stérile. Depuis la poussière jusqu'au rocher le plus dur; depuis la zone torride jusqu'aux zones glaciales, chaque climat, chaque terroir entretient des plantes qui lui sont propres.

Une chose bien digne de toute notre reconnaissance, c'est que, parmi cette innombrable quantité de plantes, le Créateur a voulu que celles qui servent de nourriture ou de remèdes à l'homme et aux animaux, se multipliassent en plus grande abondance que celles qui sont d'une moindre utilité.

XVI. — Parties extérieures des plantes.

Les plantes composent trois grandes familles : les herbes, les arbrisseaux et les arbres. Les membres de la première, la plupart de fort petite taille, d'une constitution délicate, abondante en humeurs, n'ont qu'une courte durée : une année est ordinairement le terme de leur existence. Ceux de la troisième, souvent de taille gigantesque, et d'un tempérament robuste, vivent plusieurs années, et même plusieurs siècles. Ceux de la seconde tiennent le milieu entre les deux autres. Ces trois classes, répandues sur la surface de la terre, y vivent confondues : mais, parmi les espèces qui les composent, il règne une diversité presque infinie de grandeurs, de figures, de couleurs et d'inclinations. Ce qu'elles ont de commun, c'est que les végétaux qui font partie de chacune d'entre elles passent leur vie dans la plus grande immobilité : attachés à la terre par différents liens, ils en tirent en partie leur nourriture; et, chez eux, vivre c'est se développer.

Pour nous faire quelque idée de l'art inimitable qui se découvre dans le règne végétal, commençons par contempler les parties extérieures des plantes; et arrêtons-nous d'abord aux *racines*. Elles sont construites de manière qu'à l'aide de leurs divers pivots et de leurs ramifications, les plantes sont fixées et affermies dans la terre, d'où elles tirent les sucs nourriciers qu'elle renferme.

De la racine s'élève la *tige,* à laquelle la plante doit en partie sa force et sa beauté. Sa structure est diverse : tantôt, façonnée en forme de tuyau, elle est fortifiée par des nœuds artistement placés; tantôt, trop faible pour se soutenir d'elle-même, elle a besoin d'un support autour duquel elle s'entortille ou se cramponne; d'autres fois elle se montre comme une forte colonne, qui fait l'ornement des forêts, et semble braver les vents et la tempête.

Les *branches,* comme autant de bras, s'élancent hors du tronc ou de la tige, sur laquelle elles sont distribuées avec beaucoup de régularité. Elles se divisent et se subdivisent en plusieurs rameaux, toujours plus petits, et disposés dans le même ordre que les divisions principales. Les *bourgeons* ou *boutons* qui sortent des branches sont autant de petites plantes qui, mises en terre, y prennent racine, et deviennent un tout semblable à celui dont elles faisaient partie.

Aimable et riante parure des plantes, les *feuilles,* disposées de manière que toutes puissent jouir des rayons du soleil, sont arrangées autour de la tige et des branches avec la même symétrie. Simples ou composées, unies ou dentelées et frisées, chacune a une structure, un dessin, une grandeur, des ornements particuliers; et, entre mille feuilles, il ne s'en trouve pas deux qui se ressemblent parfaitement.

Les *fleurs,* dont le brillant émail fait une des grandes beautés de la nature, ne sont pas moins diversifiées que les feuilles. Les unes n'ont qu'une seule feuille, ou *pétale;* les autres en ont plusieurs. Ici, l'on voit un vase qui s'ouvre avec grâce; là, des figures qui ont la forme d'un museau, d'un casque, d'une cloche, d'une étoile, d'une couronne, d'un soleil rayonnant : plus loin, ce sont des papillonacées qui rappellent l'idée d'un papillon aux ailes étendues. Quelques fleurs sont éparses sans art sur la plante; d'autres forment autour d'elle des sphères, des bouquets, des pyramides, des aigrettes, des guirlandes, etc.

Du centre de la fleur, s'élèvent une ou plusieurs petites colonnes, unies ou cannelées, arrondies par le haut, ou terminées en pointes. Ce sont les *pistils*, qu'environnent ordinairement d'autres colonnes plus petites, que l'on nomme *étamines*. Celles-ci soutiennent les *sommets*, espèces de capsules remplies d'une poussière très fine, dont nous indiquerons ailleurs la destination. Eh! qui pourrait exprimer la finesse du tissu des diverses fleurs, la douceur de leur parfum, la vivacité, la variété, l'éclat de leurs couleurs!

Aux fleurs, succèdent les *fruits* et les *graines* : précieuses richesses, qui réparent les pertes que l'inclémence des saisons, les besoins de l'homme et des animaux ont fait éprouver aux plantes. Les graines et les fruits renferment, sous une ou plusieurs enveloppes, le *germe* des plantes futures : les uns sont pourvus d'ailes, d'aigrettes, etc., au moyen desquelles ils nagent dans l'air ou dans l'eau, qui les transportent et les sèment çà et là; les autres sont placés dans des graines ou siliques, ou dans des espèces de boîtes à une ou plusieurs loges : ceux-ci, sous une chair délicieuse, relevée encore par la beauté du coloris, cachent un noyau ou un pepin; ceux-là, enfin, sont renfermés dans des coques garnies de piquants, ou abreuvées d'un suc amer, ou enrichies d'une bourre très fine. La forme extérieure des graines et des fruits, ne varie pas moins que celle des feuilles et des fleurs : il n'est presque aucun genre de figures dont ils ne fournissent des exemples.

On nomme *pétiole* le prolongement de la tige destiné à soutenir les feuilles, et *pédoncule* le support des fleurs et des fruits; ce dernier acquiert un développement proportionné au volume et à la pesanteur du corps qu'il doit soutenir. Le pédoncule des fruits renferme un grand appareil d'organes qui servent à élaborer les sucs de l'arbre, et ne laissent parvenir au fruit que les plus

4

purs et les plus raffinés : le reste est repoussé dans le torrent de la circulation, et concourt à la formation des parties les plus grossières; ou bien il est rejeté hors de la plante par la transpiration. Le mécanisme du pétiole qui soutient les feuilles est bien moins compliqué que celui du pédoncule de la fleur et du fruit, parce que la formation de la feuille n'est qu'un simple accessoire à celle du fruit. Le fruit est le complément de l'ouvrage de la nature, la partie la plus intéressante de la plante, le moyen le plus sûr de sa reproduction, en un mot, l'objet pour la formation duquel la plante n'a cessé de travailler depuis le premier moment de son existence.

Tout est admirable dans de pareils procédés; tout y annonce la grandeur de celui qui en a tracé les lois. Chaque partie des plantes a ses usages propres, et sa destination. Qu'on supprime la partie la moins importante en apparence : leur beauté, leur accroissement ou leur propagation en seront altérés. Dépouillez un arbre de ses feuilles, et bientôt vous le verrez dépérir. Il en est de même de toutes les autres parties des plantes : il n'y en a aucune de superflue, aucune qui n'ait son utilité, et qui ne se rapporte manifestement à la perfection du tout, et au bien de l'homme. Les herbes, par exemple, sont d'une substance pliante et molle : si elles eussent été ligneuses et dures, comme les jeunes branches des arbres, la plus grande partie de la terre eût été pour nous inaccessible. Ce n'est donc point par hasard qu'une si grande quantité sont d'une constitution souple : ce n'est point faute de nourriture ou de moyens de se développer, puisqu'il y a de ces herbes qui s'élèvent fort haut.

XVII. — Des parties intérieures des plantes; leur accroissement.

L'organisation générale étant la même pour tous les végétaux, afin d'en rendre le mécanisme plus sensible nous allons l'observer dans les arbres, où il se montre plus en grand.

Dans une branche coupée transversalement, ainsi que dans l'arbre entier, on remarque quatre choses principales : la moelle,

le bois, l'aubier, l'écorce. La *moelle* est un amas de petites cellules, séparées par des interstices de différentes figures et de différentes grandeurs, et qui diminuent, se dessèchent ou s'effacent
à mesure que la plante avance en âge : dans ces cellules, se
trouve beaucoup de sève. Le *bois* est la partie la plus dure du
tronc, divisée en couches concentriques autour de l'axe. C'est un
amas de fibres dont la plupart, surtout dans les arbrisseaux,
montent perpendiculairement; mais, pour donner à ces fibres
plus de consistance, dans certains arbres, particulièrement dans
ceux qui sont destinés à être plus forts ou plus durs, elles sont
liées les unes aux autres par une infinité de fibres transversales,
qui, de l'axe, vont s'épanouir dans l'écorce. Le bois proprement
dit s'étend jusqu'à l'*aubier*, composé d'autres couches d'un bois
encore plus imparfait, lesquelles s'étendent jusqu'à l'écorce. Ce
sont les dernières couches d'accroissement qu'a pris l'arbre, et
qui ne sont pas encore assez durcies et assez formées. En pre-
nant chaque année une nouvelle couche entre l'écorce et l'aubier précédent, l'arbre convertit successivement son aubier en
bois; et son âge se connaît assez facilement à ces couches concentriques. L'*écorce* est comme l'enveloppe et la peau de l'arbre : elle paraît destinée à lui servir en quelque sorte de vêtement, et à garantir les parties les plus délicates des accidents
extérieurs et de l'intempérie de l'air.

C'est dans l'écorce que réside la principale organisation de
l'arbre : on y distingue particulièrement le liber, l'épiderme et
l'écorce moyenne. Le *liber* est un amas de pellicules fines, semblables aux feuillets d'un livre, et adhérentes immédiatement à
l'aubier, dont chaque année elles deviennent une nouvelle couche, en se dégageant du reste de l'écorce. L'*écorce moyenne* est
composée de fibres ligneuses, de vaisseaux propres, d'un tissu
cellulaire, et de trachées. La sève qui coule entre elle et le liber
produit chaque année une nouvelle couche de pellicules. Enfin,
l'*épiderme* est l'enveloppe extérieure de toutes les couches corti-
cales. Mais, comme la végétation des plantes dépend principalement des organes contenus dans l'écorce moyenne, il est nécessaire de nous y arrêter un moment.

On donne le nom de *vaisseaux communs* à ceux où coule la *sève*. Les *vaisseaux propres* sont d'autres tubes collés contre ceux dont nous venons de parler, et remplis d'un suc particulier à la plante; tel que le lait dans le figuier, la résine dans les pins, la manne dans certains frênes d'Italie, une huile ou un miel dans quelques fleurs. Le suc propre caractérise les fruits de la plante. La sève est un fluide sans couleur, d'une saveur plus ou moins fade, et destiné, comme le sang chez les animaux, à se séparer en différents sucs, pour la nourriture et l'entretien des divers organes. Elle est très abondante au printemps; et son mouvement se manifeste alors par le développement des feuilles et des fleurs. Le *tissu cellulaire* est un assemblage de vésicules posées horizontalement, communiquant entre elles, et placées entre les mailles des fibres séveuses. Enfin, au milieu, autour d'un faisceau de fibres ligneuses, s'observent des vaisseaux moins étroits, formés d'une lame argentée, élastique et roulée en spirale; ce sont les *trachées :* elles ne contiennent ordinairement que de l'air, et elles peuvent être regardées comme les poumons de la plante.

Il est facile maintenant de se former une idée de la manière dont se fait l'accroissement des grands individus du règne végétal, et même des autres plantes. Chaque arbre, quelque touffu qu'il puisse être, reçoit une partie de sa nourriture des racines, dont les extrémités présentent un amas prodigieux de fibres spongieuses, toujours ouvertes, afin de pouvoir se remplir des sucs que leur fournit la terre. Ces sucs, attirés par la chaleur du soleil, s'élèvent par degrés dans les branches et dans leurs rameaux; comme le sang qui part du cœur est porté par les artères jusqu'aux extrémités du corps de l'animal. Quand le suc s'est répandu partout où il était nécessaire, ce qui en reste reflue par les vaisseaux posés entre l'écorce intérieure et l'écorce extérieure, de même que le sang retourne en arrière par les veines. De là résulte cet accroissement qui se renouvelle chaque année, et qui forme l'épaisseur de l'arbre. En même temps la tige croît de plus en plus en hauteur, tandis que la racine continue de s'étendre en bas dans la même proportion.

C'est ainsi que le Créateur, par un admirable système de parties solides et fluides, procure la vie et l'accroissement à ces arbres qui ombragent nos troupeaux, nos bergers, nos hameaux, et qui, lorsqu'ils ont cessé de parer nos campagnes, servent encore à tant d'usages utiles à l'homme. Ici, l'on découvre cette providence qui ne se trompe jamais; qui prescrit à la nature des lois immuables, et qui agissent sans interruption. Une si profonde sagesse, un art si étonnant, tant de préparatifs et de combinaisons, pour chaque arbre, me font admirer, révérer toujours davantage la main créatrice. La contemplation de ses ouvrages est une étude ravissante : elle m'anime à glorifier ce Dieu si grand dans ses conseils et dans ses plans, si merveilleux dans leur exécution.

XVIII. — De la propagation des plantes par les graines, les fleurs et les fruits.

Dans la plupart des végétaux, les fleurs sont destinées à féconder la graine qu'ils produisent, et à développer le germe qui doit les perpétuer. Quel intéressant spectacle que celui d'un verger rempli de mille arbres divers, qui fournissent à nos tables les mets les plus délicieux ! Que de douces sensations n'excite pas un parterre où la nature et l'art ont réuni toute la richesse du coloris, toutes les espèces de parfums; où l'œil et l'odorat, également flattés, semblent ravir l'âme hors d'elle-même, et la transporter à l'envi partout où elle trouve des sources d'innocents plaisirs! Brillants objets, votre possesseur vous contemple et vous admire avec une sorte d'enthousiasme; un fleuriste rival .ous convoite avec jalousie; la nymphe naïve et légère s'empresse de s'embellir de vos couleurs, de s'environner de vos douces exhalaisons : pour moi, je me borne en ce moment à vous observer en philosophe qui étudie la nature.

Presque toutes les fleurs sont pliées dans un bouton, où elles se forment en secret, et sont garanties par leurs enveloppes et leurs tuniques. Lorsqu'ensuite la sève survient en abondance, surtout vers le printemps, la fleur grossit, le bouton s'ouvre; et l'un des plus séduisants phénomènes du règne végétal se montre à nos yeux.

La fleur porte dans son sein le germe qui doit reproduire son espèce. Trois parties principales constituent communément sa nature. Le *calice*, pour l'ordinaire de couleur verte, est l'enveloppe extérieure qui soutient et met à couvert toutes ses parties. La *corolle* est destinée à l'embellir par ses feuilles minces et de diverses couleurs, qui, en même temps qu'elles forment une défense aux organes de la fructification, servent peut-être encore à la préparation du suc nourricier, et à reverbérer les rayons du soleil sur les parties de la fécondation. Mais c'est véritablement le *cœur*, ou le centre de la fleur, qui en forme la partie la plus essentielle. On y voit un filet, ou petite colonne, appelée *pistil*, laquelle, particulièrement dans les tulipes, monte assez haut. Autour du pistil sont les *étamines*, autres filets surmontés des *sommets*, qui renferment une poussière fécondante et diversement colorée.

La fleur, en ornant nos jardins, nos vergers, nos campagnes, nous prépare souvent un fruit délicieux, un grain nourrissant, une farine précieuse. Son calice se métamorphose en pomme dans le pommier, en fraise dans le fraisier, en grain dans le blé. Telle est l'admirable économie de la nature! Le germe qui conserve et multiplie les plantes naît communément enveloppé d'une substance destinée à faire la nourriture et les délices des êtres vivants.

Parmi les fruits, les uns sont à pepins, les autres à noyau : les uns cassants, les autres fondants; les uns farineux, les autres ligneux : ceux-ci naissent près de la terre, ceux-là dans son sein même; plusieurs se forment dans la région de l'air, tantôt isolés, tantôt en grappes. L'âcreté qui les caractérise tous dans les premiers temps de leur formation, cesse et s'évanouit d'ordinaire quand la chaleur du soleil ou la fermentation intérieure des parties a perfectionné leur substance.

Vous voyez quel concours de causes est nécessaire pour produire les végétaux, pour les conserver et pour les propager.

Quoique les germes préexistent tout formés dans leurs graines, quel art ne faut-il pas pour les développer, pour donner l'accroissement à la plante, pour la conserver, et pour en perpétuer l'espèce? La terre devait être une mère féconde, dans le sein de laquelle les végétaux pussent être placés convenablement, et se nourrir. L'eau et l'air, qui contribuent si fort à les alimenter, devaient être composés de parties dont le mélange pût servir à leur accroissement : le soleil devait mettre tous les éléments en action, faire germer les semences par sa chaleur, et mûrir les fruits. Il fallait un juste équilibre, une exacte proportion entre les plantes, afin que, d'un côté, elles ne se multipliassent pas trop, et que, de l'autre, elles fussent toujours en nombre suffisant. Il fallait que leur tissu, leurs vaisseaux, leurs fibres, et toutes leurs parties fussent tellement disposés, que la sève, le suc propre pussent y pénétrer, y circuler et s'y préparer de manière que chacune d'entre elles reçût la forme, la grosseur et la force qui lui étaient propres. Il fallait déterminer exactement quelles plantes devaient venir d'elles-mêmes, et quelles autres auraient besoin des soins et de la culture des hommes. L'œuvre de la génération et de la propagation des végétaux est si compliquée; elle passe, pour ainsi dire, par tant d'ateliers, qu'il nous est impossible de démêler cette longue suite de causes et d'effets qui les produisent.

XIX. — Propagation des plantes par rejetons et par boutures: la greffe.

La vertu reproductive des végétaux ne se rencontre pas seulement dans les graines qu'ils produisent hors de terre, comme le chêne, le blé, le chanvre : dans quelques-uns, tels que la tulipe, la renoncule et l'anémone, elle est aussi dans des oignons qui naissent au sein de la terre. L'oignon, formé de plusieurs écailles posées les unes sur les autres, renferme, comme la graine, une plante en raccourci. Le caïeu, qui pousse sur les côtes de l'oignon principal, est destiné par la Providence à le remplacer. Certaines plantes jettent autour d'elles des traînées ou de longs filets, dont les nœuds ou les yeux allongent leurs chevelus en terre, et deviennent autant de nouveaux pieds, que l'on peut séparer les uns des autres. Plus étonnants encore, les arbres se propagent, pour ainsi dire, par toutes leurs parties. Leurs semences, reçues dans un terrain convenable, y végètent, et y donnent naissance à des arbres de leur espèce : leurs racines et leurs rejetons, séparés du tronc avec art, font revivre le sujet dont ils ont été tirés; enfin, on les perpétue, ainsi que les autres plantes ligneuses, par de simples boutures. D'un saule, par exemple, d'une vigne, d'un groseiller, etc., on détache un rameau qu'on met en terre après en avoir coupé les petites branches : bientôt il en sort des racines; et il devient un arbre, qui donne les mêmes productions que le tronc qui l'a fourni.

Il est encore une manière de multiplier les végétaux, qui, par les avantages singuliers qu'elle procure aux hommes, mérite bien que nous nous arrêtions à la considérer. Elle consiste à planter une ou plusieurs boutures, non dans la terre, mais dans le tronc ou dans les branches d'un arbre lui-même. C'est la *greffe*, dont la première idée est due, peut-être, à l'union accidentelle de deux branches ou de deux fruits.

La greffe unit une portion de plante à une autre plante, avec laquelle la première fait corps, et continue de vivre. La portion qui s'unit se nomme *greffe;* celle sur laquelle on l'unit, s'appelle *sujet.* On greffe de plusieurs manières : en fente, en couronne, en flûte, en écusson, etc.; mais toutes ces opérations reviennent, pour le fond, à la même chose, savoir : à transporter les sucs du sujet à la greffe, dans les vaisseaux de laquelle ils prennent des modifications différentes. Par cet art ingénieux, le jardinier change les fruits aigres et petits en fruits d'une grande beauté et d'un goût délicieux : il rajeunit les arbres; il cueille sur l'amandier la pêche, la poire sur l'épine, et perfectionne sans cesse la nature dans les plantes qui, par l'excellence de leurs fruits et de leurs fleurs, méritent le plus l'attention des hommes.

Pour réussir ensemble, la greffe et le sujet doivent avoir un rapport de nature, de fleuraison et de maturité de fruits. La raison en est facile à saisir. Quand tous les deux sont de nature trop disparate, le sujet ne fournit à la greffe que des sucs qui ne lui conviennent point, et qui ne sont nullement propres à se transformer en sa substance. Si la sève de la greffe commence à se mettre en mouvement avant celle du sujet, la greffe dissipe sa substance par la transpiration, sans pouvoir la réparer par la nutrition, et elle meurt. La fleuraison de la greffe et celle du sujet sont-elles fort éloignées l'une de l'autre, les sucs destinés à produire les fleurs et ensuite les fruits manquent à la greffe au temps précis où elle en a besoin : sa fertilité est donc anéantie. Enfin, quand la maturité des fruits de la greffe est notablement plus tardive que celle des fruits du sujet, celui-ci cesse de voiturer et d'élaborer des sucs nourriciers, dans le temps où il cesse d'en avoir besoin pour lui-même; et les fruits de la greffe périssent faute de nourriture. Mais supposez assez d'analogie entre différentes greffes et le sujet, dans leur nature, leur fleuraison et la maturité de leurs fruits : alors vous pourrez vous procurer l'agréable surprise, de voir naître et mûrir sur les branches d'un même arbre diverses espèces de fleurs et de fruits qui feront alternativement les délices de l'œil, de l'odorat et du goût. Ici, vous aurez à la fois des abricots, des pêches et des prunes sur un amandier; là, croîtront sur un mérisier les guignes, les cerises, les griottes et les bigarreaux.

Ces assortiments, objets de la recherche de quelques curieux, sont très aisés sur les arbres qui ont avec les greffes quelque proportion. Mais le grand objet de mon admiration, et le juste motif de ma reconnaissance, c'est de voir un mauvais arbre se convertir, en quelque sorte, en un bon, et un bon arbre se transformer en un plus parfait. Une plante tirée du fond des bois corrige son humeur sauvage et se défait quelquefois de ses épines dans la société d'une plante domestique. Celle-ci se perfectionne par le commerce qu'elle entretient avec une autre plus douce entée sur elle. Peut-être même cette troisième acquiert-elle un nouveau degré de bonté, lorsqu'on lui retranche son feuillage, et qu'on la greffe sur elle-même.

XX. — Les fruits sauvages : le travail de l'homme les convertit en aliments salutaires.

Certains fruits, tant ceux qui naissent parmi nous qu'une infinité d'autres dans les pays lointains, n'ont pas besoin d'être
greffés; tandis que quantité de fruits délicieux deviennent amers
et chétifs, si l'on met en terre leurs noyaux ou leurs pepins. Le
figuier, par exemple, l'amandier, le mûrier, le noisetier, rapportent, sans qu'on les greffe, les fruits qui leur sont propres : un
beurré, au contraire, un cerisier, un pêcher, en donnent de très
mauvais pour nous, quand ils ne sont point greffés. Quelle peut
être la cause et de ce changement d'un excellent fruit dans un
autre d'un goût désagréable, et des contrastes que la nature nous
fait apercevoir à ce sujet?

Cette question ne peut suffisamment se résoudre par des
raisons physiques, prises du fond même de la nature. Il faut nécessairement interroger la morale : elle nous dira que tout est
conséquent aux intentions d'une providence spéciale du Créateur.
Attentive aux besoins de ses créatures, elle a, par cet expédient,
pourvu à ceux des nombreux citoyens de la région des airs, et à la
nourriture d'une infinité d'animaux qui sont faits pour l'homme,
tels que les habitants des forêts, d'où nous viennent ceux mêmes
qu'on appelle *domestiques.* Tous, et particulièrement les animaux
de la plus grosse espèce, aiment les fruits sauvages, quand ils
peuvent en trouver en pâturant dans les bois. L'âcreté et l'amer-
tume qui nous les rendent insupportables ont une analogie avec
leur goût. Ceux, au contraire, qui sont analogues à notre palais,
sont moins substantiels pour eux. Leur durée est également
moins longue; au lieu que les sauvageons, dont les parties sont
plus compactes et plus cohérentes, et qui, pour la plupart, sont
aussi plus petits que nos fruits à couteau, restent bien plus longtemps sur les arbres sans être abattus par les vents, ainsi que
sur la terre sans se gâter. Les fruits réservés à l'homme sont
communément plus tendres et plus gros; leur consistance est

moindre, à l'exception de quelques-uns; et, de plus, dès qu'ils tombent, ils ne tardent point à se pourrir. Il en est des fruits sauvageons comme des herbages des campagnes, des prés, des bois, des friches. C'est pour la même raison que l'auteur de la nature les a multipliés à l'infini, tandis que ceux qui sont destinés à notre subsistance et à nos besoins sont en bien plus petit nombre. Il a donné à l'homme le talent de les chercher et de les faire croître par son travail et son industrie; au lieu qu'ayant privé les animaux de ces avantages, il s'est chargé de fournir directement lui-même à tous leurs besoins

XXI. — Nutrition des plantes; circulation de la sève.

Pour entretenir toutes les opérations qu'on admire dans les végétaux, il faut qu'ils aient un moyen de réparer les pertes qu'elles occasionnent. Au retour du printemps, les arbres, qui, durant plusieurs mois, avaient paru totalement privés de la vie, commencent à en donner des signes. Quelques semaines après, il s'y en manifeste de plus grands encore; et, dans peu, les boutons grossissent, s'ouvrent et produisent leurs précieuses fleurs. Cette révolution s'observe régulièrement au renouvellement de la belle saison; mais peut-être avez-vous ignoré jusqu'ici par quels moyens elle s'opère.

Les effets que nous remarquons, au printemps, dans les arbres et dans les autres plantes, sont produits par la sève qui est mise en mouvement, dans leurs vaisseaux, au moyen de l'air, et par l'augmentation de la chaleur. Comme la vie des animaux dépend de la circulation de leur sang, celle des végétaux, et leur accroissement, dépendent de la circulation de la sève; et Dieu a disposé toutes leurs parties de manière qu'elles concourent à la préparation, à la conservation et au mouvement de ce suc.

Au reste, la circulation végétale est bien différente de celle qu'on observe dans les animaux. La plante ne possède ni cœur, ni artères, ni veines; et un fait très connu suffit pour en convaincre. Un arbre planté à contre-sens, la racine en haut, la tête en bas, ne laisse pas de végéter, de croître et de multiplier : de la

racine, sortent des branches, des feuilles, des fleurs et des fruits :
de la tête, proviennent des racines, des radicules, et un chevelu
plus ou moins abondant. Ce fait ne peut se concilier avec l'appareil d'organisation que supposerait, dans les plantes, une circulation comparable à celle des animaux. Mais, s'il n'y a pas de
vraie circulation de la sève, il ne s'ensuit point qu'il n'y ait pas,
dans le corps de la plante, des vaisseaux ascendants et des vaisseaux descendants; un suc qui s'élève, par les premiers, jusqu'aux feuilles, et qui descend, par les seconds, jusqu'aux
racines : on présume même qu'il a un cours transversal et
oblique dans tous les sens. C'est une sorte de circulation assortie
à cette espèce d'être organisé : car il faut bien admettre, dans la
sève, un mouvement qui l'élabore et la dispose peu à peu à revêtir la nature propre de la plante; les sécrétions végétales sup-
posent même, dans les vaisseaux, un jeu secret dont l'effet est
très différent de cette espèce de balancement que nous venons
d'observer.

Pendant le jour, l'action de la chaleur sur les feuilles y attire
abondamment le suc nourricier. Les petits organes excrétoires
dont elles sont garnies, et qui s'y montrent sous différentes formes, séparent les parties les plus aqueuses ou les plus grossières
du suc qui s'élève de la racine. L'air renfermé dans les trachées
de la tige et des branches, se dilatant de plus en plus, presse les
fibres ligneuses, et accélère ainsi la marche de la sève, en même
temps qu'il la fait pénétrer dans les parties voisines.

A l'approche de la nuit, la surface inférieure des feuilles commence à s'acquitter d'une de ses principales fonctions. Les petites
bouches dont elle est pourvue s'ouvrent et reçoivent avec
avidité les vapeurs et les exhalaisons qui sont dans l'atmosphère. L'air des trachées se resserre; elles diminuent de diamètre :
les fibres ligneuses, moins pressées, s'élargissent, et admettent
les sucs que les feuilles leur envoient. Ces sucs se joignent au
résidu de celui qui était monté pendant le jour, probablement
aussi aux différents corps absorbés dans le même temps par les
feuilles; et toute la masse tend vers les racines. Des injections

de matières colorées ont appris que la sève monte par les fibres
ligneuses, qui la conduisent à la surface inférieure des feuilles,
et qu'une partie de ce fluide nourricier descend par les fibres de
l'écorce vers les racines.

Quoiqu'une plante ne paraisse pas chaude au toucher, on ne
saurait douter qu'elle ne possède un certain degré de chaleur qui
lui est propre, et qui, pendant l'hiver, surpasse celui de l'air am-
biant. La circulation des sucs ne cesse pas dans cette saison :
elle n'est que ralentie; ce qui suppose une certaine chaleur
qu'on croit se rapprocher assez de celle des animaux à sang
froid.

XXII. — Les feuilles des arbres.

Les feuilles, ornement des arbres, sont une des grandes beautés de la nature : l'impatience que nous avons, au printemps, de
les voir pousser, et notre joie lorsqu'elles paraissent, montrent
assez qu'elles sont la parure des jardins, des campagnes et des
bois. Eh! quel plaisir ne nous donne pas l'ombre qu'elles nous
procurent dans les jours brûlants de l'été! Qui, dans ces moments
où les ardeurs du soleil embrasent l'atmosphère, n'a pas désiré
d'être assis au pied d'un arbre, dont le feuillage épais pût lui
servir d'abri, et lui laisser respirer un air plus frais! Quel homme
si ingrat, lorsqu'il a rencontré un ombrage propice, n'a pas béni
le Dieu de la nature! Tranquillement étendu sur le gazon qui
tapisse le pied de cet arbre bienfaisant, il voit en quelque sorte
voltiger au-dessus de sa tête ce pavillon mobile, pendant que ses
membres fatigués reposent mollement sur un lit de verdure. La
chaleur dévorante qui circulait dans ses veines se dissipe insensiblement; la fraîcheur vient réparer ses forces : il renaît; et déjà
prêt à continuer sa course, il se lève, en saluant l'arbre hospi-
talier qui lui a rendu une nouvelle vie.

Ce n'est là, toutefois, que la moindre utilité qui nous revienne
du feuillage des arbres. Il suffit de considérer la merveilleuse
structure des feuilles, pour se convaincre qu'elles ont une destination et des usages tout autrement importants. Chaque feuille a

certains vaisseaux qui, étant fort serrés dans la queue, ou *pétiole*, se séparent à l'extrémité supérieure en différentes nervures principales qui se ramifient, se divisent et se subdivisent presque à l'infini dans l'une et l'autre surfaces. Il n'est pas une feuille qui, outre ces vaisseaux extrêmement déliés, n'ait une multitude étonnante de pores. On a observé que, dans une espèce de buis appelé *palma Cereris*, il y en a au-delà de cent soixante-douze mille sur un seul côté. En plein air, les feuilles tournent leur surface supérieure vers le ciel, et l'inférieure vers la terre, ou vers l'intérieur de la plante. A quoi bon cet arrangement particulier, si leurs fonctions se bornaient à orner les arbres, et à nous procurer de l'ombrage? Il faut assurément que le Créateur s'y soit proposé quelque autre vue plus intéressante.

Oui, sans doute, toutes les fois qu'il l'a voulu, ce Créateur, maître de la matière qu'il façonnait à son gré, a joint l'utile à l'agréable. Ces feuilles, qui nous charment par leurs grâces naïves, contribuent encore d'une manière immédiate à la nutrition des végétaux. Non-seulement elles séparent, comme nous l'avons dit, les parties les plus aqueuses et les plus grossières qui s'élèvent de la racine : elles sont elles-mêmes des espèces de racines qui pompent dans l'air des fluides qu'elles transmettent aux parties intérieures. La rosée qui s'élève de la terre est le principal fonds de cette nourriture aérienne : les feuilles lui présentent leur surface inférieure, garnie d'une infinité de petits tuyaux toujours prêts à l'absorber; et, afin qu'elles ne se nuisissent pas l'une à l'autre dans l'exercice de cette fonction, elles ont été arrangées sur la tige et sur les branches avec un tel art, que celles qui précèdent immédiatement ne recouvrent pas celles qui suivent. Par là, les plantes, dans les temps de sécheresse, ne courent pas le risque d'être privées de nourriture : elles reçoivent en abondance une rosée vivifiante qui est pompée par la surface inférieure des feuilles. Et que le pyrrhonisme, qui refuse d'admettre des causes finales, n'objecte pas que c'est gratuitement que nous avançons ce fait. L'expérience nous apprend que, parmi des feuilles égales et semblables prises sur le même arbre, celles qui sont appliquées par leur surface inférieure sur des vases pleins d'eau, se conservent très vertes des semaines et même des mois entiers; tandis que celles qui présentent à l'eau leur surface supérieure, périssent en peu de jours. Les herbes, toujours plongées dans les plus épaisses couches de la rosée, et dont l'accroissement se fait avec plus de promptitude que celui des arbres, ont leurs feuilles construites de manière qu'elles pompent la rosée à peu près également par l'une et l'autre surfaces, quelquefois même plus abondamment par la surface supérieure.

Les plantes transpirent beaucoup; et la surface inférieure des feuilles paraît être encore le principal organe de cette opération si importante. Des feuilles dans lesquelles cette surface est enduite d'une matière impénétrable à l'eau tirent et transpirent beaucoup moins, en temps égal, et à la même température, que des feuilles semblables dont la surface inférieure n'est point enduite d'un tel vernis. Il a paru résulter de ces expériences qu'il se fait peu de transpiration par la surface supérieure : d'où l'on peut inférer qu'une de ses principales fonctions est de servir d'abri et de défense à la surface inférieure; et c'est là, sans doute, l'usage de ce vernis naturel et si lustré qu'on remarque sur la première.

Les feuilles servent encore à introduire dans l'intérieur de la plante l'air dont elle a besoin : elles paraissent aussi contribuer à la conservation du bouton qui doit pousser l'année suivante; car l'œil du bourgeon se trouve déjà vers l'insertion du pétiole de la feuille. Sans doute il est garanti et préservé par elle, en même temps que l'affluence du suc à l'endroit où la feuille tient à la plante sert à sa conservation. Plusieurs arbres sèchent et meurent lorsqu'on en a cueilli les feuilles; c'est ce qui arrive quelquefois au mûrier lorsque, sans les précautions convenables, on le dépouille des siennes pour nourrir les vers à soie. Les raisins ne parviennent jamais à leur maturité ordinaire si, pendant l'été, on a privé la vigne de ses feuilles; et le groseiller,

rongé par les chenilles, ne donne que des fruits flasques, livides
et comme avortés.

La surface inférieure des feuilles des arbres a presque toujours une couleur plus pâle, et moins de lustre; elle est plus
raboteuse et plus spongieuse que la surface opposée. Ici encore
se découvrent les fins les plus sages. Le côté de la feuille qui regarde la terre a plus d'aspérités, et par là même plus de pores,
afin qu'il puisse d'autant mieux pomper la rosée qui s'élève, et la
distribuer ensuite avec plus d'abondance et de facilité à toute la
plante. Les feuilles se tournent du côté d'où elles peuvent recevoir le plus de fluide nourricier : de là vient que, dans certaines
plantes, elles s'inclinent très bas. Si l'on observe les arbres qui
croissent sur la pente d'une montagne escarpée, on verra que
leurs feuilles prennent une direction non pas horizontale, mais
sensiblement perpendiculaire; c'est-à-dire qu'elles se dirigent de
manière à se procurer le plus d'humidité et le plus de ces sucs
qui leur sont nécessaires.

XXIII. — Beauté des fleurs; ordre dans leur succession.

La terre est un vaste jardin parsemé de fleurs qui répandent
un charme singulier sur tout le domaine de l'homme : lors même
qu'il se renferme dans les bornes étroites de sa demeure, elles
semblent vouloir la lui rendre plus aimable, en se réunissant
dans son parterre, et en s'y plaisant plus qu'ailleurs. On dirait
que les plus belles, séparées du vulgaire pour former une ambas-
sade brillante, viennent rendre hommage à leur seigneur, et sa-
luer, par députés, le roi de la nature.

On ne peut douter que la beauté des fleurs ne tende à inspirer
la gaîté. La vue en est si touchante, et le pouvoir si sûr, que la
plupart des arts qui veulent plaire ne croient jamais mieux
réussir qu'en empruntant leur secours. De tout temps elles
furent le symbole de la joie. Elles étaient autrefois l'ornement
inséparable des festins; et elles se montrent encore avec avantage sur la fin de nos repas, quand elles viennent, avec le fruit,

ranimer la fête qui commence à languir. Les fêtes de la campagne
ne se passent point sans guirlandes : celles des personnes de
tout sexe et de tout rang commencent par une fleur; et, si
l'hiver la refuse, l'art sait la contrefaire. La jeune épouse, parée
magnifiquement au jour de ses noces, croirait qu'il lui manque
quelque chose si elle ne s'ornait d'un bouquet. Une reine, dans
les plus grandes solennités, ne dédaigne pas cet ornement champêtre : elle aime à tempérer l'éclat de la majesté par cet air de
gaîté et de douceur que donnent le mélange et l'union des fleurs
avec la beauté. La religion elle-même, quoique si recueillie et si
grave, ne laisse pas, dans certains jours, de permettre l'usage des
rameaux, des bouquets et des couronnes de fleurs.

Chaque fleur paraît au moment qui lui a été prescrit. Le
Créateur a exactement déterminé le temps où l'une doit développer ses feuilles, l'autre fleurir, une autre se faner. Par cette
succession, elles nous donnent une superbe fête, composée de dé-
corations qui se suivent dans un ordre réglé. Vous avez vu
d'abord la perce-neige sortir de la terre : longtemps avant que
les arbres se hasardassent à développer leurs feuilles, elle osa se
montrer; et, de toutes les plantes, elle fut la première et la seule
qui charma les yeux de l'amateur curieux et empressé. Parut ensuite la fleur de safran, mais timide, parce qu'elle était trop
faible pour résister à l'impétuosité des vents. Avec elle, se mon-
trèrent l'aimable violette et la brillante primevère. Ces plantes,
et quelques autres sur les montagnes, faisaient l'avant-garde de
l'armée des fleurs; et leur arrivée, si agréable par elle-même,
avait encore le mérite de nous annoncer la venue prochaine d'une
multitude de leurs aimables compagnes.

En effet, nous voyons après elles se montrer avec ordre les
autres enfants de la nature : chaque mois étale les ornements
qui lui sont propres. La tulipe commence à développer ses
feuilles et ses fleurs. Bientôt la belle anémone formera un dôme
en s'arrondissant : la renoncule déploiera toute sa magnificence,
et charmera nos yeux par l'heureuse distribution de ses couleurs. Les couronnes impériales, les narcisses à bouquets, le

muguet, le lilas, l'iris et la jonquille, s'empressent à décorer le
parterre. Dans le lointain, les arbres fruitiers mélangent les
couleurs les plus tendres avec la verdure naissante, et relèvent
de toutes parts la beauté des jardins.

J'aperçois en même temps se développer le feuillage des
rosiers : pour tenir le premier rang parmi l'aimable troupe des
fleurs, leur reine va s'épanouir, et étaler tous les agréments qui
la distinguent. Il n'y a personne qui ne soit touché des charmes
qu'elle offre à nos regards. Qui peut, sans éprouver une douce
émotion, voir une rose entr'ouverte aux rayons du soleil levant,
toute brillante des gouttes de rosée dont elle est chargée, et
mollement agitée sur sa tige légère, par le vent frais du matin?
Les lis, les juliennes, les giroflées, les tlaspis, les pavots accourent aux ordres de l'été; et l'œillet se montre avec toutes les
grâces qui lui sont propres.

L'automne présente ensuite les pyramidales, les balsamines,
les soleils, les tubéreuses, les amarantes, l'œillet d'Inde, les col-
chiques, et cent autres espèces. La fête continue sans interruption : celui qui y préside offre sans cesse de nouvelles beautés, et
prévient, par d'agréables changements, les dégoûts inséparables
de l'uniformité. Enfin le triste hiver, ramenant les frimas, couvre d'un noir rideau toute la nature, et nous en dérobe le spectacle : mais, en nous faisant souhaiter le retour de la verdure et
des fleurs, il procure quelque repos à la terre, épuisée par tant
de productions.

Arrêtons-nous ici, et réfléchissons sur les vues de sagesse et
de bienfaisance qui se manifestent dans cette succession des
fleurs. Si toutes paraissaient en même temps, nous serions privés
du plaisir que procurent ces changements agréables et progressifs,
qui nous rendent la nature toujours nouvelle; nous serions tantôt dans une excessive abondance, tantôt dans une entière
disette : à peine aurions-nous eu le temps d'observer la moitié
de leurs agréments, que nous en serions privés. Mais comme
chaque espèce a sa place et son temps marqués, nous pouvons les
contempler à notre aise, les examiner, jouir à loisir de leurs

charmes, et faire une plus ample connaissance avec elles. Si d'ailleurs elles ne se montraient tour à tour dans la saison qui leur convient, que de fleurs et de plantes périraient exposées, par exemple, aux nuits froides que souvent on éprouve au printemps! Où tant de millions d'animaux et d'insectes trouveraient-ils leur subsistance, si toutes elles fleurissaient, si toutes elles donnaient leurs fruits à la fois?

Quelle bonté, dans le Dieu de la nature, de combler ainsi l'homme de bienfaits sans cesse renaissants, et de ne pas se borner à multiplier ses grâces, mais de les rendre constantes et durables!

XXIV. — L'odeur des fleurs.

Pour peu qu'on ait de sensibilité dans l'âme, il est impossible de contempler les campagnes et les jardins sans se sentir saisi d'une douce émotion et de la plus tendre gratitude pour la bienfaisance de leur auteur. On ne peut s'arracher à la vue de tant de charmes; on se laisse aller à une touchante rêverie, dont on craint de sortir. Mille objets gracieux et riants m'environnent; tout ce que je vois, tout ce que j'entends, toutes les sensations que me procurent l'odorat et le goût, il n'est rien qui ne contribue à mon bien-être, qui n'augmente mes plaisirs! La nature semble être chargée de me remplir de la plus douce, de la plus pure satisfaction, et d'élever mon cœur à Dieu. Oui, tous ces objets qui s'offrent à mon admiration, et dont il m'accorde la jouissance, m'invitent à remonter vers lui. Chaque fleur est pour moi une preuve de sa puissance, l'objet d'un hymne à sa bonté.

Je me borne en ce moment au plaisir que me procure l'odeur si agréable et si diversifiée des fleurs. Ce n'était pas assez qu'elles fussent destinées à parer la terre de leurs brillantes couleurs; le soin de récréer mes yeux par cette merveilleuse variété qui embellit le règne végétal n'eût pas été une preuve assez touchante encore de la bonté du Créateur : il a voulu ajouter la douceur du parfum aux autres agréments des fleurs.

Des bosquets enchanteurs m'offrent une retraite contre les ardeurs du soleil. Quel air parfumé l'on y respire ! Déjà les grappes de lilas en ont couronné les branches, et leurs petits tubes odoriférants s'éparpillent et jonchent la verdure qui tapisse les pieds de cet arbuste, tandis que l'arbre de Judée épanouit près de là ses fleurs et se distingue par la vivacité de ses nuances. Le long de ses tiges s'attache le chèvrefeuille, dont les bouquets multipliés, dispersés, et mêlés avec ceux de l'arbre de Judée, laissent deviner à qui ils doivent raissance. Les jasmins, moins élevés, garnissent d'une épaisse verdure les murs et les treillages, et dispersent vaguement leurs fleurs isolées. Mes regards sont fixés, tous mes sens sont ravis. Des touffes de roses naissent en mille endroits, et versent de toutes parts une rosée de parfums délicieux. Plus bas, de petits buissons de rosiers-nains servent comme de bordure à ces riants tableaux. Quelque embaumés que soient ces lieux charmants, il semble que les fleurs s'étudient à conserver ce qu'elles ont de plus odoriférant pour le soir et pour le matin, c'est-à-dire pour le temps où la promenade est le plus agréable.

Quoi donc ! les fleurs ont-elles de l'intelligence, pour nous servir si obligeamment?... Admirez comment tout se tient dans la nature ! Il s'échappe des fleurs une transpiration perpétuelle, qui augmente à proportion que le soleil est plus ardent. Les esprits aromatiques se dispersent aisément dans un air raréfié par la chaleur; et alors ils affectent faiblement l'odorat, au lieu qu'ils ne percent qu'avec peine l'air qui est resserré par le retour de la nuit. L'action du soleil, qui les détache, est trop faible le soir et le matin, pour les écarter à une grande distance; et, par leur réunion, ils font sur nous une impression plus forte.

Les odeurs ne sont pas moins diverses que les fleurs; et, quoiqu'on ne puisse déterminer en quoi consiste proprement la différence de leurs odeurs, on s'en aperçoit cependant lorsqu'on passe d'une fleur à l'autre. Ce parfum n'est ni assez fort pour porter à la tête et blesser nos organes, ni assez faible pour qu'ils n'en soient pas suffisamment ébranlés. Les particules subtiles et légères que les fleurs exhalent se répandent au loin, et ne sauraient incommoder. Un grain d'ambre remplit de son odeur un vaste appartement. Celle du romarin qui croît dans la Provence s'étend jusqu'à vingt milles en pleine mer. L'odeur des cannelicrs en fleurs se fait sentir à une très grande distance des îles Moluques, où ils croissent. Ces esprits sont si déliés et si fins, que la lumière du jour suffit pour les dissiper dans certaines fleurs. Le *géranium triste,* qui n'a point d'odeur durant le jour, en a une exquise durant la nuit.

Vous apercevez la liaison qui se trouve entre le soleil, l'air et les fleurs. Mais, dans l'étude des choses naturelles, la vraie philosophie ne se borne pas à voir le mécanisme : elle remarque aussi le bienfait. Eh! puis-je ici méconnaître une bonté attentive à faire tourner ces divers rapports à l'avantage de l'homme! C'est en tout qu'il est traité en roi. On a parsemé son chemin de fleurs; on a pris soin d'embaumer l'air qu'il respire, en répandant les doux parfums sur son passage : les fleurs semblent même s'acquitter de ce devoir avec discernement, puisque, comme nous venons de le voir, elles réservent leurs exhalaisons les plus gracieuses et les plus sensibles pour les moments où l'homme vient au milieu d'elles se délasser de ses travaux.

XXV. — Le potager, et les plantes légumineuses.

Dieu n'a pas chargé seulement les plantes de nous procurer des plaisirs : il a voulu qu'elles fissent la partie la plus saine et la plus agréable de notre nourriture. Pourrais-je donc craindre, après vous avoir promené dans le parterre, de ne plus vous intéresser en vous montrant toutes les richesses du potager? Cette matière ne peut être indifférente à l'homme : elle n'est sujette ni à la vicissitude des années, ni au caprice des modes. La culture des plantes et des fruits est notre première inclination. Nous nous partageons sur tout le reste : le goût de l'agriculture est le seul qui nous réunisse; quelque diversité que les besoins de la vie, ou les usages de la société, mettent dans nos occupations, nous nous souvenons toujours de notre premier état. L'homme

innocent fut destiné à cultiver la terre ; et, quoique ce travail lui
soit devenu plus pénible et plus ingrat, dès que nous pouvons
nous affranchir des autres travaux, ou respirer quelques moments en liberté, une pente secrète nous ramène tous au jar-
dinage.

Au premier coup d'œil, le parterre est plus brillant ; il éblouit :
le potager frappe moins le spectateur, mais il l'attache plus
longtemps, et le satisfait davantage. Avec des couleurs douces,
de la symétrie et de la grandeur, il possède encore deux qualités
plus estimables : une extrême simplicité, et une grande utilité.
Son mérite ne se borne pas aux fleurs du printemps, ni aux
fruits de l'automne : c'est durant toute l'année qu'il nous enrichit
par des présents toujours nouveaux. Tout ce que la terre produit
dans ses différentes parties, dans les vallées, dans les plaines et
sur les coteaux, il le rassemble sous la main de l'homme. Il devient son grand magasin de nourritures, de remèdes, et le sujet
de ses plus doux amusements : il donne récolte sur récolte ; il
continue ses libéralités jusque dans le cœur de l'hiver, et semble
réserver à dessein pour cette saison des légumes et des fruits
qui soient de garde, afin que nous puissions jouir de ses faveurs,.
même lorsque l'excès du froid interrompt ses services.

Le sol et la culture contribuent singulièrement à perfectionner
les plantes. Quelle distance immense entre les racines cultivées
des scorsonères, des salsifis, de la betterave, et celles de ces
plantes qui croissent spontanément dans les champs ! Quelle différence entre le cardon en fleurs, dont la hauteur est de six à
sept pieds dans les provinces du Midi, et ce même cardon qui
végète naturellement sur les lisières des grands chemins !

On partage les plantes potagères en sept ou huit classes : les
racines, les verdures, les salades, les fournitures, les plantes
fortes, les herbes odoriférantes, les légumes proprement dits, et
les fruits de terre. Le nom de *légumes* ne convient proprement
qu'aux graines qu'on recueille dans des cosses, comme les pois,
les fèves, les lentilles, etc. ; mais l'usage l'étend aux racines
mêmes, et à la plupart des plantes potagères. Les *racines* sont

les raves, les salsifis, les carottes, les panais, les radis, les bette-
raves, les navets, et quelques autres. Une plante très singulière
est la truffe, qui ne pousse ni tige ni racines. Elle se nourrit par
ses pores; et, après avoir pris plus ou moins de grosseur, elle se
dessèche et se perpétue par des graines qui sont imperceptibles.
Fort avides de ce mets, les pourceaux, quand ils trouvent des
truffes en fouillant la terre, annoncent leur joie par des cris qui
en informent le berger : celui-ci les écarte d'un coup de hou-
lette, et réserve ce trésor pour les tables les plus délicates.

Les *verdures*, telles que l'oseille, le persil, les épinards, les
choux-fleurs, etc., sont assez connues. Quoiqu'on fasse des
laitues, des chicorées, du céleri, mille usages divers, ces herbes
sont, à proprement parler, le fond principal des *salades*, dont il
est aisé d'être toujours pourvu, par la manière de les semer de
quinze jours en quinze jours, et par l'inégalité même des accroissements de chaque espèce. Les laitues seules se relayent durant
six mois et plus, pour nous rafraîchir tour à tour. Les laitues
romaines peuvent souvent, pendant l'été, en prendre la place,
quand la chaleur fait monter trop vite les laitues ordinaires.
Cette moisson n'est pas finie, que celle de la chicorée et du céleri
commence, et continuera tout l'hiver.

Avec les salades, le potager nous présente les *fournitures*,
qu'on y mélange modérément. Les unes, telles que la pimpre-
nelle et le cerfeuil, sont de tous les temps; les autres varient
selon les saisons, comme le pourpier, le cresson, les mâches et
les raiponces. Il faut être encore plus retenu dans l'usage des
herbes fines et odoriférantes : l'estragon, le baume ordinaire, le
baume citronné. la civette d'Angleterre, l'anis, le fenouil, la
petite mélisse, etc. La plupart des légumes étant assez insipides,
on les relève par le secours des *plantes fortes*, qui toutes tiennent de la nature de l'oignon, la plus estimée de toutes. Les autres sont le poireau, la ciboule, l'échalotte, la rocambole et l'ail,
qui a de quoi contenter le palais le plus difficile à émouvoir.

Après cette multitude de racines, d'herbes et de légumes
qu'il nous prodigue, le potager met le comble à ses libéralités

par les *fruits de terre*, qui ont pour nous tant de prix. Ces fruits
sont les melons, les concombres, les potirons et les différentes
espèces de courges. On peut mettre à leur suite les asperges,
quoique ce soient des tiges; les artichauts, qui sont le calice
d'une fleur; et les cardes, qui sont des côtes de feuilles.

Quelle étonnante variété de plantes utiles, tirées d'un si petit
espace! Mais ce que j'admire le plus, n'est pas tant l'abondance,
que la sage distribution qui a été faite de toutes ces productions,
selon le besoin des saisons et des climats. Durant l'hiver, lorsque
la terre cesse de produire, pour recouvrer de nouvelles forces,
nous jouissons d'une ample provision de fruits et de légumes.
Pendant l'été, elle varie tous les jours ses présents; et, plus le
soleil agit fortement sur nous, plus elle semble attentive à nous
donner des fruits rafraîchissants. La même convenance qui se
trouve entre les fruits et les saisons, nous la remarquerons aussi
entre les fruits et les climats. Et ne pensez pas que cette libéralité fût plus digne de notre reconnaissance, si elle allait jusqu'à
donner toutes sortes de fruits à toutes les saisons et à tous les
pays. L'auteur de la nature n'est pas seulement libéral : il est en
même temps économe; et, de cette économie, résultent des biens
infinis pour toute la société. Il nous épargne le dégoût qui
suivrait l'uniformité, et les vices que produiraient l'oisiveté et la
paresse. Les besoins divers deviennent autant de liens qui unissent et rapprochent les contrées les plus éloignées. Ainsi, Dieu
intéresse l'homme, en le laissant jouir de ce qu'il cultive ou de
ce qu'il cherche; et il l'excite puissamment, en le mettant dans
la nécessité ou de manquer de bien des choses quand il ne se les
procure pas, ou de les voir dégénérer et périr dès qu'il en néglige
la culture.

XXVI. — Le verger. Réflexions morales sur les boutons des arbres.

Remarquons dans le potager ces buissons qui bordent les
carrés, et qui, comme autant de vases naturels, embellissent les
allées : admirons ces espaliers qui en couvrent les murs, et qu'on

prendrait pour des tapisseries proprement tendues. C'est ainsi qu'on élève les fruits qui demandent des soins particuliers. On réserve l'espalier du midi pour les bons chrétiens d'hiver, les raisins muscats, et tout ce qui mûrit difficilement. La muraille que le soleil frappe de ses rayons à son lever est plus propre aux pêchers, dont l'écorce tendre redoute, au midi, les alternatives de la pluie et du grand chaud, qui la sèchent et l'entr'ouvrent. L'aspect du couchant n'est pas sans mérite : celui du nord est le moins favorable; à peine le soleil, dans les plus longs jours, y jette-t-il de côté quelques regards indifférents et dépourvus de chaleur.

Il est un lieu destiné aux arbres en plein vent; car les fruits sont beaucoup plus fins et d'un meilleur suc, lorsqu'ils viennent naturellement sur une haute tige : ce lieu est le verger. On y plante les espèces de poires dont la chair est fondante, et qui seraient moins bonnes en espalier : on y joint quelques amandiers et des abricotiers. C'est encore là que l'on rassemble toutes les poires qui, par la médiocrité de leur taille, sont moins exposées à être abattues par les vents. Les pommiers s'y plaisent plus qu'en espalier. L'azérolier, le néflier, le coudrier franc, et quelques mûriers y trouvent aussi leur place, pour donner des variétés dans chaque saison.

De tous côtés, je découvre une multitude de fleurs en boutons. Elles sont encore sous l'enveloppe, étroitement renfermées dans leurs retranchements : toutes leurs beautés sont cachées, tous leurs charmes voilés.

Mais bientôt les rayons pénétrants du soleil ouvriront les fleurs : ils les délivreront de leurs liens de soie, et les mettront en état de s'épanouir avec magnificence. De quelles agréables couleurs elles brilleront alors! quels parfums délicieux n'exhaleront-elles pas!

Les boutons des fleurs me ramènent à vous, aimable jeunesse. La beauté et les forces de votre âme ne font encore que de naître; vos facultés sont en partie cachées : l'entière espérance de vos parents et de vos maîtres ne se réalisera de longtemps.

Ah! lorsque vous parcourez avec eux la campagne ou les jardins, considérez ces annonces des fleurs, et dites-vous à vous-même : je ressemble à ce bourgeon naissant; et ceux à qui le ciel confie le soin de mon enfance attendent le développement de mes facultés avec un espoir mêlé de crainte. Ils ne négligent ni dépenses ni peines pour me former et pour m'instruire : ils veillent avec la plus tendre sollicitude sur mon éducation : ils aspirent au moment heureux où, aux fleurs de la jeunesse, succèderont les fruits de l'âge mûr, et où je ferai leur consolation et leur joie, en me rendant utile à mes semblables. Ah! je remplirai une si douce attente. Tendre mère, je te payerai avec usure l'amour dont tu me prodiguas des marques si touchantes; et toi, ô mon vertueux père, tes vœux seront comblés, en voyant mes efforts seconder les tiens, répondre aux grâces d'en-haut, et me rendre chaque jour plus sage, plus instruit, plus pieux et plus aimable. Je fermerai soigneusement mon cœur aux passions fougueuses de la jeunesse, si funestes à l'innocence, et qui peuvent, en un instant, détruire les plus flatteuses espérances. Au matin de ma vie, je fleuris comme le bouton qui s'ouvre insensiblement : mon cœur palpite de joie; je n'entrevois que la plus riante perspective, qu'un heureux avenir. Mais si j'étais assez imprudent pour donner entrée dans mon âme aux désirs insensés et aux fausses douceurs de la volupté, ces coupables feux ne tarderaient pas à dessécher et à flétrir mon jeune cœur.

XXVII. — Les champs et les semailles d'hiver.

Je vous introduis aujourd'hui dans un jardin très différent de celui qui, depuis quelques jours, nous occupe si agréablement. Il est de la plus grande simplicité, mais cette culture, toute simple qu'elle paraît, a exigé plus de peines que celle du parterre le plus soigné. Pour avoir des fleurs, et même un assez grand nombre de beaux fruits, la Providence n'a pas voulu qu'il en coûtât beaucoup à l'homme : le principal mérite de ce bienfait consiste dans l'agrément et les délices. Elle aurait, en quelque sorte, affaibli la grâce de son présent, si elle en eût rendu l'acquisition difficile; on eût bientôt renoncé à un plaisir non nécessaire, s'il eût fallu se le procurer à force de fatigues et de sueurs. La culture des fleurs, et même de la plupart des fruits, est donc pour l'homme une occupation amusante; elle est moins un travail qu'un délassement.

Il n'en est pas ainsi des légumes dont il se nourrit, ni du pain qui fait le principal soutien de sa vie. Ce nécessaire, auquel il ne peut se refuser, lui coûte des peines : il n'y parvient que par des efforts assidus, qu'à la sueur de son front. Mais ce travail ne va pas jusqu'à l'accabler. La terre, qui a besoin d'être aidée de sa main, l'encourage par la récompense qu'elle accorde à ses soins. Tout ce qu'il lui prête, elle le lui rend avec usure, et elle multiplie les grains qu'il lui confie, à proportion de l'assiduité et de l'industrie qu'il met à la cultiver. Elle n'est point sujette aux affaiblissements qu'amènent les années; et, après qu'elle a enfanté les moissons les plus abondantes, le repos d'un an, ou même d'un hiver, suffit pour réparer ses pertes.

Toutes les terres ne conviennent pas à toutes les productions. Cette variété a son but : elle est visiblement relative à la variété des grains. En voulant que le blé fût le soutien de la vie des hommes, le Créateur ne nous a pas réduits à un étroit nécessaire : il en a multiplié les espèces. Les unes sont destinées à me nourrir moi-même, les autres fournissent la subsistance aux animaux qui me servent, ou elles engraissent ceux qui me nourrissent. La variété des terres facilite le progrès de toutes sortes de grains, et la diversité des grains multiplie nos commodités. Souvent, un grain qui sert de nourriture dans un pays est employé comme remède en d'autres. Un accident imprévu enlève-t-il les blés semés avant l'hiver, les grains qu'on sème en mars sauront les remplacer. Ainsi, par une sage dispensation, il ne se trouve point de terrain qui ne puisse être de quelque rapport, point de besoin auquel il ne soit pourvu, point de goût qui ne soit satisfait.

Les terres, pour être mises et tenues en valeur, ont besoin du secours du ciel et de celui de l'homme. Elles reçoivent de l'air

et des pluies les influences qui les fertilisent : de son côté,
l'homme leur fournit l'engrais et la culture. Une grande partie
des subsistances destinées à l'homme et aux animaux est confiée
à la terre, lorsque les blés d'hiver sont semés. Le laboureur
jouit alors de quelque repos. Bientôt il verra son champ se couvrir de verdure et lui promettre une récolte abondante. La
nature d'abord travaille en secret, mais on peut épier ses opérations, en tirant de la terre quelques-uns des grains qui commencent à germer.

Après que le grain a été déposé dans une terre bien meuble,
l'humidité pénètre insensiblement jusque dans l'intérieur, où
elle attaque et dissout la substance muqueuse. Celle-ci, devenue
fluide, et ne trouvant plus d'obstacle à vaincre pour s'insinuer
dans le germe, avec lequel la Providence lui donne la plus
grande affinité, coule de rameaux en rameaux, s'assimile à ce
germe, s'identifie avec lui, et, par une conséquence nécessaire,
augmente le volume de toutes les parties organiques. Cet accroissement étant parvenu à un certain degré, les racines prennent
vigueur, déchirent leurs enveloppes ; et, toujours par une même
suite de cette affinité, percent les mottes environnantes, s'étendent de droite et de gauche pour y pomper l'aliment nécessaire
à la plante. Cette attraction est quelquefois si marquée, qu'il
n'est pas rare de voir la racine, comme si elle était douée de discernement, se détourner brusquement d'une motte très molle,
pour s'introduire dans une plus compacte, mais plus analogue à
sa nature. Enfin, une petite pointe commence à se montrer hors
de terre : le champ paraît un tapis de verdure, et reste assez
longtemps dans cet état, jusqu'à ce que, dans la belle saison,
l'épi sorte des étuis où il se dérobait à un air trop froid et toujours incertain.

XXVIII. — Observations sur la végétation du blé.

Vous voyez le blé croître de jour en jour : insensiblement le
tendre épi mûrit et s'apprête à fournir un pain nourrissant :
bénédiction précieuse, que l'auteur de la nature accorde au

travail de l'homme! Parcourez des yeux un champ de froment et de seigle, calculez les millions d'épis qui couvrent sa surface, et réfléchissez sur la sagesse des lois qui président à cette végétation. Que de préparatifs sont nécessaires pour nous procurer l'aliment le plus indispensable! Combien de changements progressifs devaient avoir lieu dans la nature avant que l'épi pût élever sa tête! Dans le temps où la plante commence à végéter, on voit se former quatre feuilles, et quelquefois six, qui partent d'autant de nœuds. Elles préparent le suc nourricier pour l'épi, qui se voit déjà en petit, quand au printemps on fend un tuyau par 'e milieu : on peut même, dès l'automne, découvrir cet épi sous la forme d'une petite grappe, lorsque les nœuds sont encore très serrés les uns contre les autres

Quand le grain a été quelque temps en terre, il pousse une tige qui s'élève perpendiculairement, mais qui ne croît que par degrés, afin de favoriser la maturité du fruit. On voit ensuite paraître l'épi, et la fleur destinée, par ses poussières, à féconder le fruit, auquel peut-être elle fournit sa meilleure nourriture. Cette fleur est un petit tuyau blanc, tenu par un fil extrêmement délié qui sort de la graine, laquelle est elle-même le pistil.

Aux fleurs succèdent des grains, qui contiennent le germe, et qui sont formés longtemps avant que la substance farineuse paraisse. Cette substance se multiplie peu à peu. Le fruit mûrit dès qu'il atteint sa juste grosseur : alors le tuyau et les épis blanchissent, et la couleur verdâtre des grains devient jaune ou d'un brun obscur. Ces grains, cependant, sont encore fort mous, et leur farine contient beaucoup d'humidité; mais, lorsque le blé est parvenu à son entière maturité, il devient sec et dur. On a vu, par des engrais bien ménagés et une culture bien entendue, un seul grain pousser sept ou huit tiges, dont chacune portait un épi garni de plus de cinquante grains. Le nombre des tiges, sur un même pied, s'est quelquefois trouvé prodigieux : on en a compté jusqu'à trente-deux; et Pline rapporte que Néron en avait reçu un sur lequel on voyait trois cent soixante tiges.

Ces faits, trop attestés pour qu'on puisse les révoquer en

doute, prouvent qu'au lieu d'un seul germe dans chaque graine, il s'y en trouve réellement plusieurs, dont le plus avancé part le premier, et affame les autres : à moins qu'aux environs il ne se rencontre des nourritures en assez grande abondance pour alimenter d'autres germes et les développer : ce qui montre de quelle importance est une culture savante et bien dirigée.

C'est par une raison très sage que la hauteur de la tige est de quatre à cinq pieds. Cependant ce tronc si élevé n'a, dans sa plus grande épaisseur, que deux lignes de diamètre : économie au moyen de laquelle un petit champ peut contenir une multitude d'épis. La hauteur de la tige contribue à la dépuration des sucs nourriciers que la racine envoie; et sa forme arrondie favorise cette opération, en permettant à la chaleur d'y pénétrer de tous côtés avec la même force. Si le grain eût été logé plus bas, l'humidité l'eût fait germer avant qu'il eût été recueilli; les oiseaux et d'autres animaux auraient pu y atteindre et le détruire.

Au reste, cette tige si mince et si grêle a été construite avec un artifice qui la maintient des mois entiers contre les agitations de l'air, sans qu'elle succombe sous le poids de l'épi, ni qu'elle cède au souffle impétueux des vents. Quatre nœuds très forts l'affermissent sans lui ôter de sa souplesse, et leur structure seule manifeste une grande sagesse. Ils sont remplis de petits pores, où la chaleur du soleil pénètre facilement : elle atténue les sucs qui s'y rassemblent, et les épure, en les faisant tous passer par cette espèce de crible.

A côté du tuyau principal, on en voit pousser d'autres plus bas, ainsi que des feuilles, qui, ramassant des gouttes de rosée et de pluie, fournissent à la plante les sucs qui lui sont nécessaires. Dans ces entrefaites, le grain, pour qui tout cet échafaudage est destiné, se forme peu à peu. C'est pour préserver ces tendres nourrissons des accidents et des dangers qui pourraient les faire mourir à l'instant de leur naissance, que les deux feuilles supérieures de la tige se joignent et se réunissent : elles garantissent l'épi, et lui font en même temps parvenir les sucs dont il

a besoin. Mais aussitôt que la tige est assez formée pour que le
grain puisse les recevoir d'elle seule, les feuilles se dessèchent
peu à peu, afin que rien ne soit ôté au fruit, et que la racine n'ait
plus rien d'inutile à nourrir. C'est alors que le petit édifice se
montre dans toute sa beauté. L'épi couronné se balance avec
grâce, et ses pointes lui servent d'ornement, aussi bien que de
défense contre les insultes des oiseaux. Rafraîchi par des pluies
bénignes, il fleurit au temps marqué, donne les plus belles espérances au laboureur, et, de jour en jour, devient plus jaune, jusqu'à ce que, succombant sous le poids de ses richesses, sa tête
se courbe d'elle-même et appelle la faucille du moissonneur.

Quelles merveilles de sagesse et de puissance, dans la structure d'un seul tuyau de blé! Et, parce qu'il est journellement
sous nos yeux, nous n'y faisons point d'attention! Par quelle
preuve de la bonté du Créateur serons-nous donc touchés, si
celle-ci nous laisse insensibles! Homme dur et ingrat, ouvre ton
âme au doux sentiment de la joie et de la reconnaissance! Si tu
peux contempler un champ de blé avec indifférence, tu es indi-
gne de la nourriture qu'il te fournit. Viens apprendre à penser
en homme, et à goûter le plus noble plaisir dont un mortel
puisse être capable sur la terre : celui de découvrir ton Créateur
dans chaque créature. Alors seulement tu t'élèveras au-dessus de
la brute, et tu te rapprocheras de la béatitude des êtres glorifiés.

XXIX. — De l'utilité du pain.

C'est pour les hommes que chaque année les champs se parent
de verdure et se couvrent d'épis dont le fruit, sous leurs mains,
se convertit en leur aliment le plus ordinaire. Parmi ceux que le
bienfaisant Créateur nous distribue avec tant de profusion et de
libéralité, le pain est, en même temps, et le plus commun et le
plus sain. Il est aussi nécessaire à la table du prince qu'au repas
du berger : l'infirme, le convalescent, se sentent restaurés par
son usage, aussi bien que l'homme en santé. Sans doute il est
particulièrement destiné à la nourriture de l'homme, puisque la
plante dont il provient peut se reproduire sous les climats les

plus divers, et qu'il est difficile de trouver un pays où le blé ne puisse mûrir.

L'éloge qu'on fait du pain, dont jamais on ne sent mieux le prix que lorsqu'il vient à nous manquer, prouve assez qu'il est un des grands bienfaits de la nature, et le premier des aliments. Le goût pour le pain est celui que nous perdons le dernier : et son retour est le signe le plus assuré de la convalescence. Il convient en tout temps, à tout âge, et à tous les tempéraments; il corrige et fait digérer les autres nourritures; il influe sur nos bonnes ou nos mauvaises digestions. On peut le manger avec la viande et les autres mets, sans qu'il en change la saveur. Il est tellement analogue à notre constitution, que, dès notre enfance, nous commençons à montrer pour lui une espèce de prédilection et nous ne nous en lassons jamais. Les mets coûteux et recherchés qu'invente la mollesse ou l'ostentation cessent de flatter le palais par leur fréquent usage : on finit par s'en dégoûter. Au contraire, le pain cause toujours un nouveau plaisir; et le vieillard qui durant tant d'années en fit son aliment, s'en nourrit encore avec délices quand pour lui tous les autres ont perdu leur attrait.

Est-il nécessaire maintenant, ô chrétien, de te dire combien il est juste de remonter chaque jour à ton Créateur, en faisant usage du pain, et de le bénir de sa libéralité? Choisis parmi ce grand nombre de comestibles ceux que tu préfères aux autres : en est-il un plus naturel, plus généralement sain, plus nourrissant, plus fortifiant? L'odeur des aromates est plus piquante; mais celle du pain, toute simple qu'elle est, sert à nous convaincre qu'il contient des parties essentiellement propres à réparer les pertes que nous faisons à chaque instant de notre propre substance.

Après le froment, le seigle, l'orge et le riz, qui sont, selon les lieux, la base de la nourriture des hommes, il n'est aucune plante plus digne de nos soins que la pomme de terre. Elle prospère dans les deux continents : sa récolte ne manque presque jamais; elle ne craint ni la grêle, ni la coulure, ni les autres accidents qui anéantissent, en un clin d'œil, le produit de nos moissons. Elle est un moyen de parer aux malheurs de la famine; et, en cas de disette des grains, elle peut prendre la forme du pain, et nous nourrir presque aussi commodément. Elle n'a pas même toujours besoin de l'appareil de la boulangerie, pour devenir un comestible salutaire et efficace. Les pommes de terre, telles que la nature nous les donne, sont une sorte de pain tout fait : cuites dans l'eau ou sous la cendre, et assaisonnées avec quelques grains de sel, elles peuvent, sans autre apprêt, nourrir à peu de frais le pauvre pendant l'hiver. Cette plante précieuse a déjà contribué à rétablir en Europe la population, à laquelle la découverte du nouveau monde avait porté de si fortes atteintes; et la main bienfaisante du Créateur semble y avoir réuni tout ce qu'il est possible de désirer, pour faire trouver l'abondance et l'économie au sein même de la cherté et de la stérilité.

XXX. — Réflexions morales à la vue d'un champ de blé.

Le règne végétal est, pour l'observateur attentif de la nature, une école bien instructive de la profonde intelligence et du pouvoir sans bornes de son Auteur. Quand notre vie se prolongerait au-delà d'un siècle, et que chacun de nos jours serait consacré à l'étude des plantes, il resterait encore, à la fin de notre carrière, une multitude de choses, ou que nous n'aurions pas aperçues, ou que nous n'aurions pas été en état d'observer suffisamment. Réfléchissez sur la production des végétaux; examinez leur structure intérieure, et la conformation de leurs parties; songez à cette simplicité et à cette diversité qu'on y découvre, depuis le brin d'herbe jusqu'au chêne le plus élevé; essayez de connaître la manière dont ils croissent, dont ils se propagent, dont ils se conservent, et les différentes utilités qu'ils ont pour l'homme et pour les animaux : chacun de ces articles peut occuper les forces de votre esprit, et vous faire sentir la puissance, la sagesse et la bonté infinie du Créateur. Partout vous découvrirez avec admiration l'ordre le plus merveilleux, le plus incompréhensible, et

6

les fins les plus excellentes : mais combien vous serez encore éloigné d'avoir tout compris!

Au reste, ce qu'il nous est donné de savoir suffit aux vues que Dieu s'est proposées. Quand vous ne connaîtriez, des plantes, que les phénomènes les plus communs; quand vous sauriez seulement qu'un grain de blé, lorsqu'il est semé, développe d'abord une racine, puis une tige qui porte des feuilles, et des fruits où se trouvent renfermés les germes de nouvelles plantes, c'en serait assez pour y reconnaître la providence et la vigilance paternelle de l'Etre souverain.

Considérez avec attention tous les changements que ce grain subit en terre. Vous le semez dans un temps déterminé : c'est à cela que se bornent vos fonctions. Mais que fait ensuite la nature, ou plutôt Dieu lui-même, de ce grain que vous avez ainsi abandonné? Aussitôt que la terre lui a fourni l'humidité nécessaire, il se gonfle ; la peau extérieure qui cachait la racine, la tige et les feuilles se déchire; la racine perce, s'enfonce dans la terre, et prépare la nourriture à la tige, qui fait effort pour s'élever. Celle-ci croît par degrés : elle développe ses feuilles, qui d'abord sont blanches, puis jaunes, et enfin colorées d'un beau vert; et quelque faible qu'elle paraisse, elle est cependant munie contre l'intempérie des saisons. Peu à peu elle s'élève, et présente un épi dont la couleur récrée les regards de l'homme. Vous l'avez vu croître; et quoique vous ignoriez comment il croît, il vous annonce assez la fin à laquelle toute cette succession de choses est destinée. Que vous servirait-il d'en savoir davantage?

Venez, et voyez combien la vue de ces champs peut vous inspirer encore de salutaires pensées. Ce champ était naguère exposé à de grands dangers; des vents impétueux soufflaient autour de lui, et souvent l'orage menaçait d'abattre et de briser tous les épis qui le couronnent : cependant, la Providence l'a conservé jusqu'à ce jour. Ainsi, la tempête des afflictions menace souvent de nous renverser, mais cette tempête même est nécessaire : elle nous purifie, et sert à déraciner l'ivraie du vice. Au milieu des peines et des souffrances, nos lumières, notre foi, notre humilité croissent et se fortifient. Il est vrai que, semblables à de faibles épis, nous plions quelquefois, et nous nous voyons courbés vers la terre; mais la main secourable de notre Père nous soutient alors, et nous relève.

Vers le temps de la moisson, le blé mûrit très vite : la rosée, la chaleur du soleil, des pluies bienfaisantes se réunissent pour en hâter la maturité. Ah! puissé-je, de jour en jour, mûrir pour le ciel! puissé-je rapporter à cette fin salutaire tous les événements de ma vie! Quelle que puisse être ma situation ici-bas, que le soleil brille ou qu'il soit couvert de nuages; que mes jours soient sombres ou sereins, n'importe, pourvu que tout concoure à perfectionner ma piété et à me disposer de plus en plus pour la céleste patrie!

Voyez encore comme ces épis chargés de grains diffèrent, en hauteur, de ceux qui sont maigres et légers : ceux-ci s'élèvent et dominent sur tout le champ, tandis que les autres plient sous leur propre poids. Vive et naturelle image de deux sortes de chrétiens! Il en est de vains et de présomptueux, qui s'élèvent insolemment au-dessus de leurs frères : ils regardent avec mépris la véritable piété; et, dans leur folle présomption, ils dédaignent les moyens de salut. L'homme, au contraire, riche en vertus et plein de bonnes œuvres se courbe humblement, comme un épi chargé des plus précieux dons.

Tous les grains qui doivent être moissonnés ne sont pas également bons : combien d'ivraie et d'herbes inutiles mêlées avec le froment! Tel est l'état du chrétien en ce monde : il trouve toujours en lui un mélange de bonnes et de mauvaises qualités; et sa corruption naturelle, triste et funeste ivraie, ne nuit que trop souvent aux progrès de la vertu.

Un champ de blé est non-seulement l'image d'un chrétien : il l'est de toute l'Eglise. Souvent, par leurs exemples, les impies et les méchants sèment l'ivraie parmi la bonne semence. Le grand propriétaire du champ permet que cette ivraie demeure : il use de patience, il attend; et ce ne sera qu'au temps de la moisson, au jour redoutable des rétributions et des vengeances, qu'il laissera un libre cours à sa justice.

Voyez enfin avec quel empressement l'habitant des campagnes accourt pour recueillir les biens de la terre : la faulx tranche tout devant lui. Ainsi, la mort abat tout, les grands et les petits, les saints et les pécheurs.

Mais quel bruit se fait entendre? Ce sont des cris de joie et d'allégresse, à la vue d'une abondante moisson. Ah! que ce soient aussi des cris de louanges et d'actions de grâces, pour les bontés de Dieu de qui procèdent tant de biens! Quel sera notre ravissement, dans le grand jour de la moisson! de quels sentiments nos cœurs seront inondés, lorsque nous nous verrons dans la bienheureuse société des esprits célestes! Alors nous nous rappellerons nos anciens travaux, les peines, les dangers et les tempêtes que nous aurons essuyés, et nos voix se réuniront pour bénir le Père bienfaisant qui aura veillé sur nous.

XXXI. — La vigne et le vin.

Les champs que nous venons de parcourir aboutissent à des collines, à des montagnes qu'on rencontre partout, et dont l'accès est difficile, mais dont l'utilité est incontestable. Ce sont elles qui nous donnent des vues réjouissantes, des amphithéâtres qui animent et varient le paysage, et rendent nos demeures si gracieuses. La main qui a formé la terre en a diversifié la surface avec un artifice admirable, qui attire la reconnaissance à mesure qu'il est mieux aperçu. Elle ne s'est pas contentée de nous donner des terrains unis, de toute nature et de toutes qualités, pour y faire croître les différentes espèces de grains dont nous tirons notre principale subsistance : elle a élevé d'espace en espace des montagnes et des collines, afin de ménager des expositions favorables à la vigne et aux plantes qui ont besoin d'une forte réflexion de lumière, pour mûrir parfaitement leurs fruits. Voyez cette main créatrice incliner tous ces terrains, pour y faire tomber directement le rayon qui serait oblique dans la plaine, et transformer ainsi pour nous en sources d'utilités et d'agréments les lieux les plus irréguliers en apparence.

Le vin est un présent de la céleste bonté, qui doit exciter en nous l'admiration et la gratitude. Non content de nous donner en abondance le pain et les autres aliments qui nous sont nécessaires, Dieu a daigné pourvoir aussi à nos plaisirs ; et, pour nous rendre la vie gracieuse, et affermir notre santé, il a créé la vigne. Les autres boissons, naturelles ou artificielles, ne produisent pas ces effets au même degré : le vin seul a la vertu de dissiper la tristesse, et d'inspirer cette joie également indispensable au bien-être de l'âme et à celui du corps ; ses esprits réparent en un instant les forces épuisées. Le pain met l'homme en état d'agir ; mais le vin le fait agir avec courage, et lui rend son travail agréable. Des liqueurs spiritueuses ne sauraient répandre sur le visage cet air de gaieté que le vin lui donne. Dans la nécessité continuelle où Dieu a mis l'homme de travailler, il n'a voulu ni l'accabler ni l'abandonner à la tristesse de ses noires pensées : tandis qu'il tire de la terre un aliment propre à le nourrir et à le fortifier, il lui prépare une boisson vivifiante, qui réjouit son cœur et lui fait goûter son état.

La divine bonté ne se manifeste pas moins dans l'abondance et la diversité des vins : ils sont variés à l'infini, par la couleur, par l'odeur, par le goût, par la qualité, par la durée. On peut dire qu'il y en a presque d'autant de sortes qu'il y a de terroirs : chaque pays produit les vins les plus analogues au climat, au naturel et au genre de vie de ses habitants.

Le vin est pour le corps de l'homme ce que les engrais sont pour les productions de nos jardins. Ils hâtent les fruits ; mais, trop considérables, ils nuisent à l'arbre qui les donne. Un sage jardinier n'émonde pas continuellement : il le fait à propos, et ne donne de l'engrais à ses arbres que proportionnellement à leurs besoins et à leur nature. Voilà toute la diététique du vin : celui qui ne l'observe pas détruit son corps et perd son âme

Profite donc, chrétien, de ce conseil, sur l'usage de cette boisson. N'en use jamais sans réflexion, et uniquement pour le plaisir. Souviens-toi que, sans la bénédiction divine, les aliments même les plus nécessaires te manqueraient; que c'est Dieu qui te donne cette charmante liqueur; que sans sa providence, elle pourrait devenir pour toi un poison et un principe de mort.

XXXII. — Contemplation d'une prairie.

Quel spectacle que celui de la nature dans les beaux jours du printemps; et qu'elle est bienfaisante cette main qui, non contente de nous présenter de toutes parts les choses nécessaires à la vie, sème avec profusion la beauté et les charmes autour de nos demeures! Tout plaît dans un paysage; les collines, les vallons, les bois, les vignes, les hameaux, les châteaux, les masures même, les rochers et les ravines : la réunion de ces objets forme un mélange où l'œil s'égare avec délices. Mais, de tous les lieux champêtres que nous parcourons tour à tour, celui où l'on revient le plus souvent, et qu'on a le plus de peine à quitter, est cet agréable tapis de verdure émaillé de mille fleurs, que foulent les nombreux troupeaux de gros bétail, sur lequel bondit le tendre agneau, et qui est à la fois, pour tous ces êtres destinés au service de l'homme, le lit où ils prennent un doux repos, et une table couverte des mets les plus exquis.

Que de beautés s'offrent à mes regards, et qu'elles sont diversifiées! Des milliers de végétaux, des millions de créatures vivantes! Celles-ci volent de fleur en fleur, tandis que d'autres rampent et se traînent dans les sombres labyrinthes de l'herbe épaisse. Infiniment variés dans leur forme et dans leur parure, tous ces insectes trouvent ici leur nourriture et leurs plaisirs; tous habitent avec nous cette terre; tous, quelque méprisables qu'ils paraissent, sont parfaits, chacun dans son espèce.

Que ton murmure est doux, source limpide, qui coules entre le cresson, le trèfle et la luzerne dont les fleurs purpurines ou bleues sont agitées par le mouvement de tes petites vagues! Tes bords sont couverts d'herbes entremêlées de fleurs qui, se courbant vers l'onde, y tracent leur image.

Je me penche, et je regarde à travers cette forêt d'herbes on-

doyantes. Quel doux éclat le soleil répand sur ces diverses nuances de vert! Des plantes délicates s'entrelacent avec l'herbe, et y
mêlent leur tendre feuillage; ou bien, élevant orgueilleusement
leurs tiges au-dessus de leurs compagnes, elles étalent des fleurs
qui n'ont point de parfums; tandis que l'humble violette croît à
l'ombrage, et répand autour d'elle les plus douces exhalaisons.
Au milieu de ces touffes vertes, je vois s'élever la tête radiée de
la pâquerette, ou petite marguerite : le blanc et le rose des franges de son diadème relève le jaune dont sa tête est colorée. Le
trèfle pourpré, cent variétés de renoncules et d'anémones attirent
mes regards, et méritent que je les fixe un instant. Cueillerai-je
ce bouquet bleuâtre, où cinq ou six fleurs de même espèce sont
réunies, et se disputent à l'envi la douceur et la fraîcheur des
nuances? Ici, la pensée solitaire étale la pourpre et l'or dont elle
est embellie; là, s'élevant par-dessus toutes les autres, la grande
consoude balance dans les airs un épi de fleurs rougeâtres, et
semble régner sur tout ce qui l'environne.

Des insectes ailés se poursuivent dans l'herbe : tantôt je les
perds de vue au milieu de la verdure; tantôt j'en vois un essaim
s'élancer dans les airs, et s'égayer aux rayons du soleil.

Quelle est cette fleur qui se balance près du ruisseau? Que ses
couleurs sont vives! qu'elles sont belles!..... Je m'approche, et
ris de mon erreur : un papillon s'envole, et abandonne le brin
d'herbe que son poids faisait fléchir. Ailleurs, j'aperçois un insecte revêtu d'une cuirasse noire, et orné d'ailes brillantes : il
vient en bourdonnant se poser sur la campanule, peut-être à côté
de sa compagne.

Mais quel autre bourdonnement viens-je d'entendre? Pourquoi
ces fleurs courbent-elles leurs têtes?..... C'est une troupe de
jeunes abeilles : elles se sont envolées gaîment de leur lointaine
demeure, pour se disperser dans les jardins et les prairies; elles
amassent le doux nectar des fleurs, que bientôt elles iront porter
dans leurs cellules. Parmi elles, il n'est point de citoyenne
oisive : elles volent de fleur en fleur, et, en cherchant leur butin,
cachent leur tête velue dans le calice des fleurs; ou bien elles

pénètrent avec effort dans celles qui ne sont point encore ouvertes, et qui se referment ensuite sur l'abeille.

Voyez ce joli scarabée courir sur le gazon. Toutes les recherches du luxe, tout l'art humain, ne peuvent imiter l'or verdâtre
qui couvre ses ailes, où toutes les couleurs de l'arc-en-ciel viennent se jouer.

Là, sur cette fleur de trèfle, s'est posé un papillon : il agite ses
ailes bigarrées ; il ajuste les plumes brillantes qui composent son
aigrette, et semble fier de ses charmes. Beau papillon, fais plier
la fleur qui te sert de trône : contemple ta riche parure dans le
cristal des eaux, et tu seras l'image de cette jeune beauté s'ad-
mirant dans la glace qui réfléchit ses attraits. Ses vêtements
sont moins beaux que tes ailes, mais ses pensées sont aussi
légères que toi.

O que la nature est belle! L'herbe et les fleurs croissent en
abondance : les arbres sont couverts de feuillage; le doux zéphir
nous caresse; les troupeaux trouvent leur pâture; les tendres
agneaux bêlent, s'ébattent, et se réjouissent de leur existence.
Des milliers de pointes vertes s'élèvent de cette prairie, et, à
chaque pointe, pend une goutte de rosée. Combien de primevères
sont ici rassemblées! Comme les feuilles s'agitent! Et quelle
harmonie dans les sons que le rossignol fait entendre de cette
colline! Tout exprime la joie, tout l'inspire : elle règne dans les
vallons et sur les coteaux, sur les arbres et dans les bocages...
Oh! que la nature est belle!

XXXIII. — Les bois et les forêts.

Les bois forment un des plus beaux tableaux que la surface de
la terre présente à nos yeux. Il est vrai qu'à la première vue, ce
sont des beautés sauvages : on n'aperçoit d'abord qu'un amas
confus d'arbres, qu'une vaste solitude. Mais l'observateur
éclairé, qui appelle beau non-seulement ce qui a des caractères
de grandeur, d'ordre, de symétrie, mais ce qui est vraiment bon
et utile, y trouve mille choses dignes de son attention. Parcourons donc ces belles forêts : elles nous fourniront bien des sujets

d'admiration et de reconnaissance. Même après nos promenades dans les champs et les prairies, elles nous intéresseront vivement, et nous feront goûter de vrais plaisirs.

Avec l'agréable fraîcheur qu'on éprouve en entrant dans les bois, on ressent encore je ne sais quelle émotion qui plaît. La lumière du jour, affaiblie par l'épaisseur du feuillage, la beauté et la hauteur des arbres, le silence profond qui règne dans ces sombres retraites; toutes ces choses réunies ont un air de nouveauté et de grandeur qui frappe. Elles nous portent au recueillement, et nous invitent à méditer. Délicieuses forêts, fontaines jaillissantes, sauvages rochers, que fréquente la seule colombe, aimable solitude, heureux le cœur qui sait apprécier tous vos charmes!

D'abord, la multitude et la diversité des arbres attirent mes regards. Ce qui les distingue les uns des autres, c'est moins leur hauteur que la différence que l'on observe dans leur manière de croître, dans leur feuillage et dans leur bois. Le pin résineux n'est pas recommandable par la beauté de ses feuilles; elles sont étroites et pointues, mais elles se conservent longtemps, de même que celles du sapin; et leur verdure offre encore, durant l'hiver, quelque image de la belle saison. Le feuillage du tilleul, du frêne, du hêtre, a des attraits bien autrement touchants : le vert en est admirable; il récrée la vue, il la fortifie; et les feuilles larges et dentelées de quelques-uns de ces arbres font un aimable contraste avec les feuilles plus étroites et plus fibreuses des autres.

La sagesse divine a distribué les forêts sur la terre avec plus ou moins d'économie ou de magnificence. Dans quelques pays, on n'en voit que de loin à loin; dans d'autres, elles s'élèvent majestueusement dans les airs, en occupant d'immenses terrains. La disette du bois, dans certaines contrées, est compensée ailleurs par son abondance; et l'usage continuel qu'en font les hommes, qui le prodiguent si souvent, les incendies et les hivers rigoureux n'ont pu encore épuiser ces riches dons de la nature. Un intervalle de vingt années nous montre une forêt aux lieux où notre enfance ne nous avait offert que d'humbles taillis et quelques arbres épars.

Que la sagesse du Père commun des hommes est supérieure à la nôtre! Si nous eussions assisté à l'ouvrage de la création, peut-être aurions-nous trouvé à redire à la production des forêts; peut-être leur aurions-nous préféré ou des riants vergers ou des champs fertiles. Mais l'Etre infiniment sage a prévu les divers besoins de ses créatures, selon les temps et les lieux où elles se trouvent. C'est dans les contrées où le froid est le plus rigoureux, et où le bois est le plus nécessaire à l'homme pour la navigation, que se trouvent le plus de forêts. De leur inégale distribution, je comprends qu'il résulte une branche considérable de commerce, de nouvelles liaisons entre les peuples. Je participe moi-même aux nombreux avantages que les bois procurent aux hommes; et Dieu, en créant les forêts, pensait au bien qui devait m'en revenir. Ah! qu'il soit à jamais béni, le Père compatissant qui daignait s'occuper de nous avant même que nous sentissions nos besoins et que nous pussions les lui représenter! Sa bonté nous a prévenus en tout : pourrais-je ne pas répondre à tant de bienfaits par un juste tribut de reconnaissance, d'amour et de louanges?

Ce n'est point l'homme qui a été chargé de planter et d'entretenir les forêts. Presque tous les autres biens doivent être acquis par le travail : il faut labourer, ensemencer les terres; et les moissons coûtent au laboureur beaucoup de sueurs et de peines. Mais Dieu s'est réservé les arbres des forêts. C'est lui qui les plante, qui les conserve : ils croissent et se multiplient indépendamment de nos soins; ils réparent continuellement leurs pertes par de nouveaux rejetons, et ils suffisent toujours à nos besoins. Il est très remarquable que les plantes épineuses sont les premières qui paraissent dans les terres en friche ou dans les forêts abattues. Elles sont très propres, en effet, à favoriser des végétations étrangères à ces plantes, parce que leurs feuilles profondément découpées, comme celles des chardons et des vipérines; ou leurs sarments courbés en arc, comme ceux de la ronce; ou leurs branches horizontales et entrelacées, comme celles de l'épine noire; ou leurs rameaux hérissés d'épines et dégarnis de feuilles, comme ceux du jonc marin, laissent autour d'elles beaucoup d'intervalles, à travers lesquels les autres végétaux peuvent s'élever et être protégés contre la dent de la plupart des quadrupèdes. Les pépinières des arbres se trouvent au sein de ces plantes. Rien n'est si commun dans les taillis, que de voir un jeune chêne sortir d'une touffe de ronces qui tapisse la terre, autour de lui, de ses grappes de fleurs épineuses; ou un jeune pin s'élever du milieu d'une autre touffe jaune de joncs marins. Quand ces arbres ont pris une fois de l'accroissement, ils font périr, par leurs ombrages, les plantes épineuses, qui ne subsistent plus que sur la lisière des bois, où elles ont un air suffisant pour végéter : mais, dans cette situation, ce sont elles encore qui étendent ces bois d'années en années dans les campagnes. Ainsi, les plantes épineuses sont les premiers berceaux des forêts; et les fléaux de l'agriculture de l'homme sont les boucliers de celle de la nature.

Jetez les yeux sur la semence du tilleul, de l'érable et de l'orme. De ces graines si petites, sortent ces vastes corps qui portent leurs cimes dans les nues. Dieu seul les affermit et les maintient dans la durée des siècles, contre l'effort des vents et des tempêtes : c'est lui qui leur envoie les rosées et les pluies capables de leur rendre chaque année une verdure nouvelle, et d'y entretenir une espèce d'immortalité. La terre qui porte les forêts ne les forme point : ce n'est pas même elle, à proprement parler, qui les nourrit. La verdure, les fleurs et les fruits dont les arbres se couvrent et se dépouillent alternativement; la sève, dont il se fait une dissipation continuelle, épuiseraient la terre à la longue, si elle en fournissait la matière. D'elle-même, c'est une masse lourde, sèche, stérile, qui tire d'ailleurs les sucs et la nourriture qu'elle distribue aux plantes. L'air et l'eau, sans notre secours, procurent en abondance les sels, les huiles et toutes les matières dont ces plantes ont besoin.

Vastes forêts, retraites délicieuses, vous nous offrez des besquets où la nature étale mille beautés intéressantes et variées. Là, un air embaumé circule sous les touffes majestueuses des arbres élevés : ici, des plantes fleuries mêlent leurs charmes, et confondent presque leurs tiges avec les branches abaissées des buissons. Quel doux murmure se fait entendre!... Comme ce ruisseau serpente parmi ces fleurs, et répand la fraîcheur et la vie! Comme mon œil repose agréablement sur ces masses de verdure, que le zéphyr agite mollement! Comme il suit cette architecture champêtre! Comme il s'égare à travers les sinuosités de ces berceaux! Comme il revient ensuite parcourir ce parterre émaillé, ce riche tapis, que l'art tentera toujours vainement d'imiter!

XXXIV. — Usages et utilité du bois.

A voir la profusion continuelle que nous faisons du bois, on dirait que Dieu, chaque jour, en crée de nouvelles provisions. Il est vrai que l'homme fait de cette matière les usages les plus variés. Le bois se prête à tous les services qu'il nous plaît d'en exiger. Assez tendre pour revêtir toutes les formes, et assez dur pour conserver celles qu'on lui a données, il se laisse aisément scier, courber, polir; et nous nous procurons, par son moyen, beaucoup de choses utiles, commodes et agréables.

Le chêne, dont les accroissements sont fort lents, et qui ne se couvre de feuilles que quand les autres arbres en sont déjà ornés, fournit le bois le plus dur de nos climats; et l'art sait l'employer à une multitude d'ouvrages de charpente, de menuiserie et de sculpture, qui semblent braver le pouvoir du temps. Le bois plus léger sert à d'autres usages; et, comme il est plus abondant, et qu'il croît plus vite, il est aussi d'une utilité plus générale. C'est aux productions des forêts que nous devons nos maisons, nos vaisseaux, et tant d'instruments et de meubles dont nous nous passerions si difficilement. En un mot, l'industrie des hommes polit le bois, l'arrondit, le taille, le tourne, le sculpte, et en fait une multitude d'ouvrages aussi élégants que solides.

Il est un grand nombre de besoins indispensables, auxquels

nous aurions peine à pourvoir, si le bois n'avait l'épaisseur et la solidité convenables. La nature, il est vrai, nous fournit une grande quantité de corps lourds et compacts : les pierres, les marbres, etc., se prêtent à différents usages. Mais il est si pénible de les tirer de leurs carrières, de les transporter, de les travailler; et ils occasionnent de si fortes dépenses! Nous pouvons, au contraire, à peu de frais, et sans de grands travaux, nous procurer les plus grands arbres. En enfonçant dans la terre des pieux d'une longueur proportionnée, on assure un fondement solide à des édifices qui, sans cette précaution, s'écrouleraient dans la fange ou dans un sable mouvant : les pilotis forment dans la terre ou dans l'eau une forêt d'arbres immobiles, et quelquefois incorruptibles, qui supportent les masses les plus énormes. D'autres pièces soutiennent la maçonnerie, ainsi que le poids des tuiles et du plomb qui composent le toit des bâtiments.

Le bois contient encore le principal aliment du feu, sans lequel l'homme ne pourrait ni apprêter la norriture la plus commune, ni fabriquer la plupart des objets de première nécessité, ni même conserver ses jours. Le soleil est l'âme de la nature : mais il ne nous est pas libre de dérober une partie de ses rayons, pour donner à nos aliments les préparations qu'ils exigent, ou pour fondre communément les métaux. Le bois enflammé supplée en certains cas l'astre du jour lui-même; et le degré plus ou moins fort de chaleur dépend de notre choix. Sans cette chaleur bienfaisante que le bois nous procure, les longues nuits d'hiver, les froids brouillards et les vents rigoureux glaceraient notre sang. Combien de fins pleines de sagesse ne s'est donc pas proposées le Créateur du monde, en couvrant de forêts une partie de notre globe?

Cependant, comment envisage-t-on, d'ordinaire, les diverses utilités qui nous reviennent du bois? Combien peu réfléchissent sur les avantages nombreux dont il est la source? Hélas! pour être trop communs, trop journaliers, ils perdent de leur prix pour la plupart des hommes! Il est plus aisé, je l'avoue, d'acquérir le bois que l'or et les diamants. Mais cesse-t-il pour cela d'être un

insigne bienfait de la Providence? ou plutôt l'abondance du bois, ·
et la facilité avec laquelle on parvient à en faire l'acquisition,
n'est-elle pas une raison de plus de bénir le Créateur, qui propor-
tionne si exactement ses dons à nos besoins! Et pour l'usage, que
sont les diamants en comparaison du bois?

XXXV. — Chute des feuilles.

Rien n'est stable ici-bas. Ces riantes campagnes, au milieu
desquelles je me plais à m'égarer, se dépouillent insensiblement
de leurs beautés : peu à peu se font sentir les ravages que l'approche des frimas opère dans les jardins et les forêts. Cette merveilleuse décoration va disparaître : toutes les plantes, à la
réserve d'un petit nombre, perdront le brillant ornement de leur
feuillage; et, durant six mois, la nature sera couverte du voile
lugubre de l'hiver.

A peine les feuilles sont-elles chargées du premier givre, qu'on
les voit tomber par flocons. L'air, resserré par le froid, exerce
peu son ressort sur la sève : elle s'engourdit; et, si elle ne cesse
pas totalement de circuler, du moins elle ne le fait que très
faiblement. Les feuilles jaunissent : elles se dispersent à la moindre secousse des vents, et elles leur servent de jouet. Mais la
gelée n'est pas l'unique cause de la chute des feuilles : elles tombent aussi lorsqu'il ne gèle point du tout l'hiver; les arbres
mêmes qu'on a mis dans la serre, pour les garantir de la rigueur
de la saison, éprouvent ce dépouillement.

Les feuilles paraissent ne se joindre aux branches que par
une espèce d'articulation : quand les arbres, vers la fin de l'automne, perdent leur ornement, les cicatrices qu'elles laissent, en
se détachant, prouvent que ces parties sont simplement contiguës, puisque leur séparation se fait sans déchirure. Les vaisseaux de communication de l'arbre à la feuille, et les fibres qui
se continuent de l'un à l'autre, ne reçoivent plus les sucs nécessaires à leur entretien, par la suppression et l'engourdissement
que causent, dans le mouvement de la sève, la température
froide de l'air. L'engorgement par trop d'humidité, le resserre-

ment des fibres, l'oblitération ou l'affaissement de tous les pores
des feuilles, ne permettent plus ni absorption ni transpiration;
celles-ci deviennent des organes inutiles, elles se détachent
enfin des branches, et bientôt les campagnes sont privées de leur
parure.

Au reste, les feuilles, séparées du végétal qui les a produites,
ne restent point inutiles sur la terre qui les reçoit. Rien n'est
perdu dans la nature; et les débris des plantes ont aussi leur
usage. Ils se pourrissent au bas des arbres, sous les pieds des
animaux, et se convertissent en cet *humus* ou terre végétale
si essentielle à la nourriture des plantes. Cette jonchée les pré-
serve sous sa molle épaisseur : elle les met à l'abri des vents
rigoureux; elle couvre toutes les graines, autour desquelles s'entretiennent ainsi une humidité et une chaleur qui les aident à
germer, comme si elles étaient dans la terre la plus douce; et
par là, cette jonchée supplée naturellement au travail de
l'homme.

C'est ce qu'on remarque surtout à l'égard des feuilles du
chêne. Elles fournissent un excellent engrais, non-seulement aux
arbres, mais à leurs rejetons : elles sont d'ailleurs très avantageuses aux pâturages des forêts, en ce qu'elles favorisent l'accroissement de l'herbe qu'elles recouvrent, et sur laquelle bientôt elles pourrissent. Aussi, le cultivateur intelligent se garde-t-il
bien de ramasser les feuilles; à moins qu'elles n'existent en si
grande abondance, que l'herbe n'en soit plutôt étouffée que
nourrie. Dans certains pays, les habitants de la campagne font
de grands amas de feuilles; ils les brûlent tout l'hiver, et les cendres qui en proviennent sont propres à l'ameublement des terres fortes ou paresseuses. On répand les feuilles dans les étables,
au lieu de paille, et on en fait une excellente litière pour les
bestiaux; on les mêle encore avec le fumier ordinaire. Ce ter-
reau est surtout d'une grande utilité dans les jardins, où l'on er
étend des couches qui contribuent beaucoup à l'accroissement
des fruits et des jeunes arbres.

Mais, tant d'insectes qui faisaient leur demeure sur les feuilles des arbres et des plantes, que deviennent-ils au temps où elles tombent? Il est vrai que l'automne abat des armées entières de petits animaux, avec leur ponte : il ne s'ensuit pas néanmoins que ces faibles créatures périssent. Sur la terre même, elles se conservent à l'abri des feuilles qui les couvrent. Les œufs de la plupart de ces insectes sont déposés sous l'écorce des arbres; d'autres, après être éclos, s'enfoncent dans la terre, et y vivent d'abord sous la forme de ver.

Qui pourrait méconnaître l'action sans cesse existante d'une providence paternelle! Elle a placé au midi des arbres toujours verts, et leur a donné un large feuillage, pour défendre les animaux de l'extrême chaleur : elle y est encore venue à leur secours, en les couvrant de robes à poils ras, afin de les vêtir à la légère; et, pour les tenir fraîchement, elle a tapissé de fougères et de lianes la terre qu'ils habitent. Elle n'a pas oublié les besoins des animaux du nord : à ceux-ci, elle a donné pour toits les sapins, qui conservent leur verdure, dont les pyramides hautes et touffues écartent les neiges de leurs pieds, et dont les branches sont si garnies de longues mousses grises, qu'à peine on en aperçoit le tronc; pour litières, elle leur offre les mousses mêmes de la terre, qui en plusieurs endroits y ont plus d'un pied d'épaisseur, ainsi que les feuilles molles et sèches de beaucoup d'arbres, qui tombent précisément à l'entrée de la mauvaise saison : enfin, elle leur donne pour provisions les fruits de ces arbres, qui sont alors en pleine maturité; en sorte qu'ils trouvent souvent à l'abri du même sapin de quoi se loger, se nourrir, et se tenir chaudement.

Dans ce moment où la nature attristée ne permet plus à l'imagination de s'égarer sur mille objets enchanteurs, la chute des feuilles vient m'inspirer des pensées plus sérieuses et bien importantes. Elle est une image de la vie et de la fragilité des choses terrestres. Ni les feuilles ni les hommes ne tiendront mieux que l'année précédente, les unes aux arbres, les autres à la vie. Je suis une feuille qui tombe, et la mort marche à mes côtés. Dès aujourd'hui, peut-être, je me flétrirai, et demain je ne serai plus qu'un peu de poussière. Je ne tiens qu'à un fil, et je puis, à chaque instant, être dépouillé de toute ma beauté, de toute ma vigueur. Un air froid, le moindre souffle, peut me renverser, et mon corps rentrera dans la poudre. Ah! du moins, puissé-je laisser après moi des fruits parvenus à leur maturité; des fruits de justice et de sainteté, qui me fassent sortir de ce monde terrestre avec les regrets de ceux qui me survivront, et des mérites réels aux yeux de mon véritable juge!

XXXVI. — Le règne animal.

Otez les animaux de dessus la terre, et les plantes n'ont plus de destination. Tout se tient dans le plan du Créateur : tous les êtres sont en rapport d'utilité les uns avec les autres; telle est la chaîne qui les lie entre eux. Jusqu'ici nous avons vu la nature par des nuances insensibles, du minéral le plus grossier passer aux plantes les plus parfaitement organisées. Dans le règne animal, nous la voyons de même, par des gradations, s'élever des zoophytes ou animaux-plantes aux insectes; des insectes aux poissons; de ceux-ci aux oiseaux; des oiseaux aux quadrupèdes; des quadrupèdes au singe; du singe à l'homme, en ne considérant toutefois ici que l'animalité; car, sous d'autres rapports, de l'homme le plus stupide au singe le plus rusé, il existe un trajet comme infini; le passage de la raison à la privation de ce don précieux.

Contemplons les grands rapports qui mettent les créatures en relation entre elles par des vues d'avantages réciproques. L'homme : tel est le centre auquel aboutissent ici-bas tous les divers chaînons. C'est pour lui que furent créés les animaux; pour lui et pour eux que les végétaux parent la surface de la terre; pour lui que le règne minéral en enrichit les entrailles.

Nous voici arrivés à la partie la plus intéressante de l'histoire naturelle. Tout vit dans le règne végétal : ici, tout vit et sent, et la nature est animée. Elevons-nous des plus basses classes de l'animalité jusqu'aux plus hautes. Mais faisons précéder cet

7

examen de notions générales qui nous servent comme de bous
sole pour nous diriger dans cette nouvelle carrière.

De toutes les modifications dont la matière est susceptible, la
plus noble sans doute est l'organisation. C'est là que la souveraine intelligence se peint à nos yeux, par les traits les plus
frappants. Le corps d'un animal est un système particulier plus
ou moins composé, qui, comme le grand système de l'Univers,
résulte de la combinaison et de l'enchaînement d'une multitude
de pièces, dont chacune produit son effet propre, et qui toutes
conspirent à produire cet effet général que nous nommons la *vie*.
On ne suffit point à considérer et admirer cet étonnant appareil
de ressorts, de leviers, de contre-poids, de tuyaux différents, qui
entrent dans la construction des machines organiques. L'intérieur
de l'insecte le plus vil en apparence absorbe toutes les conceptions du plus profond anatomiste : il se perd dans ce dédale, dès
qu'il entreprend d'en parcourir tous les détours.

Combien les machines animales sont-elles supérieures à toutes
celles de l'art! Les unes et les autres s'usent par le mouvement;
elles souffrent des déperditions journalières : mais telle est l'économie des premières, que chacune des pièces qui les constitue
répare sans interruption les pertes que ce mouvement lui
occasionne : elle s'étend même en tout sens, par l'incorporation
des molécules étrangères que lui fournissent les aliments, sans
cesser d'être essentiellement en grand ce qu'elle était auparavant très en petit. Quelles merveilles ne recèle donc pas le secret
de la nutrition et du développement! Quel intéressant spectacle
ne nous offrirait pas cet ineffable assemblage de tant de milliards
d'organes plus ou moins diversifiés, si nos sens et nos instruments
étaient assez parfaits pour nous dévoiler en entier le mécanisme
et le jeu de chacun de ces moyens, et les rapports qui les en-
chaînent tous à une fin commune!

L'*animal* est un être organisé, doué d'un principe de vie, de
sensations et de mouvement qui, par l'attrait du plaisir et le
sentiment du besoin, est sollicité à se procurer ce qui convient à
sa conservation et à sa propagation.

L'animal ressemble au végétal par l'organisation, l'accroissement, le dépérissement et la mort. Dans l'un comme dans l'autre,
un artifice admirable de fibres et de canaux fournit et prépar
les substances nourricières qui doivent opérer le développemen
et l'entretien de la machine. Mais le premier diffère essentiellement du second par le sentiment qu'il possède d'une manière
exclusive.

L'animal et le végétal diffèrent du minéral, non-seulement par
l'organisation : ils en diffèrent encore par leur formation. Ceux-
là prennent leur accroissement par *intussusception*, c'est-à-dire
par le moyen de certaines substances, qui se filtrent et se modi-
fient dans l'intérieur de leurs organes qui entretiennent, étendent, développent, perfectionnent toutes les parties de ces êtres
et se transforment en d'autres substances analogues aux leurs.
Le minéral, au contraire, ne prend son accroissement que par *juxtaposition*, c'est-à-dire par l'accession de certaines substances,
qui, voiturées par les fluides, et sollicitées par leur affinité, se
cristallisent ou se disposent et s'arrangent par couches, les
unes sur les autres, sans s'insinuer ni se transformer dans l'intérieur du tout qu'elles composent.

Un rameau de saule, planté en terre, devient un arbre, en
pompant, par une infinité de canaux, les sucs de la terre et les
parties de l'air, qui, élaborés dans l'intérieur de sa substance, se
transforment, les uns en son écorce, les autres en sa moelle;
ceux-là en ses racines, et ceux-ci en ses feuilles. Mais ce n'est
point par un semblable mécanisme que se forme une mine de
fer ou d'argent : les substances qui vont lui donner l'être, ou
l'augmenter, se rassemblent ou s'unissent aux couches préexis-
tantes, sans s'infiltrer ni se dénaturer dans l'intérieur du minéral qu'elles forment ou qu'elles augmentent.

La principale division du règne animal est celle qui le classe
en deux espèces essentiellement distinctes : l'une raisonnable,
l'autre irraisonnable. La première a en partage et le sentiment
qui l'affecte, et la raison qui l'éclaire sur le bien et le mal moral ;
la seconde n'a reçu qu'une faible portion d'intelligence avec le

sentiment du plaisir ou du besoin, du bien et du mal physique

Tout, dans la nature visible, est peuplé d'êtres vivants et animés. Quelle innombrable foule d'espèces, quelle étonnante multiplicité d'individus nous présentent les airs, les champs, les prairies, les forêts, les rivières, les mers, les entrailles même de la terre! Que d'espèces d'animaux qui contiennent encore une quantité prodigieuse d'espèces subalternes! Depuis l'invention des microscopes, un nouveau monde d'êtres vivants et animés est venu frapper nos regards : une seule goutte d'eau, à peine sensible à l'œil, en offre un nombre considérable, qu'à l'aide d'une forte lentille on distingue les uns des autres.

XXXVII. — Les zoophytes, ou animaux-plantes.

Tandis que les naturalistes pensaient avoir bien caractérisé ce qui appartient au règne animal, et l'avoir exactement distingué du règne végétal, les eaux nous ont offert une production organique qui réunit aux principales propriétés de celui-ci divers traits qui ne paraissent convenir qu'au premier. Des animaux qui, comme les plantes, se multiplient de bouture, par rejetons, et qu'on greffe comme elles, paraissent de vrais *animaux-plantes*.

Au fond, ce ne sont que de purs animaux, mais qui ont plus de rapport avec les plantes que n'en ont les animaux généralement connus; et c'est cette sorte de rapport que le mot de *zoophytes* doit réveiller dans l'esprit.

Dans cette classe de substances singulières, parmi lesquelles figure principalement le polype d'eau douce, nous ne comprenons point celles auxquelles on donne aujourd'hui le nom de *polypiers*, telles que les coraux, les lithophytes, les éponges, etc., qu'on avait prises autrefois pour des plantes. Elles sont l'ouvrage de différentes espèces de petits insectes, qui vivent en république au sein des mers, et qui s'y forment une infinité de cellules contiguës, dont l'ensemble au premier aspect offre l'image d'une substance végétale. Le polype d'eau douce est un être d'une nature toute différente. Son histoire réunit des phénomènes difficiles à croire, parce qu'ils sont contraires à des lois regardées comme générales. Aurait-on jamais cru qu'il y eût, dans la nature, des animaux qu'on multipliât en les hachant pour ainsi dire en morceaux? que le même animal coupé en huit, dix, vingt, trente et quarante parties, fût multiplié autant de fois? Les polypes ont aussi la faculté d'être multipliés par bouture. Ces animaux marchent et changent de lieu, mais avec une extrême lenteur.

Tout ici nous transporte dans un monde inconnu, et, par cette découverte, nos idées sur les œuvres de Dieu se sont fort étendues. Les *animaux-plantes* fournissent une nouvelle preuve que le Créateur sait distinguer ses ouvrages par des limites très étroites, et qu'il est presque impossible de déterminer le point où le règne animal finit et où le règne végétal commence. On croit communément que la différence entre les animaux consiste en ce que les premières n'ont ni la sensibilité ni le mouvement accordé aux seconds. Tel est le caractère distinctif des deux règnes. Mais que la nuance est faible! que la ligne qui les sépare est imperceptible! Les diverses espèces de créatures s'élèvent, croissent en perfection, et s'approchent les unes des autres de manière qu'on a peine à bien discerner les limites qui les séparent. Partout la nature laisse entrevoir l'infini, comme le caractère propre de son auteur.

XXXVIII. — Les animaux microscopiques, ou les animalcules des infusions.

Ce fut une nouveauté bien intéressante pour le contemplateur de la nature, que ces êtres infiniment petits qui se montrent dans l'eau où l'on a fait infuser des parties de plantes, de bois ou d'animaux. Depuis l'invention des microscopes, un nouveau monde s'est dévoilé à nos regards. Une seule goutte d'eau d'une pareille infusion paraît, au microscope, un petit lac peuplé d'une multitude d'êtres vivants inconnus aux anciens, et très diversifiés. Il en est parmi eux qu'on ne peut s'empêcher de ranger parmi les polypes en cloches; d'autres sont ronds ou oblongs, sans aucun membre apparent : ceux-ci ressemblent à des bulbes garnies d'une longue queue très effilée, et paraissent encore appartenir à la nombreuse classe des polypes ; ceux-là, dont la forme approche de la figure sphérique, montrent à leur partie antérieure une sorte de bec crochu ; d'autres paraissent étoilés, etc. Tous sont vésiculaires, transparents, et se meuvent avec plus ou moins de rapidité.

En général, ces animaux sont très petits : il en est même d'une si prodigieuse petitesse, que les plus fortes lentilles suffisent à peine pour les découvrir. Leuwenhoek estime que mille millions de corps mouvants que l'on découvre dans l'eau commune, ne sont pas aussi gros qu'un grain de sable ordinaire. M. de Malésieu a vu au microscope des animaux vingt-sept millions de fois plus petits qu'une mite. On aurait cru presque impossible de classer des êtres dont les différences spécifiques vont se perdre dans l'abîme de l'infiniment petit : cependant, on est parvenu à en caractériser des centaines d'espèces.

L'extrême petitesse des êtres microscopiques permet bien rarement d'entrevoir les corpuscules ou les germes dont ils proviennent. On est seulement très assuré que la manière de multiplier de chaque espèce est soumise à des lois constantes et invariables, et qu'elle n'offre rien de ces générations équivoques adoptées par l'ancienne physique, et que, de nos jours, on a tenté vainement de faire revivre.

Des animalcules si petits, et presque gélatineux, doivent être d'une extrême délicatesse. Cependant, les germes des animalcules des ordres inférieurs résistent à la chaleur de l'eau bouillante, tandis que les animalcules eux-mêmes périssent au trente-quatrième degré du thermomètre de Réaumur. Les germes des animalcules des ordres supérieurs périssent ou n'éclosent point à la chaleur médiocre de 28 degrés. Les animalcules des infusions ne peuvent vivre que dans l'eau qui conserve sa liquidité ; et c'est moins l'intensité du froid qu'ils ont à redouter, que la congélation qui en est l'effet.

Au surplus, ces petits êtres, qui résistent si bien au froid et à la chaleur, meurent au moment qu'on les expose à des odeurs pénétrantes, fétides ou spiritueuses. L'huile les tue pareillement, et ce ne sont pas les seuls faits qui tendent à prouver leur animalité. Le simple écoulement du fluide électrique ne leur est point nuisible : mais l'étincelle les tue sur-le-champ et les déchire. On en voit qui supportent le vide pendant un mois; ils s'y meuvent, s'y nourrissent et s'y multiplient : d'autres espèces y périssent en moins de deux jours.

On se rappelle les polypes qui multiplient par des divisions et des subdivisions naturelles. Cette manière de propager est très commune chez les animalcules des infusions; et elle y présente bien des variétés remarquables. Ils multiplient aussi, comme les animaux que nous jugeons les plus parfaits, par des œufs ou des petits vivants.

Une des espèces les plus curieuses des animalcules que nous offrent les infusions, et qui se rencontre dans la plupart d'entre elles, c'est celle à laquelle des microscopites ont donné le nom d'*entonnoir*. Chacun de ces animalcules est comme à l'ancre sur les bords d'une petite île, formée par une sorte de mousse ou moisissure, souvent aussi imperceptible à l'œil nu qu'il l'est lui-même. Il y tient par un fil très délié, qui est pour lui comme un câble. Dès qu'il aperçoit sa proie, il file en quelque sorte sur ce câble, qui s'allonge jusqu'à ce que l'animalcule ait atteint l'objet de sa poursuite. Alors, il s'ouvre en entonnoir, ou si l'on veut en espèce de portefeuille, avale cette proie, presque immobile pour l'observateur, et se referme en boule, toujours transparente néanmoins, et qui laisse voir, dans le plus grand nombre de ces atomes vivants, le jeu de petits globules ou petites vessies qui paraissent en être comme les intestins. Ainsi rétabli dans sa première forme, il retourne sur son fil, à sa petite île, où il reste pour ainsi dire amarré.

Une autre espèce est celle du rotifère. Sa partie antérieure offre une sorte de cornet avec deux tronçons, qui portent chacun, à leur extrémité, l'apparence d'une roue très singulière, d'où l'animal tire son nom. Les rotifères ont la faculté de cacher à leur gré les deux tronçons et leurs roues, ou seulement l'une d'elles. Avec ces roues, composées de fils presque imperceptibles.

ils forment deux tourbillons rapides : elles leur servent à s'élever, à descendre dans l'eau, à y nager, peut-être même, à l'aide
des tourbillons qu'ils excitent, à amener vers eux leur proie.
Entre ces deux tronçons, est en effet une particule mouvante,
que plusieurs naturalistes ont pris pour le cœur de l'animal, et
qui paraît plutôt en être la bouche. La partie postérieure du
rotifère a une espèce de trident; son corps est formé d'anneaux,
et rayé longitudinalement par des raies parallèles. Cet animalcule devient, à son gré, gros et court, mince et long dans tout
son corps, ou dans une de ses parties; il marche à la manière
des vers, et la corne du milieu de son trident, formée d'autres
pointes extrêmement fines, s'attache au plan sur lequel le petit
animal se meut à chaque pas qu'il fait.

Le *byssus*, cette plante aquatique qui se reproduit par la séparation naturelle de ses filets ou articulations, et qu'on peut
multiplier par art de la même manière, offre des phénomènes
presque aussi étranges. Ces filets, conservés au sec pendant des
mois ou des années, ne perdent point leur faculté de végéter, et
l'espèce de résurrection de cette plante a bien du rapport avec
celle des anguilles du blé rachitique, et du rotifère.

Cet animalcule, qui se suffit à lui-même pour multiplier, et qui
est ovipare, est considéré comme une espèce de petit *polype à
roue*. Un observateur assidu avait vu, dans une petite goutte
d'eau pure, d'autres polypes microscopiques, formés d'abord en
quadrille, à peu près comme les boîtes de ce nom, se doublant
ensuite, se quadruplant, et montant ainsi jusqu'au nombre de
seize, se séparant après cela en de simples quadrilles, qui se
doublaient et se quadruplaient à leur tour.

Combien d'autres merveilles de ce genre, qu'il serait trop long
de décrire! et quel abîme où l'imagination se perd! Que de mystères faits pour confondre l'orgueil de l'esprit humain!... Ainsi,
Dieu a imprimé jusque dans le moindre atome comme une image
de son infinité. Sous sa main, le corps le plus subtil devient une
machine dans laquelle une multitude de ressorts se trouvent
réunis et arrangés dans l'ordre le plus parfait. Quelle sagesse

que celle qui, dans le petit comme dans le grand, sait opérer
avec tant de régularité et de perfection !

XXXIX. — Les insectes ; structure de leurs membres.

La plupart des hommes ne jugent dignes de leur attention
que les animaux qui se distinguent des autres par leur grandeur.
Le cheval, le taureau, le lion, l'éléphant, leur paraissent mériter
quelques regards, tandis qu'ils dédaignent de les arrêter sur ces
armées innombrables d'être vivants qui peuplent l'air, les végétaux et la poussière. Que d'insectes nous foulons aux pieds ! que
de chenilles nous détruisons ! que de mouches bourdonnent autour de nous, sans nous inspirer la moindre curiosité, ni presque
d'autre pensée que celle de leur ôter la vie, lorsqu'elles nous incommodent ! Et, cependant, il est certain que la sagesse et la
puissance du Créateur ne se manifestent pas moins dans la structure du limaçon et du cloporte, que dans celle de l'éléphant et
du lion.

Le caractère essentiel qui distingue les insectes de tous les
animaux, c'est qu'à proprement parler ils n'ont point d'os, ce
qui démontre déjà une grande sagesse dans cette partie de leur
conformation. Les mouvements qui sont propres à tous les insectes, la manière dont ils sont obligés de chercher leur nourriture,
et surtout les diverses métamorphoses qu'ils subissent, ne pourraient pas s'exécuter avec tant de facilité, si leur corps était lié
et affermi par des os.

Tout insecte, soit qu'il vole ou qu'il rampe, est composé ou de
plusieurs anneaux qui s'éloignent et se rapprochent les uns des
autres, ou de plusieurs lames qui glissent l'une sur l'autre, ou
enfin de deux ou trois parties principales qui ne se tiennent que
par un filet ou petit canal qu'on appelle *étranglement*.

De la première espèce sont tous les vers, qui se transportent
où il leur plaît en portant le premier anneau à une certaine distance, puis faisant venir le second et ceux qui le suivent en
ridant et retirant la peau du même côté. De la seconde espèce,
sont les mouches, les hannetons, etc., dont le corps est un assem-

blage de petites lames qui s'allongent en se dépliant, ou se rac-
courcissent en rentrant les unes sous les autres. Enfin, les fourmis, les araignées, etc., partagées en deux ou trois portions qui
semblent à peine tenir l'une à l'autre, forment la troisième classe.

Il semble que l'Auteur de la nature se soit complu dans la parure de ces animaux qui nous paraissent si méprisables. Il a
prodigué dans leurs robes, sur leurs ailes, et dans leurs ornements de tête, l'azur, le vert, le rouge, l'argent et l'or, les
diamants même, les franges, les aigrettes et les panaches. Il ne
faut que voir la mouche luisante, la cantharide, la superbe
chrysis de nos contrées, le richard, le charançon, et le bupreste
des Indes, les papillons, une simple chenille, pour être frappé de
cette magnificence.

La même sagesse qui s'est jouée dans leurs divers ajustements
les a armés de pied en cap, et les a mis en état de faire la guerre,
d'attaquer et de se défendre. Ils ont la plupart de fortes dents,
ou une double scie, ou un aiguillon et deux dards, et une vigou-
reuse pince; une cuirasse d'écaille les couvre, et leur garantit
tout le corps. Presque tous trouvent leur salut dans l'agilité de la
fuite, et se dérobent au danger : ceux-là par le secours de leurs
ailes, ceux-ci à l'aide d'un fil sur lequel ils se soutiennent, en se
jetant brusquement à bas des feuillages où ils vivent; d'autres,
par le ressort de leurs pieds, dont la détente les lance à une assez
grande distance, et les met hors d'insulte.

On est surpris de voir la Providence si occupée de la parure et
de l'équipage de guerre des insectes; mais l'étonnement ne fait
qu'augmenter quand on examine l'artifice des organes qu'elle
leur a donnés pour vivre, et des outils avec lesquels ils travaillent. Les uns savent filer, et ont deux quenouilles et des doigts
pour façonner leur fil. D'autres ourdissent des toiles et des filets,
et sont pourvus en conséquence de pelotons et de navettes. Ceux-
ci construisent en bois, et ont reçu deux serpes pour faire leurs
abatis. Ceux-là travaillent en cire. La plupart ont une trompe,
qui sert aux uns d'alambic pour distiller une liqueur que l'homme
n'a jamais pu imiter, à quelques autres de vrille pour percer, et

presque à tous de chalumeau pour sucer. Plusieurs portent à
l'extrémité de leurs corps une tarière, par le secours de laquelle
ils creusent des demeures commodes à leurs familles, dans l'intérieur des fruits, sous l'écorce des arbres, dans l'épaisseur des
feuilles et des boutons ; souvent dans le bois le plus dur, et même
dans le corps des autres animaux. Aux côtés ou à l'extrémité du
corps, des ouvertures qu'on appelle *stigmates* sont les organes de
la respiration.

Plusieurs insectes ont la faculté de rétrécir ou d'élargir leur
tête à volonté, de l'allonger ou de la raccourcir, de la cacher et
de la faire reparaître selon qu'ils le jugent à propos, selon leurs
divers besoins. Il en est d'autres dont la tête conserve toujours la
même forme. Certaines espèces semblent privées de l'usage de la
vue ; mais le toucher ou quelque autre sens les en dédommage.
Les insectes ont deux sortes d'yeux : ceux qui sont lisses et
brillants sont d'ordinaire en petit nombre ; les yeux à réseau, qui
ressemblent à du chagrin, et dont la cornée est taillée à facettes,
sont communément au nombre de plusieurs mille, et réunis sur
les côtés de la tête sous la forme de deux masses hémisphériques.
Ni les uns ni les autres ne sont mobiles : leur multitude et leur
position suppléent au défaut de mobilité. Les antennes, espèces
de cornes dont la plupart des insectes sont pourvus, en devan-
çant le corps dans sa marche et en sondant le terrain, avertissent
l'animal des dangers qui le menacent ; elles lui font aussi discerner les aliments qui lui sont propres.

Les jambes des insectes sont ou écailleuses ou membraneuses ;
les premières jouent à l'aide de plusieurs articulations ; les autres, qui sont plus molles, se ploient en tous les sens. Souvent le
même animal réunit ces deux sortes de jambes. Quelques insectes ont plusieurs centaines de pieds, non pour les faire marcher
plus vite que ceux qui n'en ont que six, mais pour quelque fin
particulière, relative au plus grand bien de leur espèce. A
l'égard de cette partie du corps, on y trouve une diversité infinie. Avec quel art ne doivent pas être construites les jambes de
ceux qui se cramponnent à des surfaces lisses et polies ! Quelle

élasticité dans les jambes des insectes qui sautent! quelle force dans celles qui fouillent la terre!

Outre ces secours et bien d'autres qui se diversifient selon les espèces, la plupart des insectes ont encore la faculté de voler. Quelques-uns ont deux ailes : ceux-ci, comme les demoiselles, en ont quatre; d'autres, tels que les escarbots et les hannetons, dont les ailes sont d'une finesse si grande que le moindre frottement pourrait les déchirer, ont pour leur servir d'étui deux fortes écailles qu'ils élèvent ou abaissent à volonté. De ces ailes, les unes sont transparentes comme une gaze fine; d'autres sont écailleuses et farineuses.

Ne perdons pas l'occasion de dire un mot du cousin. S'il se fait admirer au microscope par ses ornements, par les jolies huppes et les espèces de plumasseaux qu'on aperçoit dans quelques-uns de ces insectes, par les instruments, tels que les antennes, ou le dard enfermé dans un fourreau qui s'ouvre en deux, et qui, en se partageant, le laisse voir à découvert, il est admirable encore par ses ailes, qui sont couvertes en partie d'une poussière plus fine que celle qui pare l'aile des papillons. Comme dans ces derniers, chaque grain de poussière est une plume : tous ces grains ou ces plumes forment par plusieurs lignes, dans la longueur de l'aile du cousin, une broderie charmante, qui sur les bords se termine par une frange.

La diversité qu'on observe dans la structure et la conformation des insectes est prodigieuse, et la vie de plusieurs hommes ne suffirait point à observer et à décrire leurs différentes figures. Quelle variété dans les formes de ceux qui marchent, qui volent, qui sautent, qui rampent! Et cependant quelle harmonie, quelles proportions! Ce serait le comble de l'extravagance de ne pas découvrir ici l'infinie sagesse du Créateur. On n'est vertueux et raisonnable qu'autant qu'on reconnaît Dieu et qu'on l'adore en toutes ses œuvres.

XL. — Sur les transformations des insectes.

La forme du corps de l'homme et des animaux est toujours à peu près la même durant le cours de leur vie : il ne s'y rencontre que des différences de grandeur, de proportion et de contours. Au contraire, beaucoup d'insectes subissent de tels changements, qu'on y supposait anciennement divers individus. Une chenille, en effet, une chrysalide, un papillon, paraissent trois insectes distincts l'un de l'autre, tandis qu'ils ne constituent que le même être sous trois états différents.

Ces changements de figure ne proviennent que de la suppression de plusieurs enveloppes, dont l'insecte se dépouille successivement. Celle qui lui donne la forme de chenille a été nommée *larve* avec beaucoup de justesse, puisqu'elle n'est qu'une sorte de *masque* qui cache la chrysalide et le papillon. Plongée à plusieurs reprises dans l'eau chaude, une chenille y perd la vie; mais son corps prend une consistance qu'il n'avait pas auparavant, et qui permet qu'on le dépouille de différentes peaux qu'elle aurait rejetées elle-même l'une après l'autre dans le cours de la vie. Alors on reconnaît la chrysalide, et sous la peau qui couvre cette dernière, au milieu des sucs épaissis qui la remplissent, se montre le papillon, dont ces sucs étaient destinés à produire le développement.

Le papillon n'est qu'en raccourci dans sa chrysalide; mais il est reconnaissable : celle-ci est contenue dans la larve, qui renferme, dès le premier âge, l'insecte parfait. Il ne faut, pour qu'il soit apparent, que rejeter les unes après les autres les enveloppes qui le cachent : c'est ce que l'action de la vie opère dans l'animal en plusieurs semaines ou en plusieurs mois, et ce à quoi fait parvenir en peu de moments l'action d'une chaleur artificielle.

Tous les insectes, même ceux qui conservent toujours leur première forme, changent plusieurs fois de peau pendant leur vie. C'est la peau qui est la partie solide du corps de tous ces animaux : il fallait donc qu'elle eût une certaine consistance; mais cette solidité devait être un obstacle à l'accroissement des parties qu'elle recouvre. Pour remédier à cet inconvénient, les insectes sont revêtus de plusieurs peaux séparées les unes des autres, quoique contiguës; il faut qu'ils s'en dépouillent à mesure qu'ils grandissent. Le corps de l'animal, en grossissant, y opère une certaine distension : celle qui est exposée à l'air se dessèche et se fend ordinairement au-dessus du dos. L'insecte, qui s'y trouve alors mal à son aise, cherche à s'en retirer; à mesure qu'il s'en dégage, il plisse cette vieille peau, et la pousse vers l'extrémité du corps, d'où elle tombe. Mais si l'on développe cette dépouille et qu'on l'examine attentivement, on trouve qu'elle ne consiste pas seulement dans la peau qui recouvrait le corps, mais qu'elle contient aussi l'enveloppe de toutes les parties externes, et celle de quelques parties internes. On reconnaît sur la dépouille les pieds, les dents, les antennes, les antennules, les yeux, les poils et même les trachées, c'est-à-dire l'enveloppe externe de toutes ces parties, qui en conserve la forme.

La figure de la chrysalide est absolument différente de celle de la larve : il n'y a aucun rapport de ce côté entre le premier et le second état de l'insecte; mais il éprouve des changements beaucoup plus importants, et relatifs aux fonctions principales. Dans la larve, les battements successifs du vaisseau qui tient lieu de cœur commençaient d'un côté de la tête, et se prolongeaient vers la queue, où ils finissent pour recommencer dans le même ordre : ils en suivent un complètement inverse dans la chrysalide. La larve était entièrement composée d'anneaux d'une extrémité du corps à l'autre; ces anneaux étaient la plupart couverts d'un stigmate de chaque côté, et ces conduits de l'air étaient à fleur de la peau. Dans la chrysalide, ces objets présentent aussi des différences; mais, quelque considérables qu'elles paraissent, elles ne changent rien au fond du mécanisme; c'est toujours par des organes qui ont la même construction, qui produisent les mêmes effets, que s'opèrent la circulation et la respiration de l'insecte. En voici de plus importantes, puisqu'elles tiennent au fond du mécanisme, et qu'elles changent la manière d'être.

La larve contenait la chrysalide et l'insecte parfait; elle devait fournir à son propre développement et au leur, et par conséquent elle avait besoin de beaucoup de nourriture. Elle avait des mâchoires ou un suçoir; son estomac et ses intestins étaient fort amples : il était nécessaire qu'elle pût changer de place pour chercher des aliments. En passant à l'état de chrysalide, elle laisse tenir à sa dernière dépouille les mâchoires qui lui ont servi, quand, au lieu de mâchoires, l'insecte parfait doit avoir une trompe, telle que le papillon en a une; elle ne quitte, au contraire, que l'étui ou la gaîne de ses mâchoires quand l'insecte parfait doit aussi en avoir. Mais, quelle que soit la partie qui doit lui servir à prendre sa nourriture, elle se trouve enveloppée sous la peau de chrysalide, de manière à rester sans action. Aussi la chrysalide ne prend-elle point d'aliments; elle n'a pas besoin de faire de mouvements pour en chercher. Les pieds de la larve restent à sa dépouille, et la chrysalide n'est plus capable que d'un simple mouvement de trémoussement, de pirouettement sur elle-même.

Les organes pour les fonctions principales, le cerveau et la moelle épinière, qui sont le principe de l'irritabilité; le cœur et les trachées, dont l'un sert à la circulation, et les autres à la respiration; l'estomac et les intestins, qui prolongent l'existence en retirant des aliments des sucs nourriciers, tous ces organes sont les mêmes dans la larve, la chrysalide et l'insecte parfait. Ils sont d'usage dans ces trois états, en perdant de leur volume, de leur capacité, en se raccourcissant et se resserrant à mesure que l'insecte passe d'un état à un autre. Quant aux parties qui sont propres à l'état de larve, on voit qu'elles sont rejetées avec la dernière dépouille de cet état; que celles qui les remplacent sont formées sur l'insecte parfait, et qu'elles prennent leur accroissement pendant l'état de chrysalide. La chenille, par exemple, a des pieds différents de ceux du papillon : elle a des mâchoires, et il a une trompe; les pieds de la chenille restent attachés, ainsi que sa mâchoire, à sa dernière dépouille; les pieds et la trompe du papillon se développent pendant l'état de chrysalide.

Enfin, quand les sucs passés dans les membres de l'insecte
parfait leur ont procuré le volume dont ils sont susceptibles, le
corps entier, qui a toutes ses dimensions, fait effort contre l'enveloppe de chrysalide, qui se trouve alors comme desséchée.
L'insecte sort en retirant ses différentes parties chacune de l'étui
qui les contenait, et tout son corps de celui qui l'enfermait. Ses
membres, encore abreuvés par la sérosité qui les environnait,
ont peu de consistance; ses ailes, qui n'ont pu s'étendre sous
l'enveloppe de chrysalide, sont pliées. Mais bientôt le contact de
l'air dissipe l'humidité superflue; les membres acquièrent la fermeté qu'ils doivent avoir, et l'insecte la vigueur qui lui est propre. En éprouvant cette vigueur, il en hâte la jouissance, et il
l'augmente par des mouvements qui accélèrent l'évaporation du
fluide surabondant. La circulation, en poussant la liqueur qui
tient lieu de sang dans les canaux tortueux qui rampent entre
les membranes des ailes, distend ces canaux; les ailes se développent, l'humidité s'exhale, elles deviennent solides et compactes. Arrivé à ce point, l'insecte prend son essor, travaille à se
reproduire, et cesse d'exister. Quelle suite de changements, de
combinaisons, d'opérations et de merveilles sur lesquelles l'artiste suprême a imprimé son cachet.

XLI. — Les sociétés d'insectes qui ont pour fin principale l'éducation des petits : les fourmis.

Comme les chenilles n'engendrent point qu'elles ne soient
parvenues à l'état de papillon, il ne s'agit pas dans leurs sociétés
de l'éducation des petits. Leur propre conservation est l'unique
fin de leur travail. Il règne parmi elles, dans chaque espèce en
particulier, l'égalité la plus parfaite : nulle distinction de sexe ni
presque de grandeur; toutes, à proprement parler, ne forment
qu'une seule famille, issue de la même mère.

D'autres sociétés d'insectes sont constituées d'une manière
bien différente; ce sont des républiques composées de trois ordres de citoyens, qui se distinguent par le nombre, la grandeur,
la figure et le sexe. Les femelles, ordinairement plus grandes et

en moindre quantité, tiennent le premier rang; les mâles, d'une
taille un peu moins avantageuse, mais en plus grand nombre,
forment le second ordre; les mulets ou neutres, toujours plus
petits et plus nombreux, composent le troisième.

Les fourmis sont un de ces petits peuples réunis en un corps
de société, qui a, pour ainsi dire, son gouvernement, ses lois et
sa police. Elles habitent une espèce de ville qu'elles construisent
elles-mêmes. Leur diligence à se procurer les matériaux dont
elles ont besoin pour leur fourmilière, et leur industrie à les
mettre en œuvre, sont admirables. Elles se réunissent pour
creuser la terre, et la charrier ensuite hors de l'habitation : elles
y transportent une grande quantité de brins d'herbe, de paille,
de bois, etc., dont elles forment un tas, qui au premier coup
d'œil paraît fort irrégulier; mais ce désordre apparent cache un
art et un dessein qu'on démêle dès qu'on cherche à le voir. Sous
ces dômes ou petites collines qui couvrent les fourmis et dont la
forme facilite l'écoulement des eaux, on trouve des galeries qui
communiquent les unes avec les autres, et qu'on peut regarder
comme les rues de la petite ville.

Les fourmis appartiennent à la classe des insectes qui passent
par l'état de nymphe. Après la dernière transformation, les
mâles et les femelles sortent de la fourmilière, voltigent dans
l'air; et ces dernières rentrent dans leur habitation pour y faire
leur ponte. Les vers qui proviennent de ces œufs, dépourvus de
jambes, ne changent presque point de place, et sont alimentés
par les tendres soins des ouvrières. Parvenus à leur parfait accroissement, ils se filent, dans les espèces les plus communes,
une coque de soie blanche, dans laquelle ils subissent leur métamorphose. Ce sont ces coques que le vulgaire prend pour les
œufs des fourmis. Les ouvrières les transportent de côté et d'autre, selon le besoin, et montrent pour elles le plus grand attachement. Elles n'en ont pas moins pour les véritables œufs : ils sont
disposés par tas; et, quand on les disperse, elles les rassemblent
de nouveau avec une extrême diligence.

Ce ne sont que les fourmis des grandes espèces qui élèvent au-dessus de leurs souterrains un monticule arrondi, dont la nase a quelquéfois un mètre de diamètre. Les fourmis des petites espèces ne se logent pas à si grands frais : le dessous d'une pierre, un tronc d'arbre, l'intérieur d'un fruit desséché, ou tout autre corps caverneux leur fournit un domicile convenable, et dont elles savent profiter. Il en est néanmoins qui s'établissent dans la terre, et que la nature a destinées à un assez grand travail. Elles ont à creuser des souterrains de plusieurs centimètres de profondeur, ou des espèces de boyaux souvent fort tortueux, qui vont aboutir à la surface du terrain. Elles ont donc beaucoup à excaver; et elles s'occupent de ce travail pénible avec un soin, une diligence et une assiduité qui attachent fortement le spectateur.

La prévoyance des fourmis a été fort célébrée; on a cru qu'elles amassaient des provisions pour l'hiver, et qu'elles savaient se construire des magasins, où elles renfermaient des grains qu'elles avaient recueillis pendant la belle saison. Mais ces magasins leur seraient très inutiles; elles dorment tout l'hiver, un degré de froid assez médiocre suffit pour les engourdir. Si elles font quelques amas, ce n'est donc pas pour ce temps-là. Les grains de seigle, d'avoine, d'orge et de froment, qu'elles charrient avec tant d'activité à leur domicile, ou sont pour elles de simples matériaux qu'elles emploient dans la construction de leur édifice, comme elles y font entrer des brins de bois, des pailles, etc., ou leur servent en partie de provisions plus ou moins journalières, et pendant plus ou moins de temps, pour leurs propres besoins ou ceux de leurs petits encore renfermés dans leur habitation. Aussi n'est-il pas dit dans les Livres saints, comme on le suppose quelquefois assez gratuitement, qu'elles fassent des *magasins,* ni qu'elles s'approvisionnent *pour l'hiver,*

XLII. — Les abeilles : structure de leurs gâteaux.

De toutes les sociétés formées par les insectes, il n'en est point de plus intéressantes que celles des abeilles. L'aspect d'une ruche est un des plus agréables spectacles que puisse se procurer l'amateur de la nature. Il y règne une certaine grandeur qui étonne : on ne se lasse pas de contempler ce laboratoire où des milliers d'ouvrières s'occupent avec la plus constante activité. La surprise ne fait qu'augmenter, quand on voit l'ordre, la régularité de leurs travaux, et ces magasins si abondants pourvus de tout ce qui est nécessaire à la subsistance de la société pendant la rude saison de l'hiver. Mais ce qui est particulièrement digne de notre attention, c'est l'harmonie, on peut dire même le patriotisme de ce petit peuple, si bien fait pour exciter en nous le plus vif intérêt.

Le gouvernement des abeilles tient plus du monarchique que du républicain. Une seule mouche y dirige tout : et cette mouche est non-seulement la reine de son peuple, elle en est encore la mère, dans le sens le plus précis. Des trente à quarante mille mouches dont souvent une ruche est l'habitation, la reine est la seule qui engendre. C'est sans doute à cette prérogative qu'elle doit l'extrême affection de ses sujets. On la voit presque toujours environnée d'un cercle d'abeilles uniquement occupées à lui être utiles : les unes lui présentent du miel, les autres passent légèrement leur trompe sur son corps, afin d'en détacher tout ce qui pourrait la salir, et lorsqu'elle se met en marche, tout ce qui se trouve sur son passage se range pour lui faire place.

Chaque essaim d'abeilles n'a qu'une reine. Les mâles, nommés *faux-bourdons*, sont assez souvent au nombre de quatre à cinq cents; celui des *neutres* va quelquefois à quarante mille et plus. Ces derniers, qu'on peut regarder comme les Ilotes de la petite Sparte, sont chargés de tous les travaux : la reine et les faux-bourdons ne s'occupent que du soin de donner des citoyens à l'Etat.

L'architecture des abeilles est on ne peut plus admirable dans l'ordonnance des gâteaux. Les cellules ou alvéoles qui les composent, et qui en occupent les deux faces, sont appuyées les unes contre les autres par leurs fonds, qui sont formés de trois petites pièces en losanges égales et semblables. Par leur figure pyramidale, les fonds des cellules des deux faces opposées du gâteau s'ajustent de manière à ne laisser aucun vide entre eux. La forme hexagone des cellules leur permet également de s'appliquer immédiatement les unes contre les autres sans laisser entre elles aucun intervalle; l'axe des cellules est parallèle à l'horizon, et le gâteau lui est perpendiculaire : position déterminée par des circonstances particulières, et dont dépend la conservation des petits. Dans la disposition, la forme et les proportions de ces alvéoles, se trouve résolu, par un mécanisme naturel, un des plus beaux et des plus difficiles problèmes de la géométrie : *Faire tenir dans le plus petit espace le plus grand nombre de cellules et les plus grandes, avec le moins de matière possible.* Une observation très curieuse est que les abeilles varient, selon le besoin, l'inclinaison et la courbure de leurs rayons.

Au reste, quiconque a vu les abeilles travailler à la construction de leurs gâteaux ou observé avec quelque attention des gâteaux commencés, sentira le vice de l'explication mécanique que divers naturalistes ont voulu donner de cette régularité de figures, en supposant qu'elle n'est que le résultat nécessaire de ce qu'un grand nombre d'abeilles travaillent dans un espace étroit : d'où il suit que la figure ronde qu'elles tendent à donner à leurs alvéoles devient hexagone par la pression que chacune éprouve de toutes parts. On voit, au contraire, que les pièces sont faites l'une après l'autre, et ont chacune, dès leur première construction, la figure régulière qui leur est propre, sans aucun indice d'une compression qui ne peut avoir lieu ni dans une ruche peu peuplée, ni sur les bords des gâteaux.

Comme les vers dont proviennent les trois sortes de mouches qui composent une ruche sont différents par leur taille, ils demandent à être élevés dans des cellules de capacités différentes. Aussi les ouvrières en construisent-elles de trois ordres. Celles qui sont destinées aux mâles et aux neutres sont toujours hexagones, mais dans un rapport de grandeur déterminé par la différence de la taille de ces deux espèces. Les cellules qui doivent contenir les reines sont des espèces de bouteilles dont le ventre assez renflé est tourné vers le haut, et qui pendent du bord inférieur du gâteau comme les stalactites de la voûte d'une caverne.

Elles sont si massives, que la matière employée à en construire une seule suffirait à la construction de cent à cent cinquante cellules ordinaires.

On peut distinguer deux sortes d'abeilles, les sauvages et les domestiques. Celles-ci construisent leurs rayons dans une espèce de panier qu'on appelle *ruche,* où les hommes les ont rassemblées. Les premières habitent le creux des arbres, ou d'autres cavités que le hasard leur fournit.

Examinons maintenant plus en détail les habitants de la petite cité que nous venons de décrire. Ce qui fixe tous les yeux, c'est la reine : la lenteur, on dirait presque la gravité de sa démarche, sa taille avantageuse, et surtout les espèces d'hommages qu'on lui rend, la font aisément reconnaître. C'est à elle seule que doivent leur existence toutes les nouvelles mouches qui naissent dans la ruche. Des œufs qu'elle pond dans les cellules, sortent des vers que les abeilles ouvrières nourrissent avec leur trompe. Ensuite, durant près de quinze jours, le ver reste en parfait repos dans sa cellule, qui a été fermée d'un petit couvercle de cire. Quand le moment est venu de sortir de cet état d'immobilité où on l'appelle *nymphe,* il ouvre son tombeau, et en sort sous la forme d'une jeune abeille.

La structure des membres des abeilles, si réguliers et si bien appropriés à leur genre de vie, comme nous le verrons bientôt; les soins qu'elles ont de leurs petits; l'art avec lequel leurs cellules sont construites; leur activité, leur industrie et leur intelligence, tout ici charme et intéresse.

XLIII. — Travaux et instruments des abeilles.

Dans les beaux jours de l'été, dans ces temps d'allégresse et de joie où tout est en mouvement dans le règne animal, il n'est point de créatures aussi actives pour notre avantage que les abeilles. Elles volent aux environs de leur ruche; elles se dispersent de tous côtés, et vont recueillir le miel et la cire parmi les étamines et les sucs des fleurs. Dès que l'hiver est passé, lors même qu'on pourrait craindre que le froid ne leur fût nuisible et que leurs membres délicats ne fussent encore engourdis, on les voit en campagne. Quand les sucs des fleurs qui commencent à s'épanouir n'ont pas encore reçu du soleil une coction suffisante pour fournir le miel en abondance, les abeilles ne laissent pas d'en ramasser en petite quantité pour leur subsistance. Mais leurs soins redoublent sensiblement pendant le printemps et l'été. Jamais elles ne sont oisives dans ces deux saisons : elles font tout ce qu'elles peuvent, et ne dédaignent pas les petits profits, pour peu qu'ils servent à grossir leurs provisions. J'aperçois une de ces infatigables ouvrières, toute couverte d'une poussière jaune, les cuisses pendantes et à demi accablée de son fardeau, prendre sa volée dans les airs, traverser des plaines, des rivières et de sombres bocages, sous des rumbs de vent qui lui sont connus, et arriver en bourdonnant au tronc caverneux de quelque vieux chêne. Là une multitude de petits individus semblables à elle entrent et sortent, occupés des travaux les plus intéressants. Elle n'est qu'un membre de cette nombreuse république; et cette république n'est elle-même qu'une petite colonie de la nation immense des abeilles, éparse sur toute la terre, depuis la ligne jusqu'aux bords de la mer Glaciale.

La structure de ces insectes a un droit tout particulier à notre étude par les détails qu'elle nous présente. Les abeilles ont la tête munie de deux antennes, qui garantissent leurs yeux, les avertissent des dangers, et les précautionnent contre ce qui pourrait leur nuire. Sur les côtés de la tête sont placés deux yeux à réseau, et sur la portion la plus élevée trois petits yeux lisses sont disposés en triangle. Les abeilles ont deux dents, ou plutôt deux petites écailles tranchantes, qui jouent en s'ouvrant et se fermant de gauche à droite. Ces mêmes dents ou serres leur servent pour recueillir la cire, la pétrir, bâtir leurs alvéoles et jeter hors de la ruche ce qui les incommode. Au-dessous de ces dents on aperçoit une trompe, machine étonnante, et composée de plus de vingt parties. L'abeille la déplie et l'allonge à son gré : et c'est en léchant les fleurs avec cet instrument qu'elle fait passer le miel dans un de ses estomacs, car elle en a deux, qui sont comme deux réservoirs, l'un pour le miel, l'autre pour la cire. A l'œil simple, cette trompe paraît enveloppée de quatre espèces d'écailles qui lui servent d'étui, et qui forment ensemble un canal par lequel le miel est conduit. La trompe qui est dans ce canal est un corps musculeux qui, par ses mouvements vermiculaires, fait monter le miel dans le gosier. Lorsqu'on a séparé les dents, on observe, à l'orifice de la trompe, une ouverture qui est la bouche, et l'on remarque de plus un mamelon charnu qui est la langue.

Le corselet tient à la tête par un col très court : il porte quatre ailes au-dessus, et au-dessous six jambes, dont les deux dernières sont plus longues que les autres, et ont extérieurement dans leur milieu un enfoncement en forme de cuiller, bordé de poils un peu roides : c'est dans ces espèces de corbeilles que les mouches ramassent peu à peu les particules de cire brute qu'elles recueillent sur les fleurs. Les extrémités des six pattes se terminent en deux manières de crocs, avec lesquels les mouches s'attachent aux parois de la ruche, et les unes aux autres. Du milieu de ces deux crocs s'élèvent, à leurs quatre jambes postérieures, quatre brosses, dont l'usage est de ramasser la poussière des étamines attachée au poil de leur corps : ces brosses font pour cela l'effet des mains.

Le corps proprement dit, ou le ventre, est uni au corselet par une espèce de filet, et il est composé de six anneaux écailleux. On peut observer sur le corselet et sur les anneaux de petites ouvertures par où l'insecte respire; ce sont ses poumons, qu'on nomme *stigmates*, extrémités supérieures des canaux respiratoires, ou trachées, qui sont communs à tous les insectes.

L'intérieur du ventre contient les *intestins*, qui servent à la digestion de la nourriture; la *bouteille de miel*, qui renferme celui que les abeilles ont été recueillir, et dont une partie demeure pour les nourrir, tandis que l'autre est dégorgée et mise en réserve dans les cellules du magasin; enfin la *bouteille de venin*, placée à la racine de l'aiguillon, lequel est situé à l'extrémité du ventre. Ce dard, qu'on aperçoit à l'œil, est un petit tuyau creux, de matière de corne ou d'écaille, qui contient le véritable *aiguillon*, composé lui-même de deux tuyaux accolés qui jouent en même temps ou séparément, au gré de l'abeille. Leur extrémité est taillée en scie dont les dents sont tournées dans le sens d'un fer de flèche, qui entre aisément, et ne peut sortir sans faire de terribles déchirures, et sans un effort qui souvent devient fatal à l'insecte qui a dardé cet aiguillon.

Dans les mâles ou faux-bourdons, les dents sont beaucoup plus petites que celles des abeilles ouvrières : aussi ne leur sont-elles point d'usage, comme à celles-ci, pour la récolte de la cire. Leur trompe est plus courte, ce qui fait qu'ils ont beaucoup de peine à puiser le miel dans les glandes des fleurs, où il est caché à une grande profondeur : ils ne s'en servent que pour sucer celui qui leur est nécessaire pour vivre, et ils n'en font point de récolte. Ils n'ont point de cuiller à leurs pattes, leurs brosses ne sont point propres aux mêmes usages que celles des abeilles.

Les reines, comme les *faux-bourdons*, n'ont point aux jambes postérieures de cuiller pour recevoir la récolte de la matière à cire : elles n'ont point de brosses à l'extrémité des pattes; leurs ailes sont très courtes, ce qui est cause que la mère-abeille vole plus difficilement que les abeilles ordinaires : aussi lui arrive-t-il peu de fois dans sa vie de faire usage de ces instruments si nécessaires aux abeilles ouvrières.

On a pu observer, dans la description des trois espèces d'abeilles que contient une même ruche, un rapport admirable et toujours constant entre la structure des parties de chacun de ces insectes et leur destination. Voyons maintenant l'usage qu'elles savent en faire.

Après avoir puisé le miel dans les petites glandes situées au fond du calice des fleurs, et qui renferment ce doux nectar, les abeilles vont, ainsi que nous l'avons dit, le dégorger dans les cellules où elles le mettent en dépôt, avec la précaution de les boucher d'un léger couvercle de cire, parce que le miel, étant très fluide, pourrait s'écouler. Une abeille vient-elle ajouter quelque chose, elle perce la mince pellicule, y dégorge son tribut, raccommode l'ouverture pratiquée, et se retire. Mais il est des cellules qui restent ouvertes pour les besoins journaliers de la petite société.

C'est aussi sur les fleurs que les ouvrières vont recueillir les poussières des étamines, ou la cire brute. On voit l'industrieuse abeille se plonger dans l'intérieur de celles qui abondent le plus en poussières. Les petits poils dont son corps est garni s'en chargent : elle les en détache ensuite à l'aide des brosses dont ses jambes sont pourvues; elle les rassemble et en forme de petites pelotes, que les jambes de la seconde paire vont placer dans la cavité qui se trouve à chaque jambe de la troisième. Si les poussières, n'ayant point acquis leur parfaite maturité, sont renfermées encore dans les sommets des étamines, l'ouvrière est obligée d'ouvrir ces capsules; et elle le fait avec ses dents. Enfin, chargée de ce précieux butin, elle retourne à la ruche, et va le déposer dans le magasin, qui demeure ouvert. Mais l'abeille ne se contente pas de se décharger de son fardeau : elle étend les deux pelotes, les pétrit, et y distille un peu de liqueur sucrée. Si la peine qu'elle a prise à faire la récolte l'a trop fatiguée, une autre abeille s'acquitte de cette fonction. Les poussières recueillies sur les fleurs ne sont pas encore la cire que les abeilles mettent en œuvre avec tant d'industrie : cette matière demande à être préparée ou digérée dans un des deux estomacs dont nous venons de parler. C'est là qu'elle devient la véritable cire. Les mouches la dégorgent par la bouche sous la forme d'une bouillie, ou pâte blanche qui se fige promptement à l'air, et dont elles construisent ces alvéoles, ou cellules, dont nous avons admiré la figure. La cire, tant qu'elle est ductile, se prête facilement à toutes les formes que l'abeille veut lui donner : elle est pour elle ce que l'argile est pour le potier.

L'activité de ces petites créatures est admirable sans doute : elle peut exciter notre émulation et nous servir de modèle. Doués d'une âme d'un prix inestimable et d'une durée sans fin, avec quelle application devons-nous travailler à la rendre heureuse, et à éviter tout ce qui pourrait la conduire à sa perte! Le fruit de nos travaux ne s'étend pas à un petit nombre de jours ou d'années : une éternité tout entière doit être notre récompense. Le miel que l'abeille rassemble est pour l'homme, et non pour elle; et nous, en nous attachant à la sagesse, nous travaillons pour nous-mêmes, et recueillons des fruits abondants pour l'immortalité. Acquittons-nous donc avec zèle des devoirs de notre vocation : remplissons la tâche qui nous est imposée.

XLIV. — Réflexions sur les insectes.

Nulle part l'immensité des ouvrages du Créateur ne se montre avec plus d'éclat que dans l'innombrable multiplicité de tant de petits animaux, dont nous venons de présenter les espèces principales! On connaît au moins quatre-vingt mille sortes de plantes; et dans ce grand nombre, ainsi que dans celles qui nous sont inconnues, il n'en est peut-être point qui n'ait ses insectes particuliers. Telle plante, tel arbre, comme le chêne, suffit à en élever plusieurs centaines d'espèces différentes. Combien y en a-t-il cependant qui ne vivent pas sur les plantes! combien qui dévorent les autres, qui se nourrissent aux dépens des plus grands animaux, qu'elles sucent continuellement, ou qui sucent d'autres insectes! Combien enfin dont les unes demeurent la plus grande partie de leur vie dans l'eau, et dont les autres l'y passent tout entière!

Mais, ce qui est bien plus intéressant encore, quelle sagesse ne découvrons-nous pas dans tout ce qui concerne ces classes d'insectes, si diversifiées entre elles, dans les différentes formes qu'ils revêtent pendant la durée de leur existence, dans la manière dont ils se perpétuent, dans la sagacité et l'industrie dont la Providence les a doués pour leur conservation! Ces connaissances nous donnent lieu d'admirer l'auteur de tant de prodiges. Pourrions-nous rougir de mettre au nombre de nos amusements, et même de nos occupations, les observations et les recherches qui ont pour objet des ouvrages où l'Etre suprême s'est plu à renfermer tant de merveilles, qu'il a rendues plus intéressantes encore par les proportions et par la grande vériété qu'il a su y répandre?

En observant les différentes manières de vivre des insectes, comment ils se procurent les aliments convenables, leur prévoyance pour se défendre des injures de l'air, leurs soins pour multiplier et conserver leur postérité, le choix des endroits où ils déposent leurs œufs, afin qu'ils ne courent aucun risque, pour que les petits qui en écloront trouvent à leur portée une nourriture propre dès l'instant de leur naissance, le soin que d'autres ont de nourrir eux-mêmes leur progéniture, puis-je ne pas sentir redoubler mon amour pour le père commun des êtres, qui veille si universellement à leurs besoins, à leurs plaisirs? Quoi! je ne serais pas touché de cette tendresse maternelle avec laquelle les abeilles et certaines guêpes portent, plusieurs fois chaque jour, la becquée à leurs petits, comme le font les oiseaux! Je contemplerais sans le plus vif intérêt d'autres de ces petits animaux déposant leurs vers, ou larves, dans des cellules qu'ils construisent de terre, et les y renfermant avec la provision d'aliments qui leur est nécessaire jusqu'à leur accroissement parfait! Et quelle femme, quelque hideuse que soit d'ailleurs pour elle l'araignée, n'écoute pas du moins avec une sorte de sensibilité l'histoire de celle qui renferme ses œufs dans une petite boîte de soie qu'elle porte toujours avec elle! Peut-elle se représenter sans attendrissement les petits, lorsqu'ils sont nés, montant sur le corps de leur mère, s'y arrangeant les uns auprès des autres, et s'y tenant cramponnés lorsqu'elle court avec le plus de vitesse?

Des insectes naissent avec une peau tendre et délicate, que l'air dessécherait trop, et qui ne résisterait pas au frottement continuel qu'elle serait exposée à essuyer : la nature leur enseigne à se façonner de véritables habits. Les uns les font de laine, les autres de soie; ceux-ci de feuilles d'arbres, ceux-là d'autres matières. Il en est qui savent les allonger et les élargir au besoin; d'autres, quand ils leur sont devenus trop courts et trop étroits, ont l'art de s'en faire de nouveaux.

Par une sage attention de la Providence, et pour que les espèces ne se multiplient pas avec excès, il règne parmi les insectes, comme chez les autres animaux, des antipathies, des inimitiés : ils ont entre eux leurs ruses et leurs combats. Les plus gros font la guerre aux petits; les plus faibles deviennent la pâture des plus forts. Tous se mangent réciproquement, ou se détruisent d'une autre manière. Armés de pied en cap, ils sont en état d'attaquer et de se défendre : des dents en scie, un dard ou aiguillon; pinces, cuirasse, ailes, cornes, ressort dans les pattes : chacun sait où trouver son salut. Mais malheur à celui qui perd ses ailes et son aiguillon dans une bataille! car ces membres ne reviennent point, et l'insecte, s'affaiblissant continuellement, meurt bientôt.

On ne se lasse point d'admirer les manéges divers de ces petits animaux. L'un, pour en imposer à ses ennemis, a l'art, quand on le touche ou qu'on le poursuit, de jeter par l'anus, avec un bruit presque semblable à celui d'une arme à feu, une fumée qui paraît d'un bleu fort clair, et il peut tirer ainsi jusqu'à vingt coups de suite. Un autre, lorsqu'on veut le prendre, rend par l'anus et par la bouche une sorte de liqueur d'une odeur puante et fétide, et pince fortement les doigts qui veulent le saisir. Le *bousier* s'enfonce dans les fientes d'animaux, et sait former de ces matières une espèce de boule qui le dérobe à la recherche de ses ennemis. Ceux-ci, quand on les touche, replient leurs pieds et leurs antennes, les cachent, et restent comme immobiles jusqu'à ce qu'ils se croient hors de danger. En vain on les pique, on les déchire : une chaleur un peu forte les oblige seule de reprendre leur mouvement pour s'enfuir. Ceux-là choisissent nos maisons pour domicile, et se nichent dans les trous des murs, au voisinage des fours et des cheminées. Pour renfermer ses œufs, le *scarabée aquatique* sait filer une coque singulière, dont la forme est celle d'un sphéroïde aplati; les petits, quelque temps après qu'ils sont éclos, s'y pratiquent une ouverture et se précipitent dans l'eau; une espèce de corne un peu recourbée, longue d'environ vingt-cinq millimètres, large par sa racine et terminée en pointe, sert à retenir aux herbes aquatiques la coque à l'extrémité de laquelle elle est placée, lorsqu'un coup de vent ou quelque autre accident tend à la renverser. Les *gallinsectes*, dont le *kermès* est une espèce, vivent, tant qu'ils sont jeunes, sur les feuilles et les tiges des arbres. Au bout de quelque temps les femelles se fixent sur les branches de l'arbre, où les mâles, qui ont le privilége d'avoir des ailes, ne tardent pas à se rendre. Elles y deviennent parfaitement immobiles : enfin le corps se gonfle, la peau s'étend; elle se sèche, devient lisse, et ne sert plus que de coque, sous laquelle sont renfermés les œufs de l'insecte.

Deux sentiments très vifs se font remarquer dans les animaux, et surtout dans ceux qui nous occupent : l'un qui tend à propager leur espèce, et l'autre à la conserver. L'amour maternel se fait sentir lorsque l'insecte n'a encore que l'espoir d'être mère. Le seul sentiment d'une maternité prochaine l'agite, l'inquiète, lui fait prendre des mesures pour la conservation du précieux dépôt qui lui est confié. Quelle sagacité dans le discernement du genre de nourriture convenable aux petits, et pour la démêler à travers un million d'objets différents! Qu'un papillon, qui n'a vécu comme papillon que du suc des fleurs, sache que des œufs qu'il porte il en naîtra des vers ou des chenilles qui ne pourront vivre que sur telle plante, et qu'il choisisse sans se tromper celle qui leur est propre pour y déposer ses œufs, cette faculté, dans un chétif insecte, est sans doute admirable; mais comment certaines mouches ont-elles appris que la nourriture qui convient à leur petit ne se trouve que dans le cerveau d'un mouton, dans la gorge d'un cerf, dans l'intérieur d'une chenille, etc.? Comment les mères ont-elles la hardiesse de pénétrer dans des lieux si écartés et si bien défendus? Qui leur a donné la connaissance des chemins qu'il faut tenir pour y arriver; toute l'industrie, enfin, et toute l'audace nécessaire pour surmonter, même au hasard de leur vie, les obstacles qui s'opposent à leurs vues?

Qu'elle est admirable l'intelligence qui a créé ces petits animaux, et qu'elle est digne d'être étudiée dans la variété de leurs

caractères, de leurs mœurs, de tant de procédés industrieux!
Aucun de ces insectes n'a été oublié; tous sont également précieux à Celui qui leur a donné l'être. Soumis à l'invisible main
qui les dirige, tous remplissent fidèlement le but de leur existence. Mais la connaissent-ils cette main? Pas plus que les animaux des classes supérieures que nous allons considérer. Qui
donc lui paiera le tribut d'admiration et de reconnaissance qu'on
lui doit pour toutes ses œuvres? L'univers sera-t-il comblé de
bienfaits sans qu'aucun être sache les sentir et en témoigner sa
gratitude?

XLV. — Les poissons : leur structure.

Si un naturaliste ne connaissait d'animaux que ceux qui marchent sur la terre, qui respirent comme nous le faisons nous-
mêmes, et qu'on lui dît que dans l'eau il existe une espèce de
créatures formées de manière qu'elles peuvent se mouvoir dans
cet élément, s'y propager et y remplir toutes les fonctions animales avec facilité, et même avec plaisir, il traiterait peut-être
de visionnaire celui qui lui ferait un tel récit, et conclurait, de ce
qui arrive à nos corps lorsqu'on les plonge dans l'eau, qu'il est
absolument impossible de vivre dans ce fluide.

Le genre de vie des poissons, leur structure, leurs mouvements
et leur propagation offrent ces phénomènes tout-à-fait merveilleux, et nous fournissent de nouvelles preuves du pouvoir sans
bornes et de l'intelligence ineffable de l'Auteur de la nature. Pour
que ces animaux pussent exister dans l'élément que leur assigne
la Providence, il fallait que leur corps fût tout autrement organisé, relativement à ses parties essentielles, que celui des animaux terrestres; et c'est aussi ce que l'on trouve en examinant
la structure tant intérieure qu'extérieure des poissons.

Pourquoi l'auteur des êtres a-t-il donné à la plupart de ceux
de cette espèce un corps effilé, mince, aplati sur les côtés, et
toujours aiguisé par la tête, si ce n'est afin qu'ils pussent fendre
les eaux, et nager plus facilement? Pourquoi sont-ils couverts
d'écailles, si ce n'est afin que leur corps ne puisse être aisément

endommagé par la pression de l'eau? Pourquoi plusieurs poissons, et particulièrement ceux qui sont destitués d'écailles ou qui n'en ont que de fort molles, sont-ils enveloppés d'un enduit gras et huileux, si ce n'est afin de les préserver de la pourriture, et de les garantir contre le froid? Pourquoi au lieu d'os ont-ils des arêtes, si ce n'est afin que leur corps soit plus flexible et plus léger? Pourquoi, enfin, tous les poissons ont-ils les yeux enfoncés dans la tête, si ce n'est afin qu'ils soient moins exposés à les perdre, et que la lumière puisse s'y concentrer? Il est manifeste que, dans l'arrangement de toutes ces parties, le Créateur a eu égard au genre de vie et à la destination de ces animaux.

Ce n'est point à ces objets que se borne ce qu'il y a de merveilleux dans la structure des poissons. Les nageoires sont presque les seuls membres dont ils soient pourvus; mais elles leur suffisent pour exécuter tous leurs mouvements. Au moyen de la nageoire placée à la queue, ils se meuvent en avant; celle qui est sur le dos dirige les mouvements du corps; ils s'élèvent par la nageoire pectorale, et celle de dessous le ventre leur sert à se tenir en équilibre.

Un des organes dont les poissons aient le plus de besoin pour nager, c'est la vessie d'air qui est dans l'intérieur. Cet air, ou plutôt ce gaz, a une composition très variée, dans laquelle paraît dominer l'azote. On ne sait pas exactement de quelle manière le gaz s'introduit dans cette vessie : on croit y avoir observé un canal qui communique avec la bouche. Ce qu'on sait mieux, c'est que les poissons peuvent, au moyen de certains muscles, en chasser le gaz ou le comprimer à volonté, rendre ainsi leur corps plus ou moins pesant, et exécuter les mouvements divers qu'exigent leurs différents besoins. Dès que la vessie s'étend et qu'elle s'enfle, devenus plus légers, ils s'élèvent et peuvent nager vers la surface de l'eau. S'ils la resserrent, et que par conséquent ils compriment le gaz qu'elle renferme, le corps devient plus pesant que le volume d'eau qu'il occupe, et s'y enfonce. Aussi, quand on pique cette vessie avec une épingle, le poisson va tout de suite au fond, il n'a plus la faculté de se tenir à la

surface, et moins encore de s'y élever. Les poissons rampants
qui ne quittent point le fond de l'eau, tels que le turbot, la sole,
la raie, etc., sont privés de cet organe, qui, en effet, ne leur serait d'aucune utilité.

Chez les poissons comme chez les reptiles, la tête tient immédiatement au corps. La bouche, ordinairement garnie d'un ou de
plusieurs rangs de dents, est quelquefois placée sur le dos. Les
yeux, dans plusieurs espèces, ressemblent par leur structure,
quoique généralement plus enfoncés, aux yeux de l'homme et
des quadrupèdes; dans d'autres, elle se rapproche plus de celle
des oiseaux, mais aucun n'a de paupières.

Jusqu'à nos jours on avait regardé les poissons comme un peuple de sourds. Cependant on n'ignorait pas que les carpes, qui
s'apprivoisent très bien, accourent à la voix ou au son d'une
clochette pour recevoir leur pâture. Mais on n'apercevait rien, à
l'extérieur des poissons, qui annonçât l'organe de l'ouïe : ils
n'ont, en effet, ni l'oreille extérieure, ni les parties qui l'accompagnent immédiatement, le canal auditif et le tambour. Mais une
sorte de bourse élastique renferme un ou deux osselets qui communiquent leur ébranlement au nerf auditif, dont les ramifications tapissent l'intérieur de cette bourse.

L'organisation prend donc de grands accroissements chez les
poissons. La respiration, dans cette classe, ne se fait pas encore
par des poumons; elle s'exécute au moyen de *branchies,* organes
en forme de peignes, à travers lesquels l'eau vient passer et se
tamiser, en y laissant l'air dont elle est chargée : ils la rejettent
par les ouïes, ce qui forme leur expiration. La moelle épinière,
qui ressemble à celle des animaux des ordres supérieurs, est
aussi renfermée dans un tube osseux ou cartilagineux. Les côtes
ne sont proprement que des arêtes : elles s'attachent au tube
vertébral par une de leurs extrémités, et par l'autre, simplement
aux chairs. Ils ont aussi un véritable cœur; mais il n'a qu'un
ventricule et qu'une oreillette. Le sang qui sort de ce viscère, et
qui se porte dans les ouïes, ne retourne point au cœur, comme
dans les animaux terrestres, mais il est directement distribué à

toutes les parties du corps. Enfin l'on voit chez les poissons presque tous les autres viscères que l'on rencontre dans les animaux les plus parfaits : un diaphragme, un estomac, des intestins, un foie, une vésicule du fiel, une rate, des reins, etc., mais avec des particularités qui ne se présentent pas chez les animaux plus élevés dans l'échelle de l'organisation.

Que devons-nous admirer le plus, de la puissance et de la sagesse du souverain Etre, dans la production et dans la conservation d'un genre d'animaux si différents de tous les autres, ou de sa bonté, qui les créa pour notre usage? Quelle grandeur, en effet, et quelle intelligence brillent dans ce nombre infini d'animaux qui peuplent les mers! quelles preuves multipliées de cette active bienfaisance dont nous sommes sans cesse l'objet! De combien d'aliments ne serions-nous pas privés, si ces vastes plaines où il ne croît, pour notre usage, ni arbres ni fruits, n'étaient peuplées de créatures aussi fécondes, qui satisfont si abondamment à nos besoins!

XLVI. — Avantages que les hommes tirent des poissons; poissons de passage : les morues, les harengs.

Cet amas immense d'eaux salées qui couvre la plus grande partie de notre globe n'est point voué à la stérilité : il renferme une innombrable multitude d'êtres vivants. Mais ces animaux sont-ils de quelque utilité pour nous? Leur chair sera-t-elle propre à notre nourriture?

Ce n'est pas en vain que Dieu a établi l'homme maître des poissons comme des autres animaux; et ces barques de pêcheurs ne vont de tous les côtés recueillir les présents de la mer que pour nous rapporter des nourritures également variées et saines. C'est dans ces eaux, dont le goût est si désagréable et si âcre, que Dieu engraisse et perfectionne la chair de tant de poissons, préférables aux oiseaux les plus exquis. Ainsi, dans la nature comme dans la religion, Dieu, content de me montrer l'existence et la réalité des merveilles qu'il opère, exige souvent de

9

moi que j'avoue mon peu de lumières sur ce qu'il a fait et sur la manière dont il l'a fait.

Dans un élément où l'on ne sème ni ne recueille, quelle multitude d'habitants et quelle fécondité! Quelle délicatesse et tout à la fois quelle profusion dans cette libéralité! Que de poissons de toutes les formes, de goûts si variés, de tailles si différentes!

Reconnaissons avec attendrissement les soins de notre Père commun. La mer non-seulement nous comble de biens; elle nous fournit encore, par le sel qu'on tire de ses eaux, les moyens de conserver ces présents que Dieu nous fait, et d'en assurer le transport. Déjà, vers la haute mer, paraissent les vaisseaux qui nous rapportent ces grands poissons qu'on pêche, qu'on prépare de tant de manières, et qui alimentent tant de peuples divers. Les morues prennent naissance dans les mers du nord de l'Europe, et se répandent dans toutes celles qui ceignent les grands continents. Elles nagent par grandes troupes, et leurs marches n'offrent rien de bien constant. En général, celles d'Amérique abandonnent au printemps les profondeurs de l'Océan, où elles s'étaient retirées pendant l'hiver, pour s'approcher des bancs et des côtes, où les attirent les harengs et d'autres petits poissons dont elles sont friandes. Des légions innombrables accourent en été vers le grand banc de Terre-Neuve, et procurent à des milliers de pêcheurs de toutes les nations les pêches les plus abondantes. A la vue de cette étonnante moisson, nous aurions peine à comprendre comment la fécondité des morues peut suffire à la prodigieuse consommation qu'en font chaque jour les hommes et les animaux marins. Mais quand on sait qu'une seule morue peut donner environ dix millions d'œufs, on n'est plus frappé que de la magnificence de la nature dans la multiplication des êtres vivants, et de la tendre sollicitude du Dieu qui y préside.

La même prodigalité se remarque dans les harengs, dont la pêche sert à la nourriture des pauvres plus encore qu'à celle des riches. Une multitude de ces poissons vivent dans la mer Glaciale, près du pôle arctique; mais à un temps déterminé les

quittent ce séjour, et viennent en foule jusque près des côtes
d'Angleterre et de France. C'est au commencement de l'année
que le nombreux essaim des harengs part du Nord sur plusieurs
colonnes. La plus grande se partage en deux ailes, dont la plus
occidentale paraît dès le mois de mars sur les côtes de l'Islande,
aux environs desquelles ces poissons sont en telle quantité, qu'en
plongeant dans la mer la pelle qui sert à arroser les voiles on en
prend beaucoup à la fois. L'aile gauche tire vers le cap Nord,
descend le long des côtes de la Norwège, et entre par le détroit
de Sund dans la mer Baltique, et encore plus bas, dans le
Zuyderzée ; tandis qu'un détachement plus nombreux tourne du
côté de l'ouest pour se rendre vers les îles Orcades, où les
Hollandais vont l'attendre au mois de juin. Là se fait une nouvelle subdivision : la première partie, rangeant les côtes orientales d'Ecosse et d'Angleterre, entre dans la Manche par le pas
de Calais ; la seconde tourne les côtes occidentales de l'Ecosse ;
et, se partageant elle-même, une partie double l'Irlande, et l'autre entre dans la mer qui porte le nom de cette île, dont elle
gagne successivement les parties méridionales, puis l'extrémité
occidentale de l'Angleterre, et enfin les côtes de la province fran-
çaise de Bretagne, où, vers la mi-septembre, le hareng paraît
d'abord à l'embouchure de la Loire, puis dans la baie de Bourg-
Neuf. Là, ainsi que sur les côtes de Normandie, ces poissons
remplissent de leur frai toutes les baies et les embouchures, et
quittent enfin nos parages, peut-être pour retourner vers le Nord
et regagner leur patrie : du moins disparaissent-ils alors sans
qu'on sache ce qu'ils deviennent.

On ignore quelle peut être précisément la cause de l'émigra-
tion des harengs. Les uns pensent qu'ils fuient les baleines et les
autres grands poissons de la mer Glaciale : d'autres se figurent
que la prodigieuse multiplication des harengs est la raison qui
les oblige à ces longs voyages ; et que, se trouvant en trop grande
quantité sous les glaces du Nord, ils sont forcés de former différentes colonies pour laisser à ceux qui restent de quoi subsister.
Peut-être aussi un attrait particulier les porte-t-il vers les lieux

les plus favorables à l'entretien de leur espère. On a remarqué qu'il naît en été, le long de la Manche, une multitude innombrable de certains vers et de petits poissons, dont les harengs se nourrissent : c'est une manne qu'ils viennent recueillir exactement. Quand ils ont tout enlevé pendant l'été et l'automne, le long des parties septentrionales de l'Europe, ils descendent vers le midi, où une nouvelle pâture les appelle. Si ces nourritures manquent, les harengs vont en chercher ailleurs : le passage est plus prompt, et la pêche moins abondante.

Les poissons se trouvent aussi attirés sur nos rivages, d'abord par les insectes dont ils recueillent les dépouilles ; en second lieu par les plantes mêmes ; car la plupart de ces poissons ne s'empressent à frayer sur nos côtes que lorsque certaines espèces y sont en fleur ou en fructification. Si elles viennent à y être détruites, ils s'en éloignent. Denis, gouverneur du Canada, rapporte que les morues qui fréquentaient en foule les côtes de l'île de Miscou disparurent en 1669, parce que l'année précédente les forêts en avaient été consumées par un incendie. Il observe que la même cause avait produit le même effet en différents lieux. La fuite de ces poissons fut occasionnée par la destruction du végétal qui les attirait au rivage.

Je n'ai point d'expressions qui répondent à ma surprise et à ma reconnaissance, quand je considère la prodigieuse multitude des poissons destinés à la nourriture des hommes. Une seule femelle de harengs dépose au moins dix mille œufs près de nos côtes. Cette extrême fécondité ne peut laisser aucun doute sur ce qu'on dit de la pêche des Hollandais, qui prennent chaque année environ deux cents millions de harengs : manne précieuse qui alimente une infinité d'hommes, et augmente considérablement les revenus de leur république. Sans chercher même des exemples étrangers, la pêche qui se débarque dans le seul port de Dieppe forme, en moins de trois mois, un produit de deux à trois millions.

XLVII. — Les amphibies et les reptiles.

Ces animaux ont tous le sang presque froid, quelque chose de triste et de rebutant dans les traits et dans toute la figure, des couleurs sombres et désagréables, une odeur dégoûtante, et la voix rauque ; plusieurs même sont très venimeux. Des cartilages leur tiennent lieu d'os : ou leur peau est unie, ou elle est couverte d'écailles. La plupart se cachent et vivent dans des lieux sales et infects. Quelques-uns sont vivipares ; d'autres sont ovipares. Ceux-ci ne couvent pas leurs œufs : ils les abandonnent à la chaleur de l'air, à celle de l'eau, ou bien ils les déposent dans le fumier. Presque tous les animaux de cette espèce vivent de proie, et s'en emparent ou par force ou par ruse : ils peuvent d'ordinaire soutenir longtemps la faim ; et, en général, ils ont la vie très dure. Les uns marchent, les autres rampent, ce qui les divise en deux classes.

Dans la première se trouvent les amphibies qui ont des pieds. Les tortues, qui appartiennent à cette classe, sont couvertes d'une forte écaille, assez semblable à un bouclier. Celles qui vivent sur terre sont les plus petites : parmi celles de mer, il s'en trouve d'une si énorme grandeur, que certains peuples se servent de leurs écailles comme de barques pour naviguer près du continent.

On connaît diverses sortes de lézards : les uns ont la peau unie, d'autres sont couverts d'écailles ; il y en a d'ailés qu'on appelle *dragons* ; d'autres ne le sont point. Parmi ces derniers, on compte le crocodile, le caméléon, qui peut vivre six mois sans prendre aucune nourriture ; la salamandre, qui a la propriété d'être quelque temps dans le feu sans s'y consumer, parce que la viscosité froide et glaireuse qu'elle déjecte de toutes parts éteint les charbons. De tous ces animaux, le crocodile est le plus redoutable : cet amphibie, sorti d'un œuf qui n'est pas plus gros que ceux de l'oie, parvient à une grandeur si monstrueuse, que, quand sa crue est faite, il a au-delà de six mètres de longueur. Il est vorace, cruel et très rusé.

Les serpents forment la seconde classe des amphibies. Ils n'ont point de pieds, mais ils rampent par un mouvement sinueux et vermiculaire, au moyen des écailles et des anneaux dont leur corps est couvert : leurs vertèbres ont une structure particulière qui favorise ce mouvement. Plusieurs de ces serpents ont la propriété d'attirer les oiseaux ou les petits animaux dont ils veulent faire leur proie : saisis de frayeur à la vue du reptile, étourdis peut-être par ses exhalaisons venimeuses et par sa puanteur, ces oiseaux n'ont pas la force de fuir, et ils tombent dans la gueule béante de leur ennemi. Comme les mâchoires des serpents peuvent prendre une extension considérable, ils avalent quelquefois des animaux dont le volume est plus gros que celui de leur tête. Plusieurs, tels que la vipère, ont dans la gueule certaines dents, différentes des dents ordinaires, au moyen desquelles ils insinuent, dans les plaies qu'ils font, une humeur venimeuse qui sort d'une bourse placée à la racine de la dent : ce venin a la propriété de n'être nuisible que dans les plaies; pris intérieurement, il est sans danger.

Les serpents qui sont pourvus des armes dont nous venons de parler ne font que la dixième partie de l'espèce entière. Les autres ne sont point venimeux, quoiqu'ils s'élancent sur les hommes et sur les animaux avec autant de fureur que s'ils pouvaient leur nuire.

Le serpent à sonnettes, le plus dangereux de tous les serpents, a d'ordinaire trois à quatre pieds de longueur : il est de la grosseur de la cuisse d'un homme fait. Son odeur, forte et désagréable, semble lui avoir été donnée par la nature, ainsi que les sonnettes, afin que les hommes, avertis de son approche, pussent l'éviter. La sonnette, placée à l'extrémité de sa queue, est un assemblage d'anneaux creux, sonores, emboîtés l'un dans l'autre, et attachés à un muscle de la dernière vertèbre. On connaît, dit-on, l'âge de ce serpent par le nombre des grelots ou osselets de la sonnette.

Terminons cet article par quelques réflexions sur la dénomination d'*amphibies,* donnée aux animaux qui viennent de nous

occuper. Si, par ce mot, on entend un animal qui peut vivre dans
l'air et dans l'eau, à son gré, et aussi longtemps qu'il lui plaît,
il n'y a point d'amphibies, même parmi les animaux qui subissent une métamorphose, qui commencent par être aquatiques, et
qui ensuite deviennent terrestres, tels que les cousins et les demoiselles. Si l'on prend pour amphibies des animaux aquatiques
qui peuvent rester hors de l'eau pendant quelque temps, ou des
animaux terrestres qui peuvent demeurer quelques instants dans
l'eau, alors tous les animaux seront amphibies, l'homme lui-
même, puisqu'il peut plonger quelque temps dans cet élément
liquide. Les genres que comprend la classe des amphibies, dans
Linné, sont trop différents pour qu'on doive les réunir sous une
dénomination commune. Celle des quadrupèdes ovipares convient aux tortues, aux lézards, aux grenouilles, etc.; celle de
reptiles, aux serpents et aux vers rampants, les seuls animaux
qui rampent sur le ventre.

XLVIII. — Les oiseaux; leur structure extérieure.

Au-dessus du poisson volant viennent se ranger immédiatement les oiseaux qui font leur séjour ordinaire dans les eaux.
Ceux qui habitent également l'eau et la terre occupent l'échelon
supérieur, et font ainsi la communication entre les contrées
aquatiques et les contrées terrestres et aériennes.

Les oiseaux aquatiques n'habitent pas les eaux à la manière
des poissons : leur organisation diffère beaucoup de celle de ces
derniers; mais, comme eux, ils trouvent leur nourriture dans cet
élément. Nous nommons donc *oiseaux aquatiques* ces oiseaux
plongeurs qui, comme la macreuse, la grèbe et le plongeon, ne
quittent guère l'eau, et dont les pieds semblent plus faits pour
nager que pour marcher; et par le nom d'*oiseaux amphibies* nous
désignons ceux qui, comme le cygne, l'oie, le canard, se tiennent également et sur l'eau et dans l'air.

A ce nouveau séjour répond une nouvelle décoration. Les
écailles sont remplacées par des plumes, plus composées et plus
variées; un bec prend la place des dents; aux nageoires suc-

cèdent des ailes et des pieds ; des poumons intérieurs et d'une autre structure font disparaître les branchies ; le plus profond silence est banni, et, dans plusieurs espèces, remplacé par les chants les plus agréables.

Il est dans la nature des fins que la raison ne saurait méconnaître ; mais c'est surtout la structure des animaux qui nous présente les fins les plus frappantes. Un coup d'œil sur la forme lu corps et des nageoires des poissons a suffi pour nous faire sentir leur admirable appropriation à l'élément qu'ils habitent. Le corps et les ailes des oiseaux ne sont pas moins en rapport avec le fluide léger qu'ils fendent d'un vol si hardi, et où ils se soutiennent à des hauteurs si considérables.

Les muscles pectoraux de l'oiseau sont beaucoup plus forts que ceux de tout autre animal : le volume des ailes est considérable, et leur masse légère, proportionnellement au volume et au poids de l'animal. Le corps renferme deux grandes cavités pleines d'air qui diminuent sa pesanteur spécifique ; et les os qui en composent la charpente sont minces, creux, et, pour l'ordinaire, peu revêtus de chair.

Plus on étudie la structure de l'oiseau, plus on reconnaît que la nature l'a fait pour être l'habitant de l'air. Son corps est couvert de plumes affermies dans la peau, couchées les unes sur les autres dans un ordre régulier, et garnies d'un duvet mou et chaud. Les grandes plumes sont recouvertes par de plus petites en-dessus et en-dessous : chacune a un tuyau et des barbes. Le tuyau est creux par en bas, et c'est par son moyen que la plume reçoit sa nourriture : vers le haut, il est rempli d'une espèce de moelle. Les barbes sont une enfilade de petites lames minces et plates, serrées les unes contre les autres des deux côtés.

Au lieu des jambes de devant des quadrupèdes, les oiseaux ont deux ailes, composées de onze os. Dans la peau qui les recouvre sont implantées les plumes destinées au vol. Ces plumes, renversées en arrière, forment une espèce de voûte, fortifiée encore par deux rangs de plumes plus petites, qui recouvrent la racine des premières. Les ailes ne frappent pas en arrière comme les nagcoires des poissons, elles agissent perpendiculairement contre l'air inférieur, ce qui facilite extrêmement le vol de l'oiseau. Elles sont un peu creuses, afin de pouvoir saisir plus d'air, et cependant elles sont si serrées, que cet élément ne peut les traverser.

Entre les ailes, le corps est suspendu dans un équilibre parfait, et de la manière la plus commode pour exécuter ses divers mouvements. La tête est plus petite, afin que par sa pesanteur elle ne retarde pas la vibration des ailes, et qu'elle puisse être propre à fendre l'air et à se faire un chemin à travers cet élément Le principal usage de la queue est de maintenir l'équilibre du vol, et d'aider l'oiseau à monter ou à descendre dans l'air.

Les jambes, toujours au nombre de deux, sont ordinairement situées de manière que la verticale de gravité passe toujours par l'appui des pieds. Quelques oiseaux les ont plus en arrière, et ne peuvent s'en servir que pour nager. Les jambes sont composées de la cuisse, de la jambe proprement dite, et des doigts. Les cuisses sont couvertes de muscles, presque toujours aussi de plumes; les jambes en sont ordinairement dégarnies, elles sont effilées, et leur maigreur est très remarquable. La plupart des oiseaux ont quatre doigts, trois par devant, un par derrière. Les ongles qui les terminent leur servent à se percher, à saisir leur nourriture ou à retenir leur proie.

Il faudrait fermer volontairement les yeux pour méconnaître ici les traces d'une sagesse et d'une providence infinies. Le corps des oiseaux est disposé dans toutes ses parties avec un art et une harmonie qu'on ne se lasse point d'admirer. Il se trouve parfaitement assorti à leur manière de vivre, à leurs différents besoins. La cigogne et le héron, qui doivent principalement chercher leur nourriture dans les marais, ont un bec très long, et sont **fort haut** montés, afin qu'ils puissent courir dans l'eau sans se mouiller, et atteindre leur proie bien avant. Nés pour vivre de rapines, le vautour et l'aigle sont pourvus de grandes ailes, de fortes serres et de becs tranchants. Dans les hirondelles, le bec est mince et pointu, la bouche large et fendue jusqu'aux yeux : d'un côté.

pour ne pas manquer les insectes qu'elles rencontrent dans leur vol ; de l'autre, afin de pouvoir les percer plus facilement. La trachée-artère du cygne a un réservoir particulier, d'où il tire assez d'air afin de respirer lorsque sa tête et son cou sont plongés au fond de l'eau pour y chercher sa nourriture. Plusieurs petits oiseaux qui voltigent et sautillent dans des broussailles touffues ont sur les yeux une pellicule qui les garantit des accidents. En un mot, la structure de chaque oiseau est, comme nous venons de le dire, appropriée à son genre de vie et à ses besoins divers : chaque espèce est parfaite en son genre, aucun membre n'est superflu, inutile ou difforme ; tous, au contraire, concourent à l'ornement et à la beauté ; car on ne peut nier que les oiseaux ne doivent être mis au nombre des plus belles créatures. Quelle étonnante diversité de proportions, de couleurs et de chant, depuis le corbeau jusqu'à l'hirondelle, depuis la perdrix jusqu'au vautour, depuis le roitelet jusqu'à l'autruche, depuis le hibou jusqu'au paon, depuis la corneille enfin jusqu'au rossignol ! Tous ces oiseaux sont beaux et réguliers dans leurs espèces ; mais chacun a sa beauté, sa régularité propre et particulière.

C'est ainsi que la vue des oiseaux devient utile et même édifiante pour l'homme qui s'habitue à remonter vers le Dieu qui les a créés. Heureux si nous faisions un pareil usage de ces aimables créatures ! Quelle agréable occupation, quels plaisirs purs et célestes ne nous procurerait pas alors leur vive et brillante république.

XLIX. — Structure intérieure des oiseaux.

L'économie animale des oiseaux les rapproche beaucoup plus de l'homme que celle de tous les êtres dont nous avons jusqu'ici parcouru les espèces. La forme extérieure de ces aimables volatiles nous a déjà intéressés : leur constitution intérieure va nous les rendre plus intéressants encore. Remarquons d'abord qu'ils possèdent presque tous les organes des sens dont l'homme lui-même est doué ; mais chez eux la vue paraît être le sens le plus

subtil. L'oiseau de proie voit, dit-on, vingt fois plus loin que
l'homme ou le quadrupède. Le milan, qui s'élève à plus de quatre mille mètres, découvre du haut des airs le lézard ou le mulot
qui rampent sur la terre, et dont il ne dédaigne pas de faire sa
pâture. Les yeux sont proportionnellement plus grands chez les
oiseaux, et ils offrent des parties qui semblent leur être propres :
telle est cette espèce de paupière intérieure, transparente et très
mobile, destinée à nettoyer la cornée, et à modérer l'excès de la
lumière ; telle est encore cette membrane particulière placée au
fond de l'œil, et qui, fournie par un épanouissement du nerf op-
tique, accroît d'une manière si merveilleuse la sensibilité de l'organe. Doué de cette vue exquise, l'oiseau des régions supérieures
de l'atmosphère découvre une immense étendue, et, la rapidité
de son vol lui donnant la facilité de se transporter en peu de
temps d'un climat dans un autre, la perspective pour lui change
sans cesse, augmente proportionnellement le nombre des images
qui se tracent dans le cerveau, et conséquemment celui des perceptions que les yeux lui transmettent.

Après la vue, l'ouïe est le sens le plus parfait chez les oiseaux.
Ils forment un peuple de musiciens, et leur voix, si étonnamment
diversifiée dans les différentes espèces, et si agréablement dans
un grand nombre, indique assez que l'organe de l'ouïe y est
très perfectionné. On peut l'inférer aussi de la facilité et de la
précision avec lesquelles certains oiseaux apprennent et répètent
différents airs, ou même s'élèvent jusqu'à imiter la parole. Fait
pour être habitant de l'air, et pour rendre des sons plus ou moins
forts, plus ou moins variés, l'oiseau a des poumons plus amples
que ceux des quadrupèdes, et garnis de plusieurs appendices,
qui sont autant de réservoirs d'air. La trachée-artère a aussi plus
de consistance et d'étendue, et sa conformation offre des particularités qui sont propres à l'oiseau.

L'odorat, qui joue un si grand rôle chez beaucoup de quadrupèdes, tels que le chien et le renard, n'est qu'en sous-ordre dans
la plupart des oiseaux : il en est même qui n'ont point de
narines, et qui ne reçoivent l'impression des odeurs que par l'in-

térieur de la bouche. On remarque aussi que les nerfs olfactifs sont en général assez petits dans cette classe d'animaux.

Le goût paraît encore plus dégradé que l'odorat dans un grand nombre d'oiseaux, surtout chez ceux qui se nourrissent de grains : leur langue, presque cartilagineuse, semble douée de peu de sensibilité. Ces oiseaux avalent sans mâcher, et l'on croirait presque qu'ils ne savourent rien. Mais chez les oiseaux de proie, dont la langue est molle et flexible, le goût sans doute est moins obtus.

Le toucher est peut-être moins grossier dans l'oiseau que les deux derniers sens; car il fait un assez grand usage de ses doigts, et la peau qui les recouvre n'est pas partout calleuse.

Parmi les oiseaux, les uns ont l'estomac charnu et musculeux, les autres l'ont purement membraneux, en forme de poche, et plus ample que celui des premiers. Chez d'autres, ce viscère se compose de plusieurs parties, dont l'une, appelée *jabot*, n'est qu'un renflement de l'œsophage, destiné à amollir les aliments; après cette cavité vient l'*estomac succenturier*, qui continue en augmentant ce ramollissement; puis le *gésier*, estomac principal, de nature compacte et musculeuse, capable, dans plusieurs espèces, de broyer les corps les plus durs. On s'est assuré, par de belles expériences, que les estomacs de cette classe émoussent, cassent et brisent les aiguilles d'acier, et les lancettes profondément enfoncées par la tête dans de petites boules de plomb, que l'on y fait descendre. Les boules elles-mêmes en reçoivent des empreintes plus ou moins profondes. Le grenat, cette pierre si dure, n'est pas à l'abri de l'action mécanique du gésier, qui, à la longue, en émousse les angles : et, ce qu'on aura peine à croire, tout cela est opéré par cet organe sans que les tuniques en reçoivent la moindre excoriation.

Des effets prodigieux de la puissance musculaire des gésiers on aurait tort de conclure que la digestion s'y opère principalement par la trituration. D'autres expériences ont appris qu'ici, comme ailleurs, cette opération dépend principalement des sucs dissolvants que fournit l'estomac, et que son action mécanique, qui répond à celle des dents, est simplement préparatoire, et n'a pour but que de diviser les aliments, afin de les rendre plus pénétrables aux sucs qui en opèrent la vraie digestion. Ainsi cette énorme puissance dont sont doués ces estomacs, et qui équivaut au moins à un poids de deux cent dix-neuf kilogrammes, n'est point un véritable agent de la digestion.

Après cela il est inutile de dire comment se fait la digestion dans les estomacs membraneux, et dans ceux qu'on appelle mitoyens : on voit assez qu'elle doit dépendre presque en entier des sucs dissolvants que sécrètent ces estomacs.

Chez l'oiseau granivore, l'intestin nommé *cœcum* est double, comme l'estomac : il n'y a pas le même appareil dans l'oiseau carnivore. Ses intestins sont bien moins étendus que ceux du premier ; il n'a ni ce double *cœcum*, ni cette espèce de meule destinée à triturer, et dont, en effet, il n'avait aucun besoin, eu égard aux aliments dont il se nourrit. Son estomac est purement membraneux ; mais il est pourvu d'organes sécrétoires particuliers, qui filtrent avec abondance un suc très dissolvant.

Je passe sous silence les autres viscères de l'oiseau : je ne dis rien de son cœur, à deux ventricules, de ses vaisseaux, de son cerveau, divisé en deux lobes, et des nerfs qu'il distribue aux organes des sens ; de la moelle épinière et des nerfs qui en partent ; des reins, très allongés, et formés de plusieurs lobes : ce que nous avons dit suffit pour faire juger de la perfection organique qui brille dans cet ordre, déjà si relevé, d'êtres vivants.

L. — Soins des oiseaux pour leurs petits.

Les soins que les oiseaux se donnent pour leurs petits pourraient-ils laisser froid et insensible l'homme qui les contemple dans cette douce occupation ! Chez la plupart de ces aimables créatures, l'union du mâle et de la femelle semble être une sorte d'alliance contractée pour la procréation et l'éducation des petits. L'amour, dans les oiseaux, paraît prendre une teinte morale qui l'ennoblit, et nous retrace de touchantes images. Appelés à travailler en commun au petit édifice qui logera la postérité

près de naître, le mâle et la femelle, déjà unis par les doux liens
d'une sympathie naturelle, s'attachent d'autant plus fortement
l'un à l'autre, qu'ils ont été mis dans une obligation plus étroite
de remplir les devoirs de la société conjugale, et de s'entr'aider
dans un travail pour lequel la nature a su les intéresser tous
deux également.

Non-seulement le mâle aide la femelle à construire le nid ;
assez souvent encore il partage avec elle les soins de l'incuba-
tion. C'est ici qu'on ne peut s'empêcher d'admirer l'impression
puissante d'une raison supérieure sur ces innocentes créatures.
Un animal si agile, si inquiet, si volage, oublie en ce moment
son naturel, pour se fixer sur ses œufs pendant un temps assez
long. La mère se gêne, renonce à tout plaisir, et demeure presque vingt jours de suite collée sur sa couvée, avec une affection
si grande qu'elle en oublie le manger. Le père, de son côté, partage et adoucit le travail : il apporte de la nourriture à sa fidèle
compagne, il réitère ses voyages sans se rebuter, il lui met dans
le bec l'aliment tout préparé, il accompagne ses services des
manières les plus polies. S'il interrompt ses soins auprès d'elle,
c'est pour la réjouir par son chant ; et il met tant de feu, tant
d'enjouement et tant de grâces dans les allées et les venues qu'il
fait pour son service, que l'on ne sait ce qu'on doit admirer le
plus, ou de l'assiduité pénible de la petite mère, ou de l'inquiétude officieuse du mari.

Un tendre attachement entretient leur union ; et, dans cet heureux couple, la naissance des petits en resserre de plus en plus
les liens. De nouveaux soins appellent alors le père et la mère,
qui, toujours fidèles à la voix de la nature, s'y livrent tous les
deux avec un égal empressement. Ce même concert que l'on
admire dans la construction du nid, nous le retrouvons dans
l'éducation de la famille. Occupés sans relâche de cet important
ouvrage, ils ne cessent de se prêter des secours mutuels. Leurs
peines, leurs sollicitudes, leur vigilance redoublent avec leurs
plaisirs ; et l'on croit voir dans leur aimable société la peinture
exacte du ménage le plus honnête et le mieux réglé.

J'entre dans un bosquet, où une volière rassemble quelques petits oiseaux. J'écoute un moment leur ramage confus. Mais bientôt l'accent tendre et plaintif d'un innocent linot attire toute mon attention. Je m'aperçois que sa linotte couve près de moi : elle semble écouter avec complaisance le chant de son jeune époux, et me regarde avec des yeux brillants et doux, sans paraître effrayée de ma présence. J'essaie de présenter quelques graines à cette gentille mère : mais, poussant un petit cri, expression de sa vive inquiétude, le linot bat des ailes, et saute successivement d'une branche à l'autre, à mesure que ma main approche de tout ce qui lui est cher. La linotte, dans une attitude qui décèle une sorte de crainte, élève doucement la tête au-dessus de son nid, en sort enfin, et va se poser près de son époux, me suppliant, ainsi que lui, par mille tendres gémissements, de respecter les gages de leur union. A peine me suis-je éloigné, que le linot recommence à battre des ailes, et engage sa compagne à se rasseoir sur ses œufs. Me regardant alors avec un air de reconnaissance, elle appelle amicalement son époux, qui, tout aussi apprivoisé qu'elle, vient partager la nourriture que ma main libérale a répandue autour d'eux. Ils badinent ensemble, se disputent en folâtrant quelques grains, et finissent par me gazouiller l'un et l'autre, à pleine gorge, leurs sincères et vifs remercîments.

Que ne m'est-il possible de vous transporter dans les bocages qui servent d'asile à cette multitude d'oiseaux, dont les ramages variés ajoutent tant d'agréments aux charmes de la campagne ! Quelle sensation délicieuse vous éprouveriez en y entrant; et qu'il est doux de se livrer à cette contemplation ravissante ! Des époux inséparables, le zèle des soins domestiques, la tendresse paternelle et maternelle !... Ah ! c'est dans l'agréable printemps qu'il faut voler aux champs couronnés de feuillages, pour livrer ses yeux au plus charmant spectacle, et abandonner son cœur aux plus doux sentiments de la nature ! Ce sont là des plaisirs qu'il nous appartient à tous de connaître. Eh ! quel est l'homme a qui l'affection paternelle puisse être étrangère !

Tous les oiseaux ne naissent pas architectes; tous ne s'enten-
dent pas à construire des nids. Les uns, tels que le hibou et la
chouette noire, suppléent à leur ignorance en profitant de ceux
qui ont été construits par d'autres oiseaux. Le coucou fait plus :
non-seulement il va pondre son œuf dans un nid qu'il n'a pas
fait, il abandonne le soin de sa progéniture à des nourrices étrangères, qui en ont autant de soins que de leurs propres nourrissons. Les oiseaux de basse-cour sont aussi au nombre des oiseaux
qui, à proprement parler, ne construisent pas de nids. Depuis
que de l'état d'indépendance ils ont passé, pour ainsi dire, dans
l'état civil, pour lequel d'ailleurs ils étaient faits, ils ont perdu,
de leurs facultés primitives, ce qui semble n'être plus nécessaire
à leurs besoins; mais ce changement d'état ne leur a rien ôté de
leur affection pour leurs petits, qu'ils font éclore dans les nids
que leur a préparés la main de l'homme.

Que de soins ne se donnent pas les pères et les mères, chez les
oiseaux, pour pourvoir leurs tendres enfants des nourritures qui
leur conviennent! Les pigeons ramollissent le grain dans leur
gésier, avant de le dégorger dans le bec de leurs petits. Une
multitude d'oiseaux vont à la chasse des vers et des moucherons :
ils en remplissent leur bec, et reviennent distribuer cette manne
à leurs nourrissons. Quelle vigilance sur tout ce qui pourrait leur
nuire! quel courage à les défendre! Aussi a-t-on dit agréablement qu'une poule, à la tête de ses poussins, est une espèce
d'héroïne qui affronte les plus grands dangers. Le loriot défend
ses petits contre l'homme même, avec une intrépidité qu'on ne
supposerait pas dans un si faible oiseau. Plus d'une fois on a vu
le père et la mère s'élancer sur ceux qui voulaient enlever leurs
petits : on a vu la mère, enlevée avec le nid, continuer, dans la
captivité, à échauffer ses œufs, et mourir sur sa couvée. Avec
quelle activité les cigognes ne vont-elles pas chercher la pâture
assignée à leurs chers nourrissons! Jamais les deux époux ne
s'éloignent ensemble de l'habitation de leur famille; et tandis
que l'un est à la quête, l'autre se tient aux environs du nid, et
ne le perd pas de vue. Quand les petits commencent à s'essayer

dans les airs, ces tendres parents les portent sur leurs ailes : ils
les exercent peu à peu, et par degrés, à voler; ils les défendent
contre leurs ennemis ; et s'ils ne peuvent les sauver, ils ne refu-
sent pas de périr avec eux, plutôt que de les abandonner. Ils
leur continuent longtemps les soins de la paternité, et ne les
laissent à eux-mêmes que quand leur éducation est entièrement
achevée. L'aigle, au contraire, n'attend pas ce moment pour
chasser les siens : tous les tyrans de l'air en usent ainsi; et ce
procédé, qui semble opposé au vœu de la nature, cesse de le
paraître dès qu'on réfléchit sur le genre de vie des oiseaux
voraces. Appelés à vivre de rapine et de carnage, ils s'affame-
raient mutuellement, si plusieurs demeuraient rassemblés dans
la même enceinte.

LI. — Les oiseaux de proie et les oiseaux de nuit.

Les oiseaux, beaucoup plus nombreux en espèces que les quadrupèdes, et bien autrement industrieux que les poissons, offrent
aux yeux du contemplateur de la nature une vaste perspective.
Il faudrait des volumes pour parcourir les procédés propres à
chaque espèce, pour suivre les oiseaux de proie dans leurs chasses presque savantes, les oiseaux aquatiques dans leurs pêches
ingénieuses, les oiseaux domestiques dans leur petit ménage, les
oiseaux de nuit dans leurs retraites sombres, etc. Bornons-nous
à quelques traits propres à donner une idée des mœurs, des inclinations et des procédés de ces nombreux habitants de l'air.

L'aigle, qui domine sur les oiseaux, comme le lion sur les quadrupèdes, soutient avec ce noble animal des rapports physiques
et moraux qu'on se plaît à contempler. Tous deux règnent en
monarques : l'un, sur les hautes montagnes et dans les régions
les plus élevées de l'atmosphère; l'autre, dans les déserts
brûlants ou dans l'épaisseur des forêts. Tous deux se plaisent
dans ces lieux solitaires et inaccessibles où l'antique et vénérable
nature ne se montre que par ses faces les plus agrestes. Appelés
à vivre de proie et de carnage, ils ne souffrent point qu'aucun
autre animal de leur espèce ose s'introduire dans leur domaine :

et l'amour seul force le mâle et la femelle à se réunir. Fiers et magnifiques autant qu'intrépides et courageux, ils dédaignent de faibles ennemis, et répugnent à s'en venger. Tous deux enfin ne veulent que du butin qu'ils ont eux-mêmes conquis, de proies que celles qu'ils ont immolées à leur appétit toujours renaissant : ils ne les dévorent pas même en entier; ils en abandonnent le reste aux autres animaux, et ne touchent jamais aux cadavres.

Chez l'aigle, les liens qui se sont formés entre le mâle et la femelle continuent de les réunir pour l'éducation de la famille. Le couple courageux fait une guerre perpétuelle aux grands oiseaux et à divers quadrupèdes : ils fondent sur eux avec impétuosité, les saisissent avec leurs fortes serres, et d'un vol hardi les transportent dans leur haute retraite. Là, dans l'enfoncement d'un rocher, est un nid spacieux formé de deux perches de deux mètres de longueur, fixées par leurs extrémités, et croisées par des branches souples, sur lesquelles reposent plusieurs lits d'herbes et de bruyères. Cette aire, qui n'a d'autre recouvrement que les avances du rocher, est si solidement construite, qu'elle suffit à porter toute la famille et une grande quantité de provisions.

Aussi fier, aussi indépendant que l'aigle, mais bien inférieur à ce roi des airs en grandeur et en force, le faucon se plaît aussi dans les lieux agrestes et solitaires, et fait également son nid dans l'intérieur des rochers les plus élevés. Comme l'aigle, il se perd dans la nue, et son vol est si rapide, que son apparition est toujours subite et imprévue. Son courage, franc et mâle, lui interdit la ruse et les détours; il fond à plomb sur sa proie, et, en se relevant dans la même direction, il l'emporte dans les airs. Il fait la guerre au milan; mais, parce que celui-ci se défend en lâche, le faucon, généreux, le traite avec mépris, et ne daigne pas le tuer.

L'homme, dont la raison fait servir tous les êtres à ses besoins et à ses plaisirs, sait mettre à profit les nobles qualités du faucon. En les perfectionnant par une éducation bien entendue, il transforme en art l'instinct du fier oiseau, et soumet à des lois cet être indépendant qui semblait né pour n'obéir qu'à la nature.

Le cruel vautour, par la férocité de ses mœurs, est bien digne d'habiter la Barbarie, où la nature semble avoir réuni tous les monstres. Aussi lâche que l'aigle royal est noble et fier, le vautour, quoique bien armé et très vigoureux, n'ose attaquer les autres oiseaux qu'autant qu'ils lui sont inférieurs en force. Son défaut de courage met au moins des bornes à ses cruautés; et souvent il aime mieux se nourrir de cadavres infects que de livrer combat à des êtres vivants qui puissent lui disputer la victoire.

Au dernier rang des oiseaux de proie en paraît un qui n'est guère plus gros qu'une alouette, qui ose voler de pair avec ces tyrans de l'air, chasser dans leur domaine, et même les attaquer. C'est surtout dans la défense de ses petits que l'intrépidité de la pie-grièche se fait le plus admirer. Elle n'attend point, pour commencer le combat, que l'oiseau de rapine s'approche de son nid; pour peu qu'il paraisse vouloir s'en approcher, elle va au-devant, fond sur lui, le blesse cruellement, le contraint à prendre la fuite, et dans une lutte qu'on eût dû croire si inégale, il est assez rare que le petit oiseau cède à la force, ou qu'il se laisse emporter.

Les ténèbres paraissent, et font rentrer dans leurs demeures ces êtres fiers et courageux. Une autre espèce d'oiseaux, qui évitent la lumière comme leur ennemie, qui jamais ne veulent l'avoir pour témoin de leurs actions, et qui se cachent dans les antres les plus obscurs pendant qu'elle éclaire l'univers, attendent le retour de la nuit pour sortir de leurs prisons. Ils témoignent alors leur joie par des cris propres à inspirer la crainte et l'effroi. Leur figure a quelque chose de sauvage, de hideux, de taciturne, de sombre, et l'on croit voir dans leur physionomie la haine peinte contre l'homme et contre les animaux. Presque tous ont un bec crochu et des serres tranchantes, d'où la proie ne peut s'échapper. Ils se servent du temps du sommeil pour surprendre les petits oiseaux endormis, les rats, les mulots, etc., qu'ils avalent tout entiers, et dont ils rejettent ensuite les parties osseuses ou cornées, ainsi que la peau. Quelques-uns néanmoins plument adroitement les oiseaux avant de les avaler. Il en est qui, malgré leur grosseur, chassent avec légèreté et avec adresse. et c'est ce qu'on remarque en particulier dans le gros oiseau de nuit appelé le *grand-duc*, assez courageux et assez puissant pour attaquer les oiseaux de rapine, et leur enlever leur proie. Une lumière qui blesserait les yeux de la plupart des oiseaux de sa classe ne blesse pas les siens. Celle de la lune est agréable à tous, et c'est à sa clarté qu'ils font leurs meilleures chasses; car les oiseaux que l'on nomme *nocturnes* ne chassent pas dans les ténèbres les plus profondes, ils ont toujours besoin d'un certain degré de lumière pour diriger leur vol; mais, comme leur prunelle est susceptible d'une très grande dilatation, ils voient mieux à une lumière très faible que les autres oiseaux.

Après n'avoir veillé que pour le malheur public, ils se retirent enfin, avant le lever du soleil, dans leurs cavernes inaccessibles à la clarté du jour. Ordinairement ils préfèrent les anciens châteaux et les vieilles masures à toutes les autres retraites, comme si la désolation et les ruines étaient capables d'inspirer quelques sentiments de joie à ces funestes oiseaux, qui ne nous représentent que trop fidèlement ces esprits remplis de ténèbres que la lumière de la vérité met en fuite, qui se placent dans tout ce qui l'obscurcit, et ne se nourrissent en quelque sorte que des égarements et du malheur de leurs semblables.

J'entends une voix lugubre : des cris plaintifs troublent le silence d'une paisible nuit : c'est l'effraie sinistre, qui vole dans le bois épais, et fuit la société des autres oiseaux. Les parterres et les prés fleuris n'ont aucun charme pour elle : des ruines désertes, des murailles couvertes de lierre, sont les demeures qui lui plaisent. La douce clarté du matin réveille la joie dans les autres animaux; mais elle ne cause aucun plaisir à cette sombre solitaire : la face riante du jour la consterne, les scènes agréables de la nature la jettent dans le trouble et l'inquiétude.

LII. — Les oiseaux aquatiques.

Tandis que les oiseaux de proie se jouent dans les nues, et qu'ils exercent leur brigandage dans les airs, les oiseaux aquatiques voltigent sur les eaux, et font la guerre aux poissons. Les uns fendent les eaux et s'y enfoncent; d'autres ne font que les raser par un vol rapide. L'élément mobile est pour tous un domicile assuré : tranquilles au milieu des orages, ils s'y rassemblent en grandes troupes, luttent contre les vents, badinent avec les vagues, et n'ont point à redouter les naufrages.

Ces oiseaux, dont les espèces sont très nombreuses, ne quittent la mer que pour aller pondre sur le rivage. Ils y retournent souvent pour fournir la nourriture à leurs petits, qu'ils y conduisent dès qu'ils ont pris un certain accroissement, et auxquels ils enseignent par leur exemple le double art de nager et de voler. Navigateurs-nés, ils ont un corps et des membres merveilleusement appropriés à l'élément qu'ils doivent habiter de préférence; et l'on croirait que c'est sur ce modèle offert par la nature que les hommes ont conçu l'heureuse idée de leurs navires. Le corps de l'oiseau aquatique est bombé comme la carène d'un vaisseau : le col, qui s'élève sur une poitrine éminente, en représente assez la proue; sa queue, courte et rassemblée en pinceau, semble être un gouvernail; ses pieds palmés sont de vraies rames; enfin le duvet fin, épais et verni d'huile, qui revêt tout le corps, est une sorte de goudron naturel qui le défend contre l'impression de l'eau.

En général, les eaux sont pour les oiseaux aquatiques un séjour de repos et de plaisir : ils y exercent toutes leurs facultés, avec plus d'aisance encore que les oiseaux de l'air n'exercent les leurs dans cet élément léger. Voyez ces cygnes nager avec mollesse, ou cingler avec majesté sur l'onde. Ils y jouent, s'y ébattent, y plongent, et reparaissent avec des mouvements agréables, de douces ondulations : aussi le cygne est-il l'emblème de cette grâce naïve, premier trait qui nous flatte, même avant ceux de la beauté.

La vie de l'oiseau aquatique est plus paisible et moins pénible que celle de la plupart des autres oiseaux : l'élément qu'il habite lui offre à chaque instant sa subsistance, il la rencontre plus qu'il ne la cherche, et cette vie moins agitée lui donne en même temps des mœurs plus innocentes et des habitudes plus pacifiques. Chaque espèce se rassemble par le sentiment d'un amour mutuel : nul de ces oiseaux n'attaque son semblable, et, dans cette grande et tranquille nation, vous ne verrez point le plus fort inquiéter le plus faible. Le peuple ailé des eaux, partout en paix avec lui-même, ne se souille point du sang de son espèce. Respectant même le genre entier des oiseaux, il se contente d'une chair moins noble, et n'emploie ordinairement sa force et ses armes que contre le genre abject des reptiles et le genre muet des poissons.

Parmi les oiseaux qui vivent de pêche, il en est de plongeurs, qui savent surprendre leur proie sous l'eau, d'autres la saisissent brusquement à la surface, ou lorsqu'elle bondit en l'air : souvent même ils n'ont qu'à la recevoir dans leur bec, parce que le flot complaisant la leur apporte. Tous sont très voraces, et il en est dont l'appétit est si véhément, qu'ils se jettent sur tout ce qu'ils rencontrent : les oies et les canards de nos basses-cours nous en fournissent des exemples. Quelquefois, néanmoins, la pêche est funeste à l'oiseau pêcheur, et il est avalé lui-même par le poisson : car il faut bien que les animaux qui détruisent soient détruits à leur tour.

D'autres oiseaux, au corps élancé, au long cou, monté en quelque sorte sur des échasses, et dont les pieds sont entièrement dépourvus de membranes, ne sont pas faits pour nager dans les eaux ; mais cette structure est admirable pour marcher dans les marais et dans les eaux basses : aussi la Providence les a-t-elle placés sur les rivages, et, pour ainsi dire, sur les confins de la terre et des eaux. Ils vivent de poissons, de reptiles et d'insectes. Leur bec, pour l'ordinaire long et assez effilé, paraît façonné tout exprès pour fouiller dans le limon vaseux, et y chercher la pâture qui leur convient. N'oublions pas un petit procédé commun à divers oiseaux pêcheurs. Comme ils avalent le poisson sans le mâcher, s'il se présentait à contre-sens à l'ouverture du gosier, les ailerons et les nageoires s'opposeraient à la déglutition : quand donc l'oiseau en a saisi un par la queue ou par le ventre, il le jette en l'air, lui fait faire un demi-tour, qui le ramène la tête la première dans son bec, et presque jamais il ne manque son coup. Ce tour d'adresse se fait surtout admirer dans le cormoran, auquel la conformation singulière et très avantageuse de ses jambes et de ses pieds donne une merveilleuse facilité pour nager, et qui n'est pas moins bon plongeur que bon nageur. Cet oiseau est susceptible d'une sorte d'éducation, et on le dresse à la pêche comme le faucon au vol. Un anneau de fer placé au bas de son cou empêche que le poisson qu'il a saisi sous l'eau ne descende dans l'estomac, et le conserve pour la table du maître.

Le martin-pêcheur suit le cours des ruisseaux, se perche sur une branche qui s'incline sur l'eau, attend le moment du passage d'un petit poisson, fond sur la proie en se laissant tomber dans l'eau, en ressort la tenant à son bec, et la porte sur le terrain voisin, contre lequel il la bat avant de l'avaler. S'il ne trouve pas de branche pour se percher, posé sur quelque pierre du rivage, au moment où il découvre un petit poisson, il bondit de quatre à cinq mètres de hauteur, et se laisse retomber sur sa proie. Ainsi la divine Providence a pourvu chaque espèce d'êtres des facultés et des instruments proportionnés à la nature de leur travail et de leur manière de vivre.

LIII. — Les oiseaux doués du chant; le rossignol.

Notre climat possède des espèces d'oiseaux dont le vêtement est fait pour attirer les regards. Le canard sauvage, le martin-pêcheur, le chardonneret, le faisan, et beaucoup d'autres sont très élégamment habillés; et l'on se plaît à considérer le goût de leurs différentes parures. Le coq n'a pas été moins bien partagé en ce genre : il est d'ailleurs l'emblème du guerrier, dont il réunit le courage et le port. Tous nos oiseaux ont des grâces qui leur sont propres : mais qu'on voie paraître le paon, tous les yeux vont se réunir sur lui. L'air de sa tête, la légèreté de sa taille, les couleurs de son plumage, les yeux et les nuances de sa queue, l'or et l'azur dont il brille de toutes parts, cette roue qu'il promène avec pompe, sa contenance pleine de dignité, l'attention même avec laquelle il étale ses avantages aux yeux d'une compagnie que la curiosité amène, tout en est singulier, ravissant : cet oiseau est seul un spectacle.

Cependant, avec cette multitude d'agréments, on peut ennuyer et déplaire; et c'est ce qui arrive au paon : il entretient mal son monde; il ne sait ni causer ni chanter. Son langage n'est rien moins qu'agréable. Au lieu qu'avec des manières plus modestes et plus simples, le serin, la linotte, la fauvette, vont vivre avec nous vingt ans entiers sans nous ennuyer un instant.

De tous les oiseaux, il n'en est point qui tiennent meilleure compagnie à l'homme que ceux qui ont reçu le don du chant et de la parole. L'auteur de la nature a jugé la mélodie si nécessaire à l'habitant privilégié de la terre, qu'il n'est point de site qui n'ait son oiseau chanteur. Le chardonneret se plaît dans les dunes sablonneuses, l'alouette dans les champs, le rossignol dans les bocages, le long des ruisseaux; le bouvreuil, dont le chant est si doux, dans l'épine blanche; la grive, la fauvette, le verdier, tous les oiseaux qui chantent, ont leur poste favori; et il est très remarquable que partout ils ont l'instinct de se rapprocher de l'habitation de l'homme. S'il y a une cabane dans une forêt, tous les oiseaux chantants du voisinage viennent s'établir aux environs, on n'en trouve même qu'auprès des lieux habités. La nature n'a donné aucun chant agréable aux oiseaux de mer et de rivière, parce qu'il eût été étouffé par le bruit des eaux, et que l'oreille humaine n'eût pu en jouir, à la distance où ils vivent de la terre. Les oiseaux aquatiques ont des cris perçants, qui sont propres à se faire entendre dans les régions des vents et des tempêtes qu'ils habitent, et qui ont des convenances parfaites avec leurs demeures bruyantes et leurs solitudes mélancoliques. Les mélodies des oiseaux de chant ont de pareilles relations avec

les sites qu'ils occupent, et même avec les distances où ils vivent
de nos habitations. L'alouette, qui fait son nid dans nos blés et
qui aime à s'élever à perte de vue, se fait entendre en l'air lors
même qu'on ne l'aperçoit plus; l'hirondelle, qui frise en volant
les parois de nos maisons, et qui repose sur nos cheminées, a un
petit gazouillement doux, qui n'est point étourdissant comme
serait celui des oiseaux des bocages. Mais le rossignol solitaire
se fait entendre à une très grande distance : il se méfie du
voisinage de l'homme; et cependant il se place toujours à la vue
de son habitation, et veut être entendu. Il choisit, pour cet effet,
les lieux les plus retentissants, afin que leurs échos donnent
plus d'action à sa voix. Après que les habitants de l'air ont flatté
nos oreilles pendant le jour en célébrant de concert ou tour à
tour l'auteur de leur existence, et en publiant les bienfaits de
Celui qui les nourrit, c'est une agréable nouveauté, sur le soir,
d'entendre la voix du rossignol animer les bocages, et continuer
ainsi bien avant dans la nuit. Rien ne l'excite tant que le silence
de la nature. Prêtez l'oreille à ses longues inflexions cadencées :
quelle richesse, quelle variété, quelle douceur, quel éclat!
D'abord il semble étudier et composer ses mélodieux accents : il
prélude doucement; puis les sons se pressent et se succèdent
avec la rapidité d'un torrent. Il va du sérieux au badin, d'un
chant simple au gazouillement le plus bizarre, des tremblements
et des roulements les plus légers à des soupirs languissants, qu'il
abandonne ensuite pour revenir à sa gaieté naturelle.

On est souvent tenté de connaître l'aimable musicien qui nous
amuse si obligeamment le matin et le soir. Aux sons éclatants
de sa voix on est tenté de lui accorder une grande taille : cependant c'est le gosier d'un très petit oiseau qui, sans étude et sans
maître, opère ces merveilles. Mais du moins sa figure ne sur-
passe-t-elle pas en beauté celle des autres oiseaux? En vain
chercheriez-vous ces avantages dans le rossignol : c'est un
oiseau de chétive apparence, dont la couleur, la forme et tout
l'extérieur n'ont rien d'attrayant, rien de majestueux : en un
mot, rien qui le distingue. Ainsi, chez l'homme, la laideur du

corps peut être associée à des qualités très estimables. Elle n'exclut point la beauté de l'âme; et c'est une injustice de ne s'attacher qu'aux traits du visage et aux qualités purement extérieures. L'homme qui, dénué des avantages de la figure ou de la fortune, manifeste par sa conduite l'âme d'un vrai sage, d'un saint, voilà celui qui est digne de toute notre estime. Ce sont ces perfections qui nous donnent un véritable prix : tout le reste n'est séduisant que pour quiconque ne sait apprécier ni la sagesse ni la vertu.

La savante mélodie que nous fait entendre le rossignol nous ramène au grand Etre, de qui lui viennent ses talents. Quelle sagesse dans la structure qui le rend capable de produire ces sons ravissants! Un viscère aussi délicat que le poumon de cet oiseau serait aisément blessé par les mouvements auxquels il est exposé, s'il n'avait le singulier avantage d'être attaché aux vertèbres du dos par une multitude de fibrilles. L'ouverture de la trachée-artère est très large; et c'est là sans doute ce qui contribue le plus à la diversité de ces sons qui, en charmant l'oreille, répandent dans l'âme la sérénité la plus pure.

Qui ne reconnaîtrait ici les marques d'une providence bienfaisante, et qui ne se sentirait excité par les chants du rossignol à glorifier l'auteur de la nature!

LIV. — Les oiseaux de passage; leurs migrations.

La plus grande partie des oiseaux qui pendant l'été trouvaient leurs demeures et leur nourriture dans nos campagnes, nos jardins et nos forêts, quittent en automne nos climats, qui ne fournissent plus à leurs besoins, et passent dans d'autres pays. Il n'en est qu'un petit nombre, tels que le loriot, le grimpereau, la corneille, le corbeau, le moineau, le roitelet, la perdrix et la grive, qui nous restent durant la saison rigoureuse : les autres s'absentent pour la plupart, ou nous abandonnent entièrement.

Quelques espèces, sans prendre leur essor fort haut, et sans partir de compagnie, tirent peu à peu vers le sud, pour aller chercher des grains et des fruits qu'elles aiment de préférence;

mais elles reviennent bientôt. D'autres, et ce sont les vrais
oiseaux de passage, se rassemblent en certaines saisons, partent
par troupes, et se rendent dans de nouveaux climats. Quelques-
uns se contentent de passer d'un pays dans un autre, où l'air et
la nourriture les attirent; il en est qui traversent les mers, et entreprennent des voyages d'une longueur surprenante.

Les oiseaux de passage les plus connus sont les cailles, les
canards sauvages, les pluviers, les bécasses, les hirondelles et
les grues, avec quelques autres oiseaux qui se nourrissent de
vers. Les cailles, au printemps, passent d'Afrique en Europe,
pour y jouir d'une chaleur modérée. En automne, elles profitent
du vent du nord pour quitter l'Europe; et dressant en l'air une
de leurs ailes, comme une voile, battant de l'autre comme une
rame, elles rasent les flots de la Méditerranée, et vont chercher
dans l'Egypte et dans la Barbarie une température douce, et
semblable à celle des climats qu'elles abandonnent. Elles se
réunissent par troupes, quelquefois comme des nuées, et assez
souvent elles tombent de lassitude sur les vaisseaux, où on les
prend sans peine.

C'est vers la fin de septembre ou au commencement d'octobre,
suivant la température de la saison, que les hirondelles quittent
nos contrées, pour passer dans les pays chauds. Elles se rassemblent alors en grandes troupes sur les cordons et les faîtes des
édifices, et font entendre sans cesse un cri de ralliement. Toutes
les familles de la même espèce se réunissent pour se préparer au
départ : la caravane s'accroît encore par la jonction d'hirondelles
d'espèces différentes, qu'un même instinct porte à se joindre aux
autres pour voyager de conserve. On a vu nos hirondelles d'Europe arriver au Sénégal dans la seconde semaine d'octobre : on
les rencontre même en mer. Mais elles ne nichent pas dans cette
contrée brûlante : elles en repartent vers la fin de mars, et reviennent habiter les lieux qu'elles avaient quittés l'automne
précédent. Un naturaliste s'en est assuré par une expérience fort
simple. Ayant attaché aux pieds de quelques hirondelles un fil
teint en détrempe, il revit, l'année suivante, ces mêmes oiseaux

avec le même fil, qui n'était point décoloré : ce qui prouve en
même temps qu'elles ne vont point se plonger dans les marais,
comme on l'a prétendu absurdement. Mais les hirondelles domestiques ne reviennent pas pondre dans le nid de l'année précédente; elles en construisent un nouveau au-dessus de l'ancien,
si le lieu le permet. On a vu jusqu'à quatre de ces nids, construits d'année en année, les uns au-dessus des autres, dans le
même canal de cheminée.

Les grives, les étourneaux, les cailles, les pinsons, les fauvet-
tes, etc., partent en automne, et c'est alors que les bécasses et
les bécassines arrivent dans nos contrées. L'étourneau cependant
n'est proprement oiseau de passage que dans les pays froids, tels
que la Suède. Dès que les étourneaux ne nichent plus, ils se rassemblent en grandes troupes. Leur manière de voler est singulière, et ne se trouve dans aucune autre espèce : on la dirait soumise à une sorte de tactique. Ils tourbillonnent sans cesse en
l'air; et tandis que leur instinct les entraîne vers le centre du
tourbillon, la rapidité de leur vol les emporte continuellement
au-delà. Ils circulent ainsi, et se croisent en tout sens, et la
sphère entière paraît tourner sur elle-même, sans suivre de
direction constante. Au reste, ce tournoiement n'est pas inutile
aux étourneaux : il écarte les oiseaux de proie, qui se trouveraient mal de s'engager dans l'épais tourbillon, où ils seraient
exposés à mille chocs divers.

Les canards sauvages vont aussi, aux approches de l'hiver,
chercher des climats plus doux. Tous s'assemblent à un certain
jour, et partent de compagnie. D'ordinaire ils s'arrangent sur
une longue colonne, comme un I, ou sur deux lignes réunies en
un point, comme un V renversé, un d'eux à la tête, suivi des autres dans les rangées, qui vont toujours en s'éloignant davantage. Le canard qui forme la pointe fend l'air; il facilite ainsi le
passage à ceux qui le suivent, et dont le bec est toujours posé
sur la queue de ceux qui le devancent. L'oiseau conducteur n'est
qu'un temps chargé de cette pénible tâche : il passe ensuite de la
pointe à la queue, pour se reposer, et il est relevé par un autre.

De longs triangles d'oies sauvages et de cygnes vont et viennent chaque année du midi au nord, ne s'arrêtent qu'aux limites brumeuses de l'hiver, passent sans s'étonner au-dessus des cités de l'Europe, et dédaignent leurs campagnes fécondes, sillonnées de blés verts au milieu des neiges.

Mais, de tous les oiseaux voyageurs, ceux qui exécutent les courses les plus longues et les plus hardies, ce sont les grues. Originaires des contrées septentrionales, les grues parcourent les régions tempérées et s'enfoncent dans celles du midi. Elles s'élèvent à une grande hauteur dans les airs, et s'y disposent en ordre de bataille. Leur phalange forme une espèce de triangle propre à diminuer la résistance que l'élément léger apporte à la rapidité de leur vol. Mais, si le vent devient impétueux, et qu'il menace de les rompre, elles se disposent en cercle, en se resserrant de plus en plus : elles en usent de même à la rencontre des grands oiseaux de proie dont elles ont à repousser les attaques. C'est, pour l'ordinaire, dans les ombres de la nuit qu'elles fendent les airs; et leur voix éclatante annonce au loin leur passage. On dirait qu'elles ont un chef qui dirige la marche, et qui les avertit fréquemment, par un cri, de la route qu'il tient : la troupe répète ce cri, comme pour faire entendre qu'elle suit et garde la direction qui lui est marquée. Pressentent-elles l'orage, elles abaissent leur vol, en se rapprochant de la terre. Quand elles s'y rassemblent pendant les ténèbres, elles ont soin d'établir une garde, qui veille tandis que la troupe dort, et qui l'avertit par un cri du danger qui la menace. Ces grands oiseaux émigrent dès les premiers froids de l'automne : on les voit alors passer du fond de l'Allemagne en Italie, et poursuivre leur marche vers le midi. Ils nichent dans les marais du nord. A peine l'éducation de la famille est-elle achevée, que le temps du départ arrive : les petits se mettent en route avec ceux dont ils tiennent le jour, et que déjà ils peuvent accompagner dans leurs longues traversées.

Les vrais oiseaux de passage émigrent périodiquement dans une certaine saison : mais il arrive quelquefois qu'on observe de nombreuses migrations d'espèces sédentaires, soit une des orages violents les chassent des lieux qu'elles habitent, soit qu'elles viennent à y manquer de subsistances. Ce sont là des migrations irrégulières, qui n'ont lieu que trois ou quatre fois dans un siècle, et dont le *bec-croisé* et le *casse-noix* fournissent des exemples.

Tous les oiseaux de passage ne se rassemblent point en troupes. Il en est qui font le voyage seuls; d'autres ne le font qu'avec leur propre famille; d'autres émigrent par petites compagnies. Ce sont les pères et les mères qui rassemblent les enfants, lorsque le temps du départ approche. Plusieurs familles se réunissent pour faire une même caravane, et se mettre par là en état de surmonter les résistances, et de s'opposer à leurs ennemis. Le trajet s'exécute en assez peu de temps. On estime que les oiseaux voyageurs peuvent facilement faire deux cents milles, en ne volant que six heures par jour, dans la supposition qu'ils se reposent par intervalles, et durant la nuit. Selon ce calcul, ils pourraient se rendre de nos climats jusque sous la ligne en sept à huit jours, et cette conjecture s'est vérifiée, puisque, sur les côtes du Sénégal, on a vu des hirondelles dès le 9 octobre, c'est-à-dire huit à neuf jours après leur départ de l'Europe.

LV. — Les quadrupèdes : soins qu'ils prennent de leurs petits.

L'organisation animale s'élève par degrés. Déjà les oiseaux nous l'ont fait voir très perfectionnée; mais, chez les quadrupèdes, cette perfection, portée à un point beaucoup plus considérable encore, s'élève, pour ainsi dire, jusqu'à celle de l'homme. Aussi ne nous arrêterons-nous point ici à considérer la structure extérieure et intérieure des quadrupèdes, la manière dont s'opèrent chez eux la nutrition, la circulation, etc. En traitant de plusieurs de ces objets dans les considérations sur l'homme, ils se trouveront en même temps expliqués pour ce qui concerne les quadrupèdes, et nous indiquerons alors quelques-unes des différences que peuvent occasionner, dans l'économie de ceux-ci, leurs manières d'être particulières. Passons donc, sur d'autres objets, à ce qui concerne plus spécialement cette espèce.

L'union que forment entre eux la plupart des quadrupèdes n'offre point ce tableau touchant et presque moral qui nous intéresse si fort chez les oiseaux. L'instinct qui lie tous les animaux, plus véhément, plus impétueux dans les premiers, règne en despote sur leurs affections : sans tendresse, sans attachement, sans constance, il n'est en eux que l'effervescence du moment. La mère demeure chargée seule du soin de nourrir et d'élever les petits, souvent même elle est obligée de se cacher pour les dérober aux recherches du mâle.

Si parmi les animaux la férocité fait place à la tendresse pour leurs petits, on ne sera point étonné de retrouver ce sentiment chez des êtres plus doux. Voyez ces souterrains si merveilleusement fabriqués par la taupe, cet industrieux habitant des campagnes, qu'on a cru faussement sans yeux parce qu'il en a de très petits, difficiles à reconnaître sous le poil qui les cache. C'est dans cette retraite qu'à l'abri des insultes des animaux carnassiers, loin du trouble et du bruit, la taupe élève sa nombreuse famille dans une tranquille obscurité qui assure son bonheur, comme elle l'assure presque toujours parmi nous.

Aussi vif, aussi léger, aussi industrieux que l'oiseau, le gentil écureuil sait, comme lui, construire un nid sur les arbres. Une seule ouverture étroite, ménagée vers le haut, donne entrée dans ce petit logement, dont la capacité et la solidité lui procurent une existence facile et sûre au sein de sa famille. Un petit toit, construit au-dessus de la porte, en forme de chapiteau conique, met l'intérieur à couvert de la pluie, et facilite l'écoulement de l'eau.

Créateur adorable de tout ce qui respire, comment n'être pas touché de la bonté avec laquelle vous veillez à la conservation et à la propagation de tant d'êtres, destinés pour la plupart aux besoins de l'homme, à son instruction, à ses plaisirs? Ouvrez mes yeux, Seigneur, pour que je reconnaisse de plus en plus la sagesse infinie qui brille dans vos ouvrages.

LVI. — Les animaux domestiques. Les troupeaux.

La réunion des animaux qui nous sont utiles, tels que les vaches, les chèvres et les brebis, cette réunion, dis-je, en grands troupeaux sous la conduite d'un berger et même sous la verge d'un enfant, est-elle le fruit de l'industrie des hommes? Oui, sans doute, aux yeux d'une philosophie insensée, pour qui la présence de Dieu est partout embarrassante. Pour l'homme qui fait de la raison un digne usage, cette réunion est l'ouvrage de Dieu, qui nous destinait à vivre en société. Qu'on aille dans les bois et dans les antres des forêts chercher ou les petits des loups, ou de jeunes lionceaux, ou même de petits faons de biches, et qu'on tente de les élever, de les partager ensuite en trois bandes selon leur espèce, et de les nourrir dans nos campagnes, comme on y nourrit les brebis et les chèvres, quel sera le résultat de cet essai? La réponse à cette question n'est pas difficile. Sans doute on peut donner aux animaux dont nous parlons ici quelque espèce d'éducation : ils s'apprivoisent un peu; mais toujours ils conservent leur naturel féroce, sauvage et traître. Jamais on ne pourrait les conserver longtemps à la maison, bien moins encore les conduire en troupeaux. Deux louveteaux élevés domestiquement paraissaient assez doux : un jour ils prennent querelle avec un chien, le mettent en pièces, étranglent trois chevaux et gagnent les bois.

Mais quand il serait possible d'apprivoiser les ours et les lions, jamais on ne parviendrait à leur faire labourer la terre, à leur faire porter des fardeaux. Supposons néanmoins qu'on en vînt à bout, se réduiraient-ils à l'herbe des champs pour toute nourriture? L'éducation ne change point la nature; et s'il fallait les traiter selon leurs inclinations, ils ruineraient leur maître au lieu de le soulager dans ses travaux.

Au contraire, la plupart des animaux domestiques dépensent peu et travaillent beaucoup. La maison de l'homme leur est plus chère que leur propre liberté. Ils sont pleins de force, et ne s'en servent que pour lui. Le premier ordre qu'il leur donne est suivi de la plus prompte obéissance, et quelle récompense attendent-ils de leurs services? De l'herbe, même la plus sèche, le moindre de tous les grains : les viandes les plus délicates sont pour eux sans attrait. Des inclinations si sobres et si avantageuses sont-elles dues à nos soins? Est-ce notre industrie qui les fait naître? Ah ! n'hésitons point à le dire : elles sont un des plus beaux présents que Dieu ait faits à l'homme.

La docilité n'est pas la seule qualité sociale dont soient doués les animaux domestiques : ils nous aiment naturellement; jamais ils ne s'éloignent de nous, et ils viennent d'eux-mêmes nous offrir leurs différents services. Au contraire, ceux qui ne sont pas destinés à partager nos peines se contentent de ne nous point faire de mal, à moins qu'ils n'y soient comme forcés, et se retirent dans le fond des déserts et des bois, par considération pour l'homme, à qui ils laissent la place libre.

Reconnaissons une Providence attentive dans les inclinations bienfaisantes des animaux domestiques. On ne peut se dissimuler que la vache, la chèvre et la brebis n'ont été mises auprès de nous que pour nous enrichir. Un peu d'herbe, ou la liberté d'aller dans la campagne ramasser ce qui nous est le plus inutile, voilà toute la faveur qu'elles attendent de nous ; et tous les soirs elles reviennent payer ce léger service par des ruisseaux de lait. La nuit n'est pas encore finie qu'elles gagnent, par un nouveau bienfait, la nourriture du jour qui suit. La vache seule fournit ce qui suffit au pauvre après le pain, et elle met sur la table du riche la diversité la plus délicieuse. Le lait est l'aliment de l'enfance; le beurre, l'assaisonnement de la plupart de nos mets; le fromage, la nourriture la plus ordinaire des habitants de la campagne. La chèvre se laisse téter aisément; elle est docile à la voix de l'homme. Sensible à ses caresses, elle le paie d'un attachement particulier, et dépose son caractère d'inconstance pour reconnaître ses bienfaits. On a vu des chèvres venir de quatre kilomètres et plus, pour allaiter les enfants de leur maître, se placer adroitement, et diriger, avec une prudence et une intelligence admirables, le bout de leur mamelle dans la bouche de ces tendres nourrissons.

Que de choses il y aurait à dire encore sur ces animaux si utiles! Les bêtes sauvages ne viennent dans nos habitations que pour nous piller; les animaux domestiques ne s'arrêtent auprès de nous que pour nous donner et pour nous servir. Si quelque chose nous rend moins sensibles les présents qu'ils nous font, c'est qu'ils les réitèrent tous les jours. La facilité de se les procurer semble les avilir à nos yeux, tandis que c'est réellement ce qui en augmente le prix. Faits pour vivre au milieu de nous, ces animaux, en mille endroits divers, selon qu'ils s'y plaisent davantage, et tout en s'y nourrissant, travaillent, en effet, pour nous. La vache pesante paît au fond des vallées; la brebis légère, sur les flancs des collines; la chèvre grimpante broute les arbrisseaux des rochers; le porc fouille les racines des marais; le canard mange les plantes fluviatiles; la poule, à l'œil attentif, ramasse les graines perdues dans les champs; le pigeon, aux ailes rapides, celles des forêts les plus écartées; et l'abeille économe, jusqu'aux poussières des fleurs. Il n'y a point de coin de terre dont ils ne puissent moissonner les plantes. Tous reviennent le soir à nos habitations avec des murmures, des bêlements et des cris de joie, en nous rapportant les doux tributs des plantes, changés, par une métamorphose inconcevable, en miel, en lait, en beurre, en œufs et en crème. Une libéralité si grande, et qui n'est jamais interrompue, mérite une reconnaissance toujours nouvelle.

LVII. — Les bêtes de charge.

Les bêtes de charge nous rendent tant de services, qu'il y aurait de l'ingratitude à ne pas nous en occuper. Nous nous bornons d'ordinaire à nous en servir, pour suppléer par leur force à notre faiblesse; et nous négligeons de les considérer dans leurs rapports avec toute la création, et de réfléchir sur la sagesse et la bonté qui se manifestent si visiblement dans la production de ces utiles compagnons de nos travaux.

De tous les animaux domestiques, le *cheval* est celui qui nous rend le plus de services, et qui nous les rend le plus volontiers. Il cultive nos terres, il transporte nos denrées, il se soumet avec docilité à toutes sortes de travaux, pour une nourriture médiocre et frugale; il partage avec nous les plaisirs de la chasse et les dangers de la guerre : c'est une créature qui renonce à son être, pour n'exister que par la volonté d'un autre; qui sait même la prévenir; qui par la promptitude et par la précision de ses mouvements, l'exprime et l'exécute; et qui, se livrant sans réserve à son maître, ne se refuse à rien, le sert de toutes ses forces, s'excède, et quelquefois meurt pour mieux lui obéir. La nature a donné au cheval un penchant à aimer et à craindre l'homme, et beaucoup de sensibilité aux caresses qui peuvent lui rendre sa domesticité agréable. De tous les animaux, il est celui qui, avec une grande taille, a le plus de proportion dans les parties de son corps. Tout en lui est élégant et régulier. Sa tête, si agréablement posée, lui donne un air vif et léger, relevé encore par la beauté de son encolure. Son maintien est noble, sa démarche est majestueuse : et tous ses membres semblent annoncer du feu, de la force, le courage et la fierté.

Le *bœuf* n'a point les grâces et l'élégance du cheval. Sa tête, qui nous paraît monstrueuse, ses jambes, qui nous semblent minces et courtes relativement à la grosseur du corps, la petitesse de ses oreilles, son air stupide et sa démarche lourde, le rendent presque difforme à nos yeux; mais il compense bien ces irrégularités apparentes par les services importants qu'il rend à l'homme. Il est assez fort pour traîner des lourds fardeaux, et il se contente d'une chétive nourriture. Tout est utile en lui : le sang, la peau, les ergots, la chair, la graisse et les cornes. Il n'y a pas jusqu'à son fumier dont on ne tire parti : c'est un excellent engrais pour fertiliser les terres et les mettre en état de nous fournir chaque année de nouveaux aliments. Cet animal partage aussi avec l'homme les travaux pénibles de la campagne : il défriche nos terres, prépare nos moissons, transporte nos grains. Sans lui, les pauvres et les riches auraient beaucoup de peine à vivre. Il est la base de l'opulence des États, qui ne peuvent fleurir que par la culture des terres et par l'abondance du bétail Une chose remarquable dans le bœuf, c'est la structure des organes de la digestion. Il a quatre estomacs, dont le premier peut contenir vingt à vingt-cinq kilogrammes de nourriture. Le troisième estomac, qui dans les brebis et dans les chèvres, où l'on rencontre aussi une organisation pareille, a trente-six plis ou sillons servant à la digestion, en a quatre-vingt-huit dans le bœuf.

Quelque peu avantageux que soit l'extérieur de l'*âne*, et quelque dédaigné qu'il soit, cet animal ne laisse pas d'avoir d'excellentes qualités, et de nous être très utile. Si l'on s'adresse à d'autres pour des services distingués, celui-ci fournit au moins les plus nécessaires. Il n'est pas ardent et impétueux comme le cheval : mais il est tranquille, simple et toujours égal. Chez lui, l'air noble est remplacé par une douce et modeste contenance ; il n'a aucune fierté, il va son chemin sans broncher, porte sa charge sans bruit et sans murmure. Sobre et sur la quantité et sur la qualité des mets, il se contente de chardons et des herbes les plus dures et les plus désagréables. Il est patient, vigoureux, et résiste à la fatigue ; il rend à son maître des services importants et continuels. Les occupations de l'âne se ressentent de l'obscurité des gens qui l'emploient, et il est un des plus utiles présents que Dieu ait faits à l'homme pauvre. Où en seraient réduits les vignerons, les jardiniers, et la plupart des habitants de la campagne, c'est-à-dire les deux tiers des humains, s'il leur fallait des chevaux pour le transport de leurs marchandises et des matières qu'ils emploient ? L'âne est sans cesse à leur secours ; il porte le fruit, les herbages, le charbon, le bois, la tuile, la chaux, la paille et le fumier : tout ce qu'il y a de plus abject est son partage. Quel avantage pour cette multitude d'ouvriers, et même pour tous les hommes, de trouver un animal doux, fort et infatigable, qui, sans orgueil et sans frais, remplisse nos villages et nos villes de toutes sortes de commodités !

Il n'est aucun objet de la création qui ne soit en rapport avec l'homme : comment se fait-il donc que, nous servant tous les jours de bêtes de charge, nous ne pensions pas à Celui qui les forma pour nous? Leur nombre, proportionné à nos besoins, est sans comparaison bien plus considérable que celui des bêtes sauvages; et ici je remarque encore une attention de la Providence. Si ces dernières multipliaient autant que les autres, la terre deviendrait bientôt un désert. C'est Dieu qui nous attribua l'empire de ses créatures : il nous donna la force ou l'adresse de les subjuguer, le droit de les faire servir à notre usage, de les contraindre à l'obéissance, et de les employer comme il nous convient : don précieux, qui démontre à l'homme l'excellence de sa nature. En effet, si le Créateur n'eût imprimé dans les animaux une crainte naturelle pour l'être destiné à les commander, il lui serait impossible de les dompter par la force. Mais Dieu nous les accorde pour compagnons de nos travaux, et non pour des esclaves : combien donc ne serions-nous pas injustes, si nous abusions de notre droit en les excédant de fatigues, ou en les maltraitant sans nécessité!

LVIII. — Les bêtes de somme des autres climats.

Les bienfaits du Créateur ne se bornent pas à une seule contrée : chaque partie du monde a des animaux qui lui sont particuliers, et c'est par des raisons très sages que Dieu les a placés dans un pays plutôt que dans un autre.

Entre les animaux des parties méridionales, le dromadaire et le chameau sont singulièrement remarquables. Ces deux noms ne désignent pas deux espèces différentes, mais seulement deux races distinctes, dont le principal, et pour ainsi dire l'unique caractère sensible, consiste en ce que le chameau porte deux bosses sur le dos, au lieu que le dromadaire n'en a qu'une. Ce dernier est aussi plus petit et moins fort; mais il est sans comparaison plus nombreux et plus généralement répandu, le chameau ne se trouvant guère que dans le Turkestan et dans quelques autres endroits du Levant. L'espèce entière, tant de l'un que de l'autre, semble être confinée dans une zone de douze à seize cents kilomètres de largeur, qui s'étend depuis la Mauritanie jusqu'à la Chine.

Le chameau paraît originaire de l'Arabie. Non-seulement c'est le pays où il existe en plus grand nombre, c'est aussi celui auquel il convient le mieux. L'Arabie est la contrée du globe la plus aride, et où l'eau est le plus rare : le chameau est le plus sobre des animaux, et peut passer plusieurs jours sans boire. Le terrain est presque partout sec et sablonneux; le chameau a le pied fait pour marcher dans les sables, et ne peut se soutenir dans les terrains humides et glissants. L'herbe et le pâturage manquent à cette terre : le bœuf y manque aussi, et le chameau le remplace. Aussi les Arabes regardent-ils cet animal comme un présent du Ciel, et sans le secours duquel ils ne pourraient ni subsister, ni commercer, ni voyager. Le lait des femelles fait leur nourriture ordinaire; ils en mangent la chair, surtout celle des jeunes : le poil de ces animaux, qui est fin et moelleux, sert à faire des cordes et des étoffes, dont ils se vêtent et se meublent.

Les vastes déserts de l'Afrique et de l'Asie seraient impraticables; ces espèces d'îles, séparées des pays habités par des sables brûlants et stériles, n'auraient jamais été connues sans le chameau. Là le transport des marchandises ne se fait que par le moyen de cet animal. Les marchands et autres passagers, pour éviter les pirateries des Arabes, se réunissent en caravanes, souvent très nombreuses. Chacun des chameaux est chargé selon sa force : il la sent si bien lui-même, que, quand on lui donne un fardeau trop pesant, il le refuse, et demeure constamment couché, jusqu'à ce qu'on l'allége. Ordinairement les grands portent cinq à six cents kilog.; les petits, trois cent cinquante à quatre cents. Comme leur route est souvent de deux cent quatre-vingts à trois cent vingt myriamètres, on règle leur mouvement et leur journée : ils ne vont que le pas, et font chaque jour quarante à quarante-huit kilomètres. Tous les soirs on leur ôte leur charge, et on les laisse paître en liberté. Si l'on est en pays vert, dans une bonne prairie, ils prennent, en moins d'une heure, tout ce

qu'il leur faut pour en vivre vingt-quatre, et pour ruminer pendant toute la nuit. A défaut de plantes et d'arbrisseaux, un peu
de foin et quelques poignées de noyaux de dattes, d'orge ou de
fèves, suffisent à la subsistance de chacun d'eux pour toute une
journée, et tant qu'ils trouvent à brouter la verdure, ils se passent très aisément de boire.

Cette facilité est un effet de leur conformation. Il y a dans le
chameau, indépendamment des quatre estomacs qui d'ordinaire
se trouvent dans les animaux ruminants, une cinquième poche,
d'une capacité assez vaste pour contenir une grande quantité
d'eau. Elle y séjourne sans se corrompre, et sans que les autres
aliments puissent s'y mêler. Lorsque l'animal est pressé par la
soif, et qu'il a besoin de délayer les nourritures sèches, et de les
macérer par la rumination, il fait remonter jusqu'à l'œsophage
une partie de cette eau, qui humecte le gosier, et descend dans
l'estomac. C'est ainsi qu'il peut se passer plusieurs jours de
boire, et qu'il prend en une seule fois une prodigieuse quantité
de ce liquide.

Si des pays méridionaux nous passons dans les contrées septentrionales, nous y verrons les mêmes soins de la Providence
pour l'homme qui les habite. Parmi les quadrupèdes de ces régions, se font remarquer l'élan et le renne. Le premier est grand,
fort, et d'une taille avantageuse : sa tête ressemble assez, par la
forme, la grandeur et la couleur, à celle du mulet. Ses jambes
sont grandes et fortes, son poil est d'un gris cendré. Il est simple, stupide et peureux. L'élan trouve partout sa nourriture :
cependant il préfère l'écorce ou les tendres rejetons des saules,
des bouleaux et des cormiers. Extrêmement agile, et doué de
jambes fort longues, il peut en très peu de temps faire beaucoup
de chemin; mais, comme le cerf, nulle part il n'a perdu sa
liberté.

Le renne, au contraire, est domestique chez les Lapons, qui
n'ont point d'autre bétail. Cet animal, d'une forme élégante et
agréable, ressemble beaucoup au cerf. Il cherche lui-même sa
nourriture, qui consiste en mousse, en feuilles et en bourgeons

d'arbres. Les peuples septentrionaux en retirent la plus grande
utilité. Ils l'attachent à un traîneau, et voyagent avec une
extrême vitesse sur la glace et sur la neige. Tous les biens des
Lapons consistent dans leurs rennes : ils en mangent la chair,
ils en boivent le lait, qui leur donne aussi du fromage; la peau
leur fournit des habits, des lits, des couvertures et des tentes :
en un mot, ils savent tirer de ces animaux toutes les commodités
de la vie.

On ne se trompe guère sur le pays naturel des animaux en les
jugeant par les rapports de convenance que nous venons de considérer. Leur vraie patrie est le pays avec lequel ils ont le plus
de relations, c'est-à-dire pour lequel leur nature semble être con-
formée, surtout lorsque cette nature ne se prête point à l'influence des autres climats. Mais à quelle cause, si ce n'est à une
Providence bienfaisante, pouvons-nous attribuer des rapports si
utiles aux hommes des diverses régions du globe?

LIX. — L'éléphant.

Au nombre des animaux domestiques et en même temps des
bêtes de charge, vient se ranger cette masse de chair énorme,
cette montagne ambulante qui fait trembler la terre sous ses pas,
et que l'œil du spectateur ne parcourt pas sans étonnement; en
un mot, l'éléphant. Ce colosse, dont les membres nous paraissent
si étrangement configurés, est l'animal peut-être le plus intelligent et le plus adroit. C'est sur les côtes orientales de l'Afrique
et dans les parties méridionales de l'Asie que se trouvent les plus
grands individus de ce genre : ils ont près de cinq mètres de
hauteur sur autant à peu près de longueur. Les éléphants de
cette taille consomment par jour jusqu'à soixante-quinze kilogrammes d'herbes. On présume que ceux qui demeurent en
liberté peuvent vivre plus de deux cents ans : mais réduits en
servitude, leur vie est beaucoup moins longue.

Le corps de l'éléphant est trop épais pour être souple. Son cou
est si court, qu'il ne fléchit que très peu. Sa tête est petite, sa
trompe très longue : il s'en sert comme d'une main pour porter la

nourriture à sa bouche, sans être obligé de se baisser. Non-seulement il peut la remuer, la tourner en tout sens pour exécuter tout ce que nous faisons avec les doigts, mais il s'en sert comme d'un organe de sentiment; et l'on peut dire de cet animal qu'il a la main dans le nez. Ses oreilles sont extrêmement longues; ses jambes, droites et massives comme de gros piliers, sont terminées par un pied si court, si petit, qu'il se distingue à peine Sa peau est dure, épaisse et calleuse.

Quoiqu'on doive s'attendre à rencontrer une force considérable dans le plus colossal des animaux terrestres, cependant elle nous étonne encore. Avec sa trompe il déracine les arbres, et de son corps il renverse des murs. Seul, il met en mouvement les plus grandes machines, et transporte des fardeaux que plusieurs chevaux remueraient à peine; une charge de quatre à cinq milliers n'est pas trop forte pour un grand éléphant; il porte une tour armée en guerre et chargée de nombreux combattants : enfin, de ses fortes défenses, il peut percer le plus terrible des animaux, celui que les plus puissants redoutent.

Cet être qui, au premier coup d'œil, ne paraît qu'un entassement énorme de matière, est singulièrement doué de sentiment, et ce sont ces qualités aimables qu'on se plaît surtout à considérer. Conservant la mémoire des bienfaits reçus, jamais il ne méconnaît son bienfaiteur : il lui marque sa reconnaissance par les signes les plus expressifs, et lui demeure toujours attaché. Domestique aussi docile que fidèle, et aussi intelligent que docile, il semble prévenir les désirs de son maître, deviner sa pensée et lui obéir par inspiration. Il ne se refuse à aucun genre de services, pas même aux plus pénibles : il poursuit sa tâche avec constance, sans se rebuter, et se croit toujours assez récompensé quand on lui témoigne, par quelques caresses, qu'on est satisfait de l'emploi de ses forces. Mais plus il est sensible aux bons traitements, plus il s'irrite des châtiments qu'il n'a point mérités : il garde un long souvenir des offenses, et ne perd point l'occasion de s'en venger. Cependant la colère, même dans ces instants, ne l'empêche pas toujours d'écouter la générosité. Un

éléphant venait de se venger de son conducteur en le tuant.
Témoin de ce spectacle, sa femme, hors d'elle-même, prend ses
deux enfants, et les jetant aux pieds de l'animal encore tout
furieux : « Puisque tu as tué mon mari, lui dit-elle, ôte-moi aussi
» la vie ainsi qu'à mes enfants. » L'éléphant s'arrêta tout court,
s'adoucit; et comme s'il eût été touché de regret, il prit avec sa
trompe le plus grand de ces enfants, le mit sur son cou, l'adopta
pour conducteur, et n'en voulut point souffrir d'autres.

Hors de ces cas, l'éléphant, doux par tempérament, n'emploie
sa force ou ses armes que pour se défendre lui-même, secourir
son maître, ou protéger ses semblables. Souple, complaisant et
caressant, il rend avec sa trompe caresses pour caresses, fléchit
le genou devant celui qui doit le monter, se soumet à sa direction, aide lui-même à se charger, se laisse vêtir et parer, et
semble même y prendre plaisir. Ses mœurs sociales, qui l'éloignent de la solitude et d'une vie errante, le portent à rechercher
la compagnie des animaux de son espèce, et à leur être utile. Le
plus vieux des éléphants, comme le plus expérimenté, est à la
tête de la troupe et la conduit : le plus âgé après lui ferme la
marche; les jeunes et les faibles sont au centre du bataillon; et
les mères qui allaitent encore portent leurs petits, qu'elles em-
brassent de leur trompe. Tel est l'ordre que ces prudents animaux
observent dans les marches périlleuses; mais quand ils n'ont
rien à redouter ils se relâchent beaucoup de leurs précautions :
ils se promènent dans les forêts, dans les champs, dans les
prairies, y pâturent à leur aise, sans toutefois s'écarter assez les
uns des autres pour se priver de leurs secours mutuels ou de
leurs avertissements.

Ce que nous avons dit sur quelques quadrupèdes étrangers
peut donner lieu à d'importantes réflexions. Quelle prodigieuse
distance entre l'éléphant et la mite! Quelle admirable diversité
dans la forme extérieure des animaux, dans leur figure; dans les
organes de la vie, du sens, du mouvement!

LX. — Le chat et le chien.

Les animaux que nous venons de contempler sont sans doute, pour nous, un des bienfaits les plus signalés de la Providence. Mais c'est loin de nous qu'ils nous rendent leurs services. Il est une autre espèce de domestiques, attachés à nos demeures, qu'ils ne quittent guère; dont les soins sont, pour ainsi dire, de tous les moments, et qui, par cette raison, méritent bien que nous ne les passions pas sous silence.

Cet animal si joli, si vif, si turbulent quand il est jeune; si patelin, si adroit si rusé quand il désire quelque chose; si fier, si libre dans la domesticité; si traître dans les vengeances; le chat, enfin, qui semble réunir tous les extrêmes, est d'une utilité très grande dans nos habitations des villes et des champs. La guerre continuelle qu'il fait pour son seul intérêt purge nos habitations d'ennemis importuns, dont les dégâts multipliés produisent à la longue de très grandes pertes. Les animaux auxquels le chat fait la guerre et qu'il détruit, souvent plus par le plaisir de nuire que par besoin, sont indistinctement tous les animaux faibles, et qui ne peuvent échapper ou à sa force ou à son adresse. Les oiseaux, les rats, les souris, etc., deviennent sa proie ou son jouet. Ce qu'il ne peut ravir de haute lutte, il le guette et l'épie avec une patience inconcevable. Tapi au bord d'un trou, rassemblé dans le moindre espace possible, les yeux fermés en apparence, mais assez ouverts pour distinguer sa proie, il affecte un sommeil perfide pour tromper l'animal dont il médite la mort. A peine celui-ci est-il hors de son trou, que le chat l'attaque et le saisit. S'il a sur lui un avantage considérable du côté de la force, il s'en amuse pendant quelque temps, pour insulter à son malheur. Le jeu commence-t-il à l'ennuyer, d'un coup de dent il le tue, souvent sans nécessité et lors même qu'il est le plus délicatement nourri. Le traitement le plus doux, les soins les plus marqués ne peuvent détruire en lui ce naturel indépendant et à demi sauvage: l'éducation même, perpétuée de race en race, ne l'a point altéré; et, seul de tous les animaux que l'homme a subjugués, le chat a conservé cette fierté et cet amour de la liberté qu'il avait au milieu des forêts. Dans l'enceinte même de nos murs, ce sont les greniers, les toits, les endroits déserts et retirés qui font son séjour ordinaire. Habite-t-il une maison des champs, la vue de la campagne ranime bientôt dans son cœur le goût de la chasse, l'amour de la guerre. Il part seul, quelquefois avec un compagnon de rapine, et porte de tous côtés le désordre et la désolation. Tantôt, grimpé sur un arbre, il enlève du nid de jeunes oiseaux; et, caché par quelques branchages, il attrape la mère, qui venait apporter de la nourriture à ses petits infortunés. Tantôt, pénétrant dans la retraite des lapins, il les poursuit jusqu'au fond de leurs terriers. Souvent il arrive que ses succès enflamment son courage, et lui rendent totalement son esprit d'indépendance. Alors il abandonne les habitations, vit au fond des bois; et la génération suivante reprend insensiblement tous les premiers caractères du chat sauvage.

La forme extérieure du chat est, en général, jolie et agréable : ses proportions sont bien prises, et sa physionomie surtout exprime un air de finesse. Mais entre-t-il en fureur, cette mine si douce, si fine, se change tout d'un coup. Sa bouche s'ouvre, ses yeux s'enflamment, ils étincellent; son poil se hérisse, toute sa physionomie n'offre plus qu'un air féroce et furieux : ses cris sont effrayants, ses mouvements rapides, ses griffes sortent de leurs gaînes; il est prêt à tout déchirer. Alors rien ne l'épouvante : un animal plus fort est loin de l'intimider. Il s'élance, se jette sur lui, le mord, ou le déchire d'un coup de griffe; et non moins leste que hardi, à peine a-t-il frappé qu'il s'échappe, et évite les atteintes de son ennemi.

Ce tableau du chat n'est pas flatteur sans doute. Son caractère à demi sauvage, indocile, voleur et traître, ne saurait fournir des couleurs agréables; mais la nécessité nous force d'avoir recours à cet animal, dont nous avons un besoin perpétuel, et nous devons lui pardonner ses défauts en faveur de ses services.

Bien opposé dans ses inclinations, le chien nous présente un ami dans lequel l'homme trouve sans cesse un compagnon

fidèle, un être adroit et industrieux, un défenseur courageux, et
prêt à chaque instant à sacrifier ses jours pour ceux de son
maître. Cet être, le plus parfait des animaux, puisqu'il réunit
une espèce d'esprit, beaucoup de mémoire, et, plus que tout cela,
du sentiment, semble devoir être à leur tête. Quoi de plus beau,
de plus régulier qu'un chien de belle race, et que la domesticité
n'a pas fait dégénérer! Ses qualités intérieures le distinguent
plus encore. Orgueilleux, fier envers les autres animaux; ennemi déclaré de quelques-uns, ou par nécessité, ou pour notre
plaisir; terrible même pour ceux qui le surpassent en force et en
grandeur : avec l'homme c'est un ami qui, pour lui plaire, n'a
plus de fierté ni de hauteur; qui, par une espèce d'abnégation
totale de soi-même, cherche sans cesse à captiver son attachement. Il n'a plus de volonté; ou plutôt il n'en a qu'une, et qui se
renouvelle à chaque instant : celle de servir son maître, et de lui
prouver son amour. Cette idée l'occupe sans cesse; elle dirige
ses actions, anime ses mouvements, enfante ses talents et développe son esprit. Aimer, et chercher à être aimé, voilà son but;
obéir, travailler, souffrir, combattre, mourir enfin au service de
son maître, et pour lui, voilà sa félicité. Ce n'est pas seulement
par intérêt qu'il agit; un meilleur traitement, une nourriture
plus abondante ou plus délicate ne sont pas la fin de ses actions :
un regard, un sourire qui annonce qu'il n'est pas indifférent,
voilà sa récompense la plus flatteuse. Le chien croit toujours en
faire trop peu : il n'a pas assez de facultés pour témoigner, pour
prouver son plaisir. Gestes, actions, regards, voix même, tout
parle en lui, tout dit qu'il est heureux. A-t-il déplu, par une
faute qu'il n'a pu prévoir, voyez avec quelle soumission il s'approche pour en recevoir le châtiment : il souffre sans murmurer;
il oublie aussitôt les mauvais traitements qu'il vient de recevoir;
il en profite pour se corriger, pour mieux faire, et trouve encore
un nouveau moyen de plaire par son redoublement d'exactitude
et de docilité. La main qui l'a frappé semble lui devenir plus
chère; et loin que les justes châtiments aigrissent son caractère
et l'éloignent de son maître, il excuse sa sévérité, craint de la
renouveler, et s'attache davantage à lui.

L'homme veut-il bien lui céder une partie de son empire sur les animaux, dès cet instant, ennobli, pour ainsi dire, par cette confiance, il commande, il règne par sa vigilance et son exactitude. Son maître dort tranquillement, et se repose sur lui du soin de son troupeau. La sûreté, l'ordre et la discipline sont les fruits de son adresse et de son activité. Le troupeau est un peuple qui lui est soumis, qu'il protège, et contre lequel il n'emploie jamais la force que pour y maintenir la paix.

LXI. — Les animaux sauvages : les cerfs, les daims, les chevreuils, habitants des forêts.

Dans les animaux sauvages, la nature se montre plus libre que partout ailleurs, et plus indépendante : parée de sa seule simplicité, elle en devient plus piquante par sa beauté naïve, sa démarche légère, son air dégagé et quelquefois noble et fier. Les uns, et ce sont les plus doux, les plus innocents, se contentent de s'éloigner, et passent leur vie dans les campagnes; ceux-ci, plus défiants, plus farouches, s'enfoncent dans les bois; d'autres se creusent des demeures souterraines, se réfugient dans les cavernes, ou gagnent le sommet des montagnes. Les plus féroces, ou plutôt les plus fiers, n'habitent que des déserts, et règnent en souverains dans les climats brûlants où l'homme, aussi sauvage qu'eux, ne peut leur disputer l'empire.

Un de ces êtres innocents, doux et tranquilles, qui ne semblent faits que pour embellir, animer la solitude des forêts, et occuper loin de nous ces retraites paisibles, est le cerf. Sa forme élégante, sa taille aussi svelte que bien prise, ses membres flexibles et nerveux, sa tête décorée plutôt qu'armée d'un bois vivant, et qui se renouvelle chaque année; sa grandeur, sa légèreté, sa force, le distinguent assez des autres habitants des forêts, dont il est le plus noble.

Le cerf paraît avoir l'œil bon, l'odorat exquis, et l'oreille excellente. Est-il dans un petit taillis, ou dans quelque autre endroit à demi couvert, il s'arrête pour regarder de tous côtés, et cherche ensuite le dessous du vent, pour sentir s'il n'y a pas quelqu'un qui puisse l'inquiéter. Quoique d'un naturel assez simple, il est curieux et rusé. Lorsqu'on le siffle et qu'on l'appelle de loin, il s'arrête tout court : il regarde fixement, et avec une espèce d'admiration, les voitures, le bétail, les hommes ; et, s'ils n'ont ni armes ni chiens, il continue à marcher d'un pas tranquille, et passe son chemin fièrement. Il paraît écouter avec plaisir le chalumeau et le flageolet des bergers, et les veneurs se servent quelquefois de cet artifice pour le rassurer. En général, il craint beaucoup moins l'homme que les chiens, et ne prend de la défiance et de la ruse qu'à mesure et autant qu'il a été inquiété. Poursuivi par les chiens, il passe et repasse plusieurs fois sur sa voie : il leur donne le change en se faisant accompagner d'autres bêtes, perce et s'éloigne aussitôt, se jette à l'écart, se dérobe, et se couche sur le ventre : la terre le trahissant toujours, il se met à l'eau. La biche qui nourrit se présente aux chiens pour leur dérober son faon : elle se laisse courir, et revient à lui.

Aucune espèce n'est plus voisine d'une autre que l'espèce du daim ne l'est de celle du cerf : cependant ces animaux, qui se ressemblent à tant d'égards, ne vont point ensemble, se fuient, et ne se mêlent jamais. Les premiers paraissent d'une nature moins robuste et moins agreste que le cerf ; ils sont aussi beaucoup moins communs dans les forêts : on les élève dans des parcs, où ils sont, pour ainsi dire, domestiques. Le bois de tous les daims se renouvelle tous les ans, comme celui du cerf ; mais il tombe plus tard.

Les daims aiment les terrains élevés et entrecoupés de petites collines. Ils ne s'éloignent pas comme le cerf, quand on les chasse ; ils ne font que tourner, et cherchent seulement à se dérober à la poursuite des chiens par la ruse et par le change. Cependant, lorsqu'ils sont pressés, échauffés et épuisés, ils se jettent à l'eau.

Le cerf occupe, dans les bois, les lieux ombragés par les cimes élevées des plus hautes futaies.

Un autre habitant des forêts, le chevreuil, d'une espèce inférieure, se contente de loger sous des lambris plus bas, et se tient ordinairement dans le feuillage épais des jeunes taillis. Mais s'il a moins de noblesse que le cerf, moins de force, et beaucoup moins de hauteur, il a plus de grâce, plus de vivacité, et même plus de courage. Il est plus gai, plus leste, plus éveillé; sa forme est plus arrondie, plus élégante, et sa figure plus agréable : ses yeux, plus beaux et plus brillants, paraissent animés d'un sentiment plus vif : il bondit sans effort, et avec autant de force que de légèreté. Ces gentils quadrupèdes, au lieu de marcher par grandes troupes comme le cerf et le daim, demeurent en famille.

Ainsi la Providence divine n'a pas borné ses soins à embellir nos campagnes de ces riantes forêts où le sage aime à réfléchir, elle anime encore ces vastes bosquets de la nature, en les assignant pour demeures aux plus agréables des quadrupèdes, et a réuni pour l'homme, dans ces touchantes solitudes, les charmes d'une société douce et paisible à ceux de la retraite qu'on y cherche.

LXII. — Les animaux des champs : le lièvre, le lapin.

Les espèces d'animaux les plus nombreuses ne nous paraissent pas toujours les plus utiles : rien ne semble même plus nuisible que cette multitude de rats, de mulots, etc., dont la nature, ou plutôt son auteur, permet, pour des fins qui nous sont en partie cachées, la prodigieuse multiplication. Mais l'espèce du lièvre et celle du lapin ont pour nous le double avantage du nombre et de l'utilité. Les premiers sont universellement et très abondamment répandus dans tous les climats de la terre. Les lapins multiplient dans presque tous les lieux où l'on veut les transporter, au point qu'il n'est plus possible de les détruire, et qu'il faut employer beaucoup d'art pour en diminuer la quantité, quelquefois incommode. Dans les pays qui leur conviennent, la terre ne peut fournir à leur subsistance. Ils détruisent les herbes, les racines, les grains, les fruits, les légumes et même les arbrisseaux et les arbres; et si l'on n'avait contre eux le secours des furets et des chiens, ils feraient déserter les habitants de ces campagnes.

Les lièvres ne vivent, pour ainsi dire, que la nuit. C'est alors
qu'ils se promènent et qu'ils mangent. On les voit au clair de la
lune jouer ensemble, sauter, courir les uns après les autres. Mais
le moindre mouvement, le bruit d'une feuille qui tombe suffit
pour les troubler : ils fuient, chacun d'un côté différent. Ces animaux dorment beaucoup, et ils dorment les yeux ouverts : leurs
paupières sont dégarnies de cils, et ils paraissent avoir la vue
assez faible ; mais ils ont, en récompense, l'ouïe très fine, et
l'oreille d'une grandeur prodigieuse relativement à celle du corps.
Ils marchent sans faire aucun bruit, parce qu'ils ont les pieds
garnis de poils, même par-dessous, et leur course est si rapide,
qu'ils devancent aisément les autres animaux.

En général, le lièvre ne manque pas d'instinct pour sa propre
conservation, ni de sagacité pour échapper à ses ennemis. Il se
forme un gîte, et sait se cacher entre des mottes de terre qui
imitent la couleur de son poil : il en est même qui, comme le
lièvre des Pyrénées, savent se creuser des terriers. En hiver il se
loge au midi, et en été au nord. Lancé par les chiens, il suit
quelque temps un sentier, revient sur ses pas, s'élance de côté,
se jette dans un buisson et s'y tapit. Les chiens suivent le sentier, passent devant le lièvre et le manquent. L'animal rusé, qui
les voit s'éloigner, sort de sa retraite, rentre dans le sentier,
confond ses traces, et met la meute en défaut. Sans cesse il varie
ses ruses et se conduit toujours relativement aux circonstances.
Tantôt, dès qu'il entend les chiens, il part du gîte, s'éloigne
d'un quart de lieue, se jette dans un étang et se cache entre les
joncs. Tantôt il se mêle à un troupeau de brebis, qu'il n'abandonne point. D'autres fois il se cache sous terre, ou bien il
s'élance sur une vieille muraille, se tapit entre des lierres, et
laisse passer les chiens. Il sait aussi filer le long d'une haie tandis que les chiens filent du côté opposé ; il passe et repasse à
plusieurs reprises une rivière à la nage ; enfin il oblige un autre
lièvre à quitter le gîte pour se mettre à sa place. Mais ce sont là
sans doute les plus grands efforts de son savoir.

Plus industrieux que le lièvre, le lapin ne se borne pas à se pratiquer un gîte à la surface de la terre, il en perce l'intérieur, et s'y procure un asile assuré.

Le lapin domestique ne se pratique pas sous terre un asile comme le lapin de garenne. Sans doute il se dispense de ce soin comme les oiseaux domestiques se dispensent de faire des nids, parce que les uns et les autres sont également à l'abri des inconvénients auxquels se trouvent exposés les oiseaux et les lapins sauvages. On a souvent remarqué, quand on a voulu peupler une garenne avec des lapins clapiers, que ces lapins, et ceux qu'ils produisaient, restaient, comme les lièvres, à la surface du sol, et que ce n'était qu'après avoir éprouvé bien des inconvénients, et au bout d'un certain nombre de générations, qu'ils commençaient à creuser la terre pour se mettre en sûreté. Le Créateur des êtres leur a donné à tous les moyens de se conserver relatifs aux circonstances; et ce qui doit exciter surtout notre gratitude, c'est que ces soins de la Providence sont tous en rapport avec le bien-être des hommes.

LXIII. — La marmotte, et les animaux qui dorment durant l'hiver.

Il y a quelques quadrupèdes qui, sur la fin de l'été, s'ensevelissent dans la terre pour y jouir d'un sommeil paisible pendant tout le temps que dure l'hiver.

Le plus remarquable de ces animaux est la marmotte. Mais ce n'est pas aux quadrupèdes seuls que se borne cette propriété. Une multitude d'animaux qui, durant les beaux jours, rendaient la nature si vive et si animée, disparaissent avec eux, et sont alors dans un état de torpeur qui les dispense de pourvoir à leur conservation.

Les gentillesses de la marmotte sont connues de tout le monde. On sait qu'elle s'apprivoise facilement, et qu'on la dresse à danser et à gesticuler sur un bâton : mais ce qui n'est pas si généralement connu, ce sont ses procédés ingénieux dans les hautes Alpes, où elle fait sa demeure au milieu des neiges et des frimas. Quoiqu'elle se plaise sur ces montagnes élevées, dans la région des froids piquants, elle est cependant sujette, plus que tout autre animal, à s'engourdir par le défaut de chaleur. De là vient que, d'ordinaire, les marmottes se cachent à la fin de septembre ou au commencement d'octobre dans leurs demeures souterraines, pour n'en sortir qu'au mois d'avril suivant.

Les marmottes passent la plus grande partie de leur vie dans leur habitation : elles s'y retirent pendant la pluie, à l'approche de l'orage ou à la vue de quelque danger. Elles n'en sortent guère que dans les beaux jours, et ne s'en éloignent que peu. Tandis que les unes jouent sur le gazon ou s'occupent à le couper, d'autres, sur des lieux élevés, avertissent par un coup de sifflet les fourrageuses de l'approche de l'ennemi.

Pendant l'hiver, les marmottes ne mangent point. Le froid, qui les engourdit, suspend ou diminue beaucoup la transpiration et les autres excrétions. Au commencement de l'automne elles sont si grasses, que quelques-unes pèsent jusqu'à dix kilogrammes; mais peu à peu cet embonpoint diminue.

Dans leurs retraites on trouve les marmottes resserrées en boule, et fourrées dans le foin, le nez appuyé sur le ventre, pour ne pas respirer trop d'humidité : en cet état on les emporte, on peut même les tuer sans qu'elles paraissent le sentir; non que leur sang soit figé, car si on les saigne alors, il coule comme lorsqu'elles sont éveillées.

Il existe une sorte de rats dont le sommeil est aussi long et aussi profond que celui des marmottes : on les nomme *dormeurs*. Les *ours* mangent si prodigieusement à l'entrée de l'hiver, qu'ils semblent vouloir en une fois se nourrir pour toute leur vie. Comme ils sont naturellement gras, et qu'ils le sont surtout à l'excès vers la fin de l'automne, cette abondance de graisse leur fait supporter l'abstinence pendant le repos de l'hiver. Les *blaireaux* se préparent de la même manière à la retraite qu'ils font dans leurs terriers.

LXIV. — Edifices des castors.

Un voyageur qui n'aurait jamais entendu parler de l'industrie des castors, et qui viendrait à rencontrer les édifices que ces animaux construisent avec tant d'art, se croirait transporté chez un peuple de sauvages très industrieux. Tout est merveilleux, en effet, dans les travaux de ces amphibies, et l'on ne sait ce qu'on y doit admirer le plus, ou de la grandeur et de la solidité de l'entreprise, ou des vues fines et particulières qui brillent dans l'exécution, ou du dessein général qu'ils ont embrassé.

C'est vers le mois de juin ou de juillet que les castors s'assemblent aux bords des lacs et des rivières pour se former en corps de société, au nombre de deux à trois cents. Il leur importe surtout de se rendre maîtres des eaux au milieu desquelles ils bâtissent, et de prévenir les effets de leur crue et de leur baisse. Ils y parviennent, comme les hommes, par des digues et par des écluses. Mais, comme le niveau d'un lac varie peu et lentement, s'ils s'établissent sur ses bords ils se dispensent de la digue, qu'ils ne manquent jamais d'élever s'ils construisent sur une rivière.

Cette digue exige quelquefois un travail prodigieux. Représentez-vous une rivière de trente mètres de largeur. Pour rompre l'effort du courant, les castors construisent un ouvrage de trente mètres de longueur sur trois à quatre d'épaisseur à sa base. S'ils trouvent quelque grand arbre sur le rivage, ils le coupent par le pied, ils l'ébranchent pour le coucher suivant sa longueur, et en faire la principale pièce de la digue. Tandis qu'une partie des ouvriers s'occupent à ce travail, d'autres vont chercher de petits arbres, qu'ils coupent et taillent en forme de pieux, et qu'ils voiturent d'abord par terre, ensuite par eau, jusqu'au lieu où ils doivent être enfoncés. Ce pilotis est fortifié par des branches entrelacées entre les pieux, et par une sorte de mortier que d'autres castors pétrissent avec leurs pieds : ils le font entrer dans les vides. Ainsi sont plantés plusieurs rangs de pilotis, dont tout l'intérieur est solidement maçonné. Sur le haut de la digue sont pratiquées deux ou trois ouvertures, pour ménager à l'eau des décharges, qu'ils savent élargir ou rétrécir, selon que la rivière hausse ou baisse; et si l'impétuosité du courant fait une brèche, ils se mettent aussitôt à la réparer.

La digue est proprement un ouvrage public, auquel toute la colonie travaille de concert. Dès qu'il est achevé, la grande société se partage en plusieurs sociétés particulières, qui se construisent, chacune de son côté, une habitation commode. Elle consiste en une espèce de hutte ou cabane ronde ou ovale, composée d'un ou plusieurs étages, dont l'un, au-dessous du rez-de-chaussée, est ordinairement plein d'eau ; et cette cabane est construite sur un pilotis plein, qui sert à la fois de fondement et de plancher. Les murs, de soixante-six centimètres environ d'épaisseur, sont revêtus d'une sorte de stuc, appliqué avec tant de propreté et tant d'art, qu'il semble que la main de l'homme y ait passé. Le dedans est en forme de voûte ; le plancher est couvert d'un tapis de verdure, sur lequel on ne souffre jamais de saletés. La cabane a toujours deux issues : l'une pour aller à terre, l'autre qui conduit à l'eau. La grandeur est réglée sur le nombre des habitants : celles de vingt-cinq à trente décimètres de diamètre peuvent loger seize, dix-huit ou vingt castors ; celles qui n'en ont que la moitié en contiennent deux, six ou huit. Les plus grandes bourgades sont de vingt à vingt-cinq maisons ; communément elles n'en ont que dix à douze.

La nourriture ordinaire des castors est l'écorce de quelque bois tendre, comme l'aune, le peuplier, le saule. Ils préfèrent au bois sec le bois vert et non flotté : ils le coupent menu, et en font pour l'hiver des amas qu'ils déposent dans des magasins placés sous l'eau. Chaque cabane a le sien, où vont puiser tous les membres de la petite société. Huit à dix mètres en carré de bois ainsi haché par eux, sur deux à quatre de profondeur, suffisent pour huit ou dix castors.

Lorsque de grandes inondations viennent à endommager les établissements publics des castors, toutes les sociétés particulières se réunissent pour concourir aux réparations nécessaires ; mais si les chasseurs leur déclarent une guerre cruelle et détruisent entièrement leurs travaux, ils se dispersent dans la campagne, se réduisent à la vie solitaire, se creusent des terriers, et ne montrent plus cette industrie prodigieuse que nous venons d'admirer.

On est curieux de connaître les instruments avec lesquels ces animaux exécutent leurs étonnants travaux. Quatre fortes dents incisives, les deux pieds de devant terminés par des espèces de doigts, les deux de derrière garnis de membranes; enfin, une queue recouverte d'écailles, et semblable à une truelle oblongue : tels sont les outils avec lesquels les castors peuvent défier nos maçons et nos charpentiers, munis de leur truelle, de leur plomb et de leur hache. Avec les dents ils coupent le bois qui entre dans la construction de leurs bâtiments, et celui dont ils font leur nourriture. Ils se servent des pieds de devant pour fouir la terre, pour amollir et gâcher la glaise; la queue leur tient lieu premièrement de brouette, pour transporter cette glaise et le mortier, et ensuite de truelle pour l'étendre et en faire un enduit.

Cet animal, qu'on peut apprivoiser et dresser pour la pêche, n'est pas particulier au Canada, comme on l'avait cru : on le trouve aussi en Sibérie.

Les castors méritent sans doute toute notre admiration, puisque, de tous les animaux qui vivent en société, ce sont ceux qui approchent le plus de l'industrie humaine. Il suffit de les voir pour se persuader que les bêtes ne sont pas de simples machines, et qu'un pur mécanisme n'est pas le principe de toutes leurs actions et de tous leurs mouvements. Mais quelle infinie diversité le Créateur n'a-t-il pas mise dans leurs facultés! Combien l'instinct du castor n'est-il pas supérieur à celui de la brebis! Et quelle sagesse se manifeste dans ces degrés par lesquels les brutes s'approchent insensiblement de l'homme! C'est cette sagesse qui doit toujours être le but de nos méditations sur la nature. Les découvertes que nous faisons sur les diverses facultés des animaux nous deviennent inutiles, si elles ne servent à nous perfectionner de plus en plus dans la connaissance et dans l'amour du Créateur de tous les êtres.

LXV. — Les animaux carnassiers : le loup, le renard, le lion.

On est toujours disposé à se plaindre du grand nombre des animaux nuisibles. Cependant tout est bien, parce que dans l'univers physique le mal concourt au bien général, et que rien, en effet, ne nuit à l'ensemble de la nature. Ne calomnions pas la Providence : elle mérite nos adorations dans les choses mêmes que nous ne comprenons pas. C'est la bonté du Très-Haut, sa justice, sa sagesse, ou, pour le dire en un mot, c'est son amour pour l'ordre, pour le bien universel, qui règle partout l'usage de sa liberté suprême; et cette vérité, qui s'offre à nos yeux dans toute la nature, nous la retrouvons jusque dans les choses nuisibles en apparence. Les bêtes de proie sont nécessaires. Sans elles, par exemple, que deviendraient les cadavres de tant d'animaux qui périssent dans les eaux et sur la terre, qu'ils souilleraient de leur infection? C'est surtout dans les pays chauds, où les effets de la corruption sont si rapides et si dangereux, que la nature a multiplié les bêtes carnassières. Peu d'animaux sont destinés à mourir de vieillesse, parce qu'il n'y a guère que l'homme dont la vieillesse soit utile à ses semblables. Chez les bêtes, elle serait un poids, dont les animaux féroces les délivrent. D'ailleurs, de leurs générations sans obstacles naîtraient des postérités sans fin, auxquelles le globe ne suffirait pas : la conservation des individus entraînerait la destruction de bien des espèces. Tout ce qui naît doit mourir; mais la nature, en dévouant les animaux à la mort, a ôté pour eux ce qui peut en rendre l'instant cruel : la prévoyance.

Le loup est un des animaux les plus redoutables de nos contrées, et dont l'appétit pour la chair est le plus véhément. Cependant, quoique avec ce goût il ait reçu les moyens de le satisfaire, il meurt souvent de faim, parce que l'homme lui ayant déclaré la guerre, et l'ayant même proscrit dans certaines contrées en y mettant sa tête à prix, le contraint par là de fuir, de demeurer dans les bois, où il ne trouve que quelques animaux sauvages, qui lui échappent par la vitesse de leur course, et qu'il ne peut surprendre que par hasard ou à force de patience.

Naturellement grossier et poltron, le loup devient ingénieux par besoin, et hardi par nécessité. Pressé par la famine, il brave le danger, vient attaquer les animaux qui sont sous la garde de l'homme, ceux surtout qu'il peut emporter aisément, comme les agneaux, les petits chiens, les chevreaux : et, lorsque cette maraude lui réussit, il revient souvent à la charge, jusqu'à ce qu'ayant été ou blessé ou chassé, et maltraité par les hommes et par les chiens, il se dérobe autant qu'il le peut à la lumière. Alors il se retire pendant le jour dans son fort, n'en sort que la nuit, parcourt les campagnes, rôde autour des habitations, ravit les animaux abandonnés, vient attaquer les bergeries, gratte et creuse la terre sous les portes, entre furieux, met tout à mort avant de choisir et d'emporter sa proie. Si ses courses ne lui produisent rien, il retourne au fond des bois, se met en quête, cherche, suit la piste, chasse, poursuit les animaux sauvages, dans l'espérance qu'un autre loup pourra les arrêter, les saisir dans leur fuite, et qu'ils en partageront la dépouille. Enfin, lorsque le besoin est extrême, il s'expose à tout : il attaque les femmes et les enfants, se jette même quelquefois sur les hommes, et ces excès violents finissent ordinairement par la rage et la mort.

Ennemi de toute société, le loup ne fait pas même compagnie à ceux de son espèce. Lorsqu'on les voit plusieurs ensemble, c'est un attroupement de guerre qui se fait à grand bruit, avec des hurlements affreux, et qui dénote un projet d'attaquer quelque gros animal, comme un cerf, un bœuf, ou de se défaire de quelque redoutable mâtin. Dès que leur expédition militaire est consommée, ils se séparent, et retournent en silence dans leur solitude.

Ce que le loup ne fait que par la force, le renard le fait par adresse, et réussit plus souvent. Sans chercher à combattre les chiens ni les bergers, sans attaquer les troupeaux, sans traîner les cadavres, il est plus sûr de vivre. Il emploie plus d'esprit que de mouvement, ses ressources semblent être en lui-même. Fin autant que circonspect, ingénieux, et prudent même jusqu'à la patience, il varie sa conduite, et veille de près à sa conservation. Quoique aussi infatigable et même plus léger que le loup, il ne se fie pas entièrement à la vitesse de sa course, il sait se mettre en sûreté en se pratiquant un asile souterrain, où il se retire dans

les dangers pressants, où il s'établit, et où il élève ses petits. Ce
n'est point un animal vagabond, mais un animal domicilié.

Le renard est doué d'un instinct supérieur, et tourne tout à son
profit. Il se loge au bord des bois, à portée des hameaux ; il
écoute le chant des coqs et le cri des volailles. Il prend habile-
ment son temps, cache son dessein et sa marche, se glisse, se
traîne, arrive, et fait rarement des tentatives inutiles. S'il peut
franchir les clôtures ou passer par-dessous, il ne perd pas un
instant : il ravage la basse-cour, y met tout à mort, se retire ensuite lestement en emportant sa proie, qu'il cache sous la mousse
ou qu'il porte à son terrier. Il revient quelques moments après en
chercher une nouvelle, qu'il cache dans un autre endroit : ensuite une troisième, une quatrième, etc., jusqu'à ce que le jour
ou le mouvement de la maison l'avertisse qu'il faut se retirer et
ne plus revenir. Même manœuvre dans les pipées et dans les
boqueteaux où l'on prend les grives et les bécasses au lacet : il
devance le pipeur, va de très grand matin, et souvent plus d'une
fois par jour, visiter les lacets, les gluaux, emporte successivement les oiseaux qui se sont empêtrés, et, après les avoir mis à
mort, les dépose tous en différents endroits où il sait les retrouver au besoin. Il chasse les jeunes levreaux en plaine, saisit
quelquefois les lièvres au gîte, déterre les lapereaux dans les
garennes, découvre les nids de perdrix, de cailles, et prend la
mère sur les œufs ; il ose même attaquer les abeilles, dont le
miel a pour lui beaucoup de charmes. Assailli par ces mouches,
dont il est bientôt couvert, il se retire à quelques pas de distance, se roule sur la terre, les écrase, retourne à la charge, et
force le petit peuple laborieux à lui abandonner le fruit de ses
longs travaux.

Enfin, pour dernier trait, si le renard s'aperçoit qu'on ait inquiété ses petits dans son absence, il les transporte tous les uns
après les autres dans un asile différent.

Dans les pays chauds, les animaux terrestres sont plus grands
et plus forts que dans les pays froids ou tempérés ; ils sont aussi
plus hardis, plus féroces : toutes leurs qualités naturelles sem-

blem tenir de l'ardeur du climat. Né sous le soleil brûlant de
l'Afrique ou des Indes, le lion est le plus fort, le plus fier, le plus
terrible de tous. Nos loups, nos autres animaux carnassiers, loin
d'être ses rivaux, seraient à peine ses pourvoyeurs.

Le lion, pris jeune et élevé parmi les animaux domestiques,
s'accoutume aisément à vivre et même à jouer innocemment avec
eux. Il est doux pour ses maîtres et même caressant, surtout
dans le premier âge, et, si sa férocité naturelle reparaît quelquefois, rarement il la tourne contre ceux qui lui ont fait du bien.
Comme ses mouvements sont très impétueux et ses appétits fort
véhéments, on ne doit pas présumer que les impressions de
l'éducation puissent toujours les balancer : aussi y aurait-il quelque danger à lui laisser souffrir trop longtemps la faim, ou à le
contrarier en le tourmentant hors de propos. Non-seulement il
s'irrite des mauvais traitements, il en garde le souvenir, et
paraît en méditer la vengeance; mais sa colère est noble, son
courage magnanime, son naturel sensible. On l'a vu souvent dédaigner de petits ennemis, mépriser leurs insultes, et leur pardonner des libertés offensantes : on l'a vu, réduit en captivité,
s'ennuyer sans s'aigrir, prendre, au contraire, des habitudes
douces, obéir à son maître, flatter la main qui le nourrit, donner
quelquefois la vie à ceux qu'on avait dévoués à la mort en les
lui jetant pour qu'il en fît sa proie, et, comme s'il se fût attaché
à eux par cet acte généreux, leur continuer ensuite la même pro-
tection, vivre tranquillement avec eux, leur faire part de sa subsistance, se la laisser même quelquefois enlever tout entière, et
souffrir plutôt la faim que de perdre le fruit de son premier bienfait. On pourrait dire que le lion n'est pas cruel, puisqu'il ne
l'est que par nécessité, qu'il ne détruit qu'autant qu'il consomme,
et que dès qu'il est repu il est en pleine paix.

L'extérieur du lion ne dément point ses qualités intérieures. Il
a la figure imposante, le regard assuré, la démarche fière, la
voix terrible. Sa taille est si bien prise et si bien proportionnée,
que le corps du lion paraît être le modèle de la force jointe à
l'agilité. Cette force se marque au-dehors par les bonds prodi-

gieux qu'il fait si aisément; par le mouvement brusque de sa queue, capable de terrasser un homme; par la facilité avec laquelle il fait mouvoir la peau de sa face, et surtout celle de son front, ce qui ajoute beaucoup à sa physionomie, ou plutôt à l'expression de sa fureur; et enfin par la faculté qu'il a de remuer sa crinière, laquelle, non-seulement se hérisse, mais s'agite en tout sens lorsqu'il est irrité.

La démarche ordinaire du lion est fière, grave et lente, quoique toujours oblique : sa course se fait par sauts et par bonds, et ses mouvements sont si brusques, qu'il ne peut s'arrêter à l'instant, et qu'il passe presque toujours son but. Lorsqu'il saute sur sa proie, il fait un bond de quatre à cinq mètres, tombe dessus, la saisit avec les pattes de devant, la déchire avec les ongles, et ensuite la dévore avec les dents. Tant qu'il est jeune et qu'il a de la légèreté, il vit du produit de sa chasse, et quitte rarement ses déserts et ses forêts, où il trouve assez d'animaux sauvages pour subsister sans peine; mais, lorsqu'il devient vieux, pesant, et moins propre à l'exercice de la chasse, il s'approche des lieux fréquentés, et se rend plus dangereux pour l'homme et pour les animaux domestiques. On a remarqué que, lorsqu'il voit des hommes et des animaux ensemble, c'est toujours sur ces derniers qu'il se jette, et jamais sur les hommes, à moins qu'ils ne le frappent : car alors il reconnaît à merveille celui qui vient de l'offenser, et il quitte sa proie pour se venger.

LXVI. — Le tigre, la panthère, l'once et le léopard.

Dans la classe des animaux carnassiers, le lion est le premier, le tigre est le second; mais quelle différence entre l'un et l'autre! A la fierté, au courage, à la force, l'un joint la noblesse, la clémence, la magnanimité; tandis que l'autre est bassement féroce, et cruel sans nécessité. Quoique rassasié de chair, il semble toujours altéré de sang : sa fureur n'a d'intervalle que le temps qu'il faut pour dresser des embûches; il saisit et déchire une nouvelle proie avec la même rage qu'il vient d'exercer, et non pas d'assouvir, en dévorant la première. Il désole le pays qu'il habite; il ne craint ni l'aspect ni les armes de l'homme : il égorge, il dévaste les troupeaux, met à mort toutes les bêtes sauvages, attaque les petits éléphants, les jeunes rhinocéros, et quelquefois même ose braver le lion.

Le tigre, long de corps, bas sur ses jambes, la tête nue, les yeux hagards, la langue couleur de sang et toujours hors de la gueule, n'a que les caractères de la basse méchanceté et d'une cruauté insatiable : il n'a pour tout instinct qu'une rage constante, une fureur aveugle qui ne connaît, qui ne distingue rien, et qui lui fait souvent dévorer ses propres enfants, et déchirer leur mère lorsqu'elle veut les défendre.

Cet animal est peut-être le seul dont on ne puisse fléchir le naturel. La douce habitude ne peut rien sur cette nature de fer : il déchire la main qui le nourrit comme celle qui le frappe, il rugit à la vue de tout être vivant. Chaque objet lui paraît une nouvelle proie, que d'avance il dévore de ses regards avides, qu'il menace par des frémissements affreux, mêlés d'un grincement de dents, et vers laquelle il s'élance souvent, malgré les chaînes et les grilles qui arrêtent les effets de sa fureur sans pouvoir la calmer.

Plus sanguinaire, plus terrible, mais bien moins noble que le lion, la panthère peuple les mêmes forêts. Ainsi que l'once et le léopard, elle n'habite que les climats les plus chauds de l'Asie et de l'Afrique. Cet animal est à peu près de la tournure d'un dogue de forte race, mais moins haut de jambes. Son corps, lorsqu'il a pris tout son accroissement, a d'un mètre et demi à deux mètres de longueur, en le mesurant depuis l'extrémité du museau jusqu'à l'origine de la queue, laquelle est longue d'environ huit décimètres. Quoique inférieur au lion par la force, il paraît néanmoins qu'il lui résiste lorsqu'il en est assailli, et que ces deux cruels animaux se livrent alors de sanglants combats. La panthère a les mœurs du tigre : sa rage consiste à s'abreuver de sang; jamais sa fureur n'est assouvie. Elle attaque tous les animaux, excepté le lion; et il n'en est aucun dont elle ne triomphe. Extrêmement légère à la course, elle les surpasse tous en vitesse; ses mouvements sont si souples, si prompts, qu'il est difficile de lui échapper. Les buissons, les fossés, même les rivières peu larges, ne peuvent l'arrêter : elle franchit tout; et si l'animal qu'elle poursuit se sauve sur un arbre, malgré le volume de son corps, elle y est aussitôt que lui. Par ce moyen, elle déclare la guerre aux habitants de la terre et des airs; l'oiseau trop jeune encore pour s'échapper de son nid, quoique placé au sommet de l'arbre le plus élevé, devient la proie de la cruelle panthère. Ses pattes sont armées d'ongles longs, durs et pointus; ses mâchoires sont terribles, et garnies de dents aiguës, fortes et nombreuses. La soif du sang se lit dans son regard; son œil est toujours étincelant de rage. Mais lorsque, oubliant sa férocité, on ne fait attention qu'à la belle robe dont la nature l'a ornée, on trouve peu d'animaux plus élégamment vêtus. Son poil est fin, lisse et court; sa peau, parsemée de taches noires, arrondies en anneaux ou en rosettes sur un fond légèrement fauve, offre un ensemble qui a je ne sais quoi de doux, de gracieux à la vue, et qui contraste singulièrement avec la férocité de l'animal qui en est paré.

L'once est beaucoup plus petite que la panthère, n'ayant le corps que d'environ un mètre vingt centimètres de longueur, quoique sa queue ait jusqu'à un mètre et quelquefois davantage. Elle s'apprivoise aisément : on la dresse à la chasse, et on s'en sert à cet usage en Perse et dans plusieurs autres contrées de l'Asie. Il y en a d'assez petites pour qu'un cavalier puisse les porter en croupe, et elles sont assez douces pour se laisser manier et caresser par l'homme.

Dans le léopard on trouve les mêmes mœurs et le même naturel que dans la panthère. Il ne paraît pas qu'on l'apprivoise comme l'once, ni qu'on s'en serve pour la chasse. Communément il est plus grand que ce dernier animal, et plus petit que la panthère. Sa queue, quoique longue, est plus courte que celle de l'once.

En général, ces trois animaux se plaisent dans les forêts touffues, et ils fréquentent souvent les environs des habitations isolées et les bords des fleuves, pour y surprendre les animaux domestiques et les bêtes sauvages qui viennent chercher les eaux. Rarement ils se jettent sur les hommes, même quand ils sont provoqués; ils grimpent aisément sur les arbres, où ils suivent les chats sauvages et les autres animaux, qui ne peuvent leur échapper.

Quelle terre que celle qui sert d'habitation à des êtres ainsi altérés de sang et de carnage! Transportons-nous en idée dans ces forêts africaines, où, depuis les premiers âges du monde, le lion a établi parmi eux son despotique empire. Lorsque la nuit a tout couvert de son obscurité, cette tranquillité silencieuse qui l'accompagne est interrompue par les cris de ces féroces animaux.

Les chacals, qui paraissent tenir le milieu entre le loup et le chien pour le naturel, et dont la forme ressemble en général à celle du renard, glapissent en troupes nombreuses. Les loups hurlent dans le lointain; ce n'est souvent qu'une confusion de cris qu'il est difficile de distinguer. Mais à peine les échos ont-ils répété les longs rugissements du roi des animaux, ceux-ci n'osent plus se faire entendre : la seule voix du lion retentit dans ces vastes déserts, et impose silence à tous les habitants des forêts. Saisis d'épouvante, ils craindraient de se trahir par leurs cris, et d'attirer vers eux un ennemi qu'ils n'osent attendre pour le combat, malgré le signal éclatant qu'il en donne à tous les animaux. Il n'en est aucun qui ne le redoute, et qui ne fuie loin de sa présence.

Les vastes forêts qui servent de repaires aux animaux féroces sont des espèces de manufactures où se façonnent pour l'homme les plus belles fourrures, et où elles se perfectionnent sans qu'il lui en coûte le moindre soin. Les peaux de plusieurs des animaux dont nous avons parlé sont précieuses. Il peut arriver d'ailleurs que les animaux bienfaisants se multiplient trop, que le nombre en soit supérieur à nos besoins ou à la quantité de vivres qui leur sont préparés; il peut arriver que ceux qui nous servent infectent l'air, faute d'être mis sous terre quand ils meurent. Tout a été prévu : dans les bois, sous la terre et dans l'eau se trouvent des espèces carnassières, toujours prêtes à prévenir ces inconvénients. Ce sont des cloaques vivants, des sépulcres animés, qui vont chercher et engloutir tout ce qui nous est pernicieux ou superflu. Celui qui a donné à ces animaux des inclinations meurtrières prévoyait bien que leurs services iraient quelquefois plus loin que nos désirs : mais il savait qu'ils n'iraient jamais au-delà de nos besoins, parce que l'homme n'a pas moins besoin d'être puni ou averti que d'être servi. Il lui est plus avantageux d'être laborieux, précautionné et toujours vigilant, de craindre des surprises, que d'être plongé par une sécurité irréfléchie dans l'inutilité ou dans une stupide indolence.

LXVII. — Les singes, l'orang-outang.

Depuis que nous nous occupons du règne animé de la nature, nous la voyons monter insensiblement à la perfection de l'organisation animale. Celle des quadrupèdes semble, en beaucoup de parties, s'élever jusqu'à celle de l'homme. Cependant quel immense intervalle sépare encore ces deux classes ! et par quels degrés la nature arrivera-t-elle jusqu'à lui ? Comment aplatira-t-elle ce museau saillant, et lui imprimera-t-elle les traits de la face humaine ? Comment redressera-t-elle cette tête inclinée vers la terre ? Comment transformera-t-elle ces pattes en des bras flexibles, ces pieds crochus en des mains souples et adroites ? Comment élargira-t-elle cette poitrine rétrécie ? Comment y placera-t-elle des mamelles, et leur donnera-t-elle de la rondeur ?

Le singe est cette ébauche de l'homme : ébauche grossière, portrait imparfait, mais pourtant ressemblant, surtout dans cette espèce supérieure et principale, qui tombe de si près à l'homme, qu'elle en a reçu le nom d'*orang-outang*, ou d'*homme sauvage*.

Que penser, en effet, d'un être qui n'est point proprement un homme, et qui a pourtant la taille, le port, les membres et la forme de l'homme ; qui marche toujours sur deux pieds et la tête élevée ; qui, entièrement dépourvu de queue, s'assied comme l'homme; qui a des mollets, des cheveux sur la tête, de la barbe au menton, un vrai visage, des mains, des ongles semblables à ceux de l'homme; enfin qui peut contracter des habitudes, des manières, et même une sorte de politesse qui ne semblerait convenir qu'à l'homme.

Considéré dans son intérieur, cet être singulier ne paraît pas moins se rapprocher de la nature humaine; et si l'on parcourt les principaux traits de ressemblance et de dissemblance que l'anatomie y découvre, on s'étonnera que les dissemblances soient si légères et en si petit nombre, et les ressemblances si marquées et si nombreuses.

Ce singe, le premier et le plus grand de tous les singes, paraît donc posséder tous les attributs de l'humanité, si l'on en excepte ce grand attribut, le plus bel apanage de l'homme, qu'il ne partage avec aucun autre animal, et auquel il doit sa prééminence : sa raison et la parole. Cependant toutes les parties, tant extérieures qu'intérieures, de l'orang-outang, relatives à ces deux facultés, paraissent tellement semblables à celles de l'espèce humaine, qu'on ne peut les comparer sans admiration, et sans être étonné que d'une conformation et d'une organisation en apparence absolument les mêmes il ne résulte pas les mêmes effets. La langue et tous les organes de la voix sont les mêmes que dans l'homme, et l'orang-outang ne parle pas; le cerveau est absolument de la même forme et de la même proportion, et n'a point les pensées de l'homme! Est-il une preuve plus évidente que la matière, quoique parfaitement organisée, ne peut produire ni la pensée ni la parole, qui en est le signe, à moins qu'elle ne soit animée par un principe supérieur?

Mais si l'orang-outang n'est point un homme, il est de tous les êtres terrestres celui qui en approche le plus. On le voit avec surprise prendre sa place à table, et s'asseoir parmi les convives; déplier sa serviette, se servir de fourchette, de cuiller et de couteau pour prendre et couper les morceaux qu'on met sur son assiette, se verser lui-même à boire, trinquer lorsqu'on l'y invite, s'essuyer les lèvres de sa serviette, apporter sur la table une tasse avec sa soucoupe, y mettre du sucre, la remplir de thé, laisser refroidir la liqueur avant de la prendre; enfin présenter la main aux convives pour les reconduire, et se promener gravement avec eux.

On n'est pas moins surpris de voir l'orang-outang se coucher dans un lit qu'il a fait lui-même, poser sa tête sur le chevet, la ceindre d'un mouchoir, ajuster sur lui les couvertures, et se faire soigner comme nous dans la maladie. On en cite un qui, ayant été saigné deux fois dans une indisposition, montrait son bras quand il se trouvait incommodé, comme s'il eût voulu qu'on le soulageât par une nouvelle saignée.

Très susceptible d'éducation, l'orang-outang devient un bon domestique, qui obéit promptement aux signes et à la voix, au lieu que les autres singes n'obéissent guère qu'au bâton. Il s'acquitte avec autant d'adresse que d'exactitude des différentes fonctions qui lui sont assignées : il rince les verres, sert à boire, tourne la broche, pile au mortier, va chercher l'eau à la fontaine, en remplit une cruche, la place sur sa tête, l'apporte au logis, etc.

Les orangs-outangs vivent en société dans les bois, et sont assez forts et assez courageux pour en chasser les éléphants à coups de bâton : ils osent même se mettre en défense contre des hommes armés. Ils savent se construire des cabanes de branches entrelacées, assorties à leurs besoins, et, lorsqu'ils ne trouvent plus de fruits sur les montagnes ou dans les bois, ils vont sur les bords de la mer chercher une grosse espèce d'huître, qui est souvent béante sur le rivage; mais, dans la crainte qu'en se refermant prestement elle ne lui saisisse la main, le singe, circonspect, jette dans la coquille une pierre qui empêche le rapprochement des deux écailles, et lui permet de manger tout à son aise l'animal qu'elles contiennent.

Nous sommes enfin arrivés au domaine de l'homme. Mais, avant de nous livrer à l'examen des merveilles que nous offre ce roi de la nature, pour qui tout a été fait, reportons nos pensées sur les êtres que nous venons de passer en revue; et, par de

13

nouvelles méditations sur les divers phénomènes qu'ils nous présentent, contemplons l'Etre adorable, dans les parties de la création où sa puissance et sa sagesse se peignent avec tant d'éclat.

LXVIII. — Les animaux sont pour l'homme une occasion de glorifier Dieu.

Toutes les créatures sont pour l'homme un moyen de glorifier le Créateur. Dans chaque plante, dans chaque arbre, dans chaque fleur, et même dans chaque pierre, la grandeur de Dieu est empreinte, et il ne faut qu'ouvrir les yeux pour l'y reconnaître : mais elle se manifeste avec bien plus d'éclat dans le règne animal. Examinons la structure d'un seul des êtres qu'il renferme : quel art, quelle beauté, que de choses admirables ! Et combien ces merveilles ne se multiplieront-elles pas, si nous pensons à la multitude presque infinie et à l'étonnante diversité des animaux ! Depuis l'éléphant jusqu'à l'insecte qu'on n'aperçoit qu'à l'aide du microscope, que de degrés, que d'anneaux forment une chaîne immense et non interrompue ! Quelles liaisons, quel ordre, quels rapports entre toutes ces créatures ! Tout est harmonie ; et si, à la première vue, nous croyons découvrir quelque imperfection dans certains objets, nous ne tardons pas à convenir que notre ignorance nous a fait porter un faux jugement. Il ne faut pas de profondes méditations, il ne faut ni la science du naturaliste ni celle du physicien pour sentir ces vérités : il suffit de contempler ce que nous avons journellement sous les yeux. Vous voyez une multitude d'animaux qui tous sont formés d'une manière admirable ; qui tous vivent, sentent, se meuvent comme vous ; qui tous sont sujets, comme vous, à la faim, à la soif, au froid ; et qui par conséquent ont besoin, comme vous, qu'il ait été pourvu à ces diverses nécessités. C'est de Dieu que toutes ces créatures tiennent la vie : il les conserve ; il a soin d'elles comme un tendre père a soin de ses enfants. N'en conclurez-vous pas qu'il faut aimer ce Dieu qui est la charité même ? Si ses soins s'étendent jusque sur les animaux, que ne fera-t-il pas pour moi! S'il s'étudie à rendre la vie douce et agréable aux créatures dépourvues de raison, que ne dois-je pas attendre de sa bienfaisance! Qu'il rougisse donc de ses inquiétudes l'homme pusillanime qui, dès que l'abondance s'éloigne de lui, tombe dans le découragement, et craint que Dieu ne l'abandonne! Ah! cet Etre si bon, qui pourvoit aux besoins de tant d'animaux, connaît aussi les miens, et saura bien y satisfaire.

Une autre réflexion sur l'instinct des bêtes me fournit une nouvelle occasion d'admirer et d'adorer le grand Etre qui combine avec tant de sagesse les moyens avec la fin. Comme les instincts des animaux se rapportent tous à la conservation des espèces, ils se manifestent de là manière la plus frappante dans l'amour et la sollicitude qu'ils ont pour leurs petits. Jésus-Christ lui-même, pour nous représenter sa bonté paternelle, se sert de l'image d'une poule qui rassemble ses poussins sous ses ailes. C'est, en effet, un spectacle touchant que l'affection si vive de cette mère pour ses petits, et les soins continuels qu'elle en prend. Jamais elle ne détourne les yeux de dessus eux, si ce n'est pour s'occuper de ce qui peut leur convenir : à l'approche du moindre danger, elle vole à leur secours; elle s'oppose avec courage à l'agresseur; elle hasarde sa propre vie pour sauver la leur; elle les appelle et les rassure par sa voix maternelle; elle étend ses ailes pour les couvrir; elle se refuse toute sorte de commodité; et, dans la posture la plus gênée, elle ne pense qu'à la sûreté et au bien-être des objets de son amour. Qui ne reconnaîtrait ici le doigt du Très-Haut! Sans cette tendre sollicitude, sans cet instinct si puissant et si supérieur à tout; disons-le, en un mot, sans tout ce qui tient à ce sentiment naturel par lequel la poule est dominée à l'égard de ses petits, infailliblement toute l'espèce périrait. Mais de qui procèdent ces merveilles, sinon de l'Etre créateur?

Concluons donc que c'est pour l'homme un devoir indispensable de chercher dans les animaux une occasion de glorifier leur auteur; que ce devoir doit nous être sacré; et qu'il sera pour nous également agréable et salutaire.

LXIX. — De l'homme. — Idée qu'on doit se former de l'homme.

Parvenu au plus parfait des êtres qui soit sur la terre, à celui qui fut l'objet de la création ici-bas, je puis enfin m'occuper plus particulièrement de moi-même, méditer sur la structure de mon corps, réfléchir sur cette substance immatérielle qui l'anime; et, en contemplant ces objets si dignes d'un être intelligent, reconnaître la puissance de Dieu, sa sagesse, et apprendre en même temps tout le prix de ma vie terrestre.

L'univers est un tableau qui n'offre que des traits confus, lorsqu'on n'en saisit pas le vrai point de vue. Cet amas immense d'êtres divers qui le composent serait une espèce de chaos, si l'homme ne s'y trouvait placé pour en former la liaison et les rapports. C'est à lui que tout aboutit, c'est sur lui que tout porte. Il est donc de la dernière importance de ne pas se méprendre sur l'idée qu'on se forme de l'homme : trop basse, elle nous fera paraître le monde et trop magnifique et trop grand; trop élevée, elle nous le montrera trop vil et trop étroit. Une sage Providence a tout proportionné : l'ordonnance du palais a été mesurée sur les besoins du maître qui l'habite. Si l'édifice n'est pas parfait, c'est parce que celui pour lequel il fut destiné a lui-même des imperfections.

Mais parce que l'homme a des défauts, dois-je le confondre avec les autres créatures? Non, sans doute. Il est fait pour régner sur elles : telle est sa dignité. D'autre part, il a été tiré du néant : il y tient donc aussi. De plus, il s'est rendu coupable : il n'est donc pas parfait. Ne séparons jamais les défauts de l'homme des qualités qui, dans l'ordre sensible, l'élèvent si fort au-dessus de tout ce qui existe : n'en faisons ni une brute stupide, qui n'aurait que de la bassesse, ni un être idéal, qui n'aurait que des perfections.

L'homme offre **un mélange étonnant de grandeur et de bassesse** : dans ce mélange, néanmoins, reconnaissons et la sagesse de Dieu, et sa bonté sur l'homme même dégradé; admirons ce grand ouvrage. Le fruit de cette étude sera de nous rappeler à la considération de nous-mêmes, pour nous élever jusqu'à notre auteur par une route qui ne pourra nous égarer.

L'ingratitude s'exhale en murmures éternels contre la Providence : elle n'élève la voix que pour dégrader l'homme et blasphémer le Créateur. Celui qui n'est occupé qu'à s'exagérer à soi-même ses propres maux les aigrit, et les rend incurables : celui qui ferme les yeux sur les avantages réels dont il jouit les rend nuls, et devient coupable de l'ingratitude la plus noire.

La reconnaissance est un poids insupportable pour certains hommes. De leur orgueil inflexible, de la dureté de leur cœur, naît en eux un fanatisme qui les arme et contre eux-mêmes et contre Dieu. Ils aiment mieux s'avilir à leurs propres yeux que de reconnaître les bienfaits signalés dont ils lui sont redevables. Ah! loin de moi ces idées fausses et désespérantes! Qu'elle est consolante, au contraire, et qu'elle est touchante, la vraie sagesse, lorsqu'elle me peint l'homme sous ses véritables couleurs! « O Dieu! s'écrie-t-elle par la bouche de David, que votre nom » est admirable dans toute la terre! Vous avez élevé votre gloire » au-dessus des cieux; de la bouche même des enfants et de ceux » qui sont encore à la mamelle, vous avez tiré votre plus grande » gloire, et couvert vos ennemis de confusion. Vous avez fait » l'homme presque égal aux anges, vous l'avez couronné de » gloire et d'honneur, vous avez soumis à son empire tous les » ouvrages de vos mains; il voit au-dessous de lui toutes les au- » tres créatures : les brebis, les bœufs et les animaux errant dans » les champs; les oiseaux du ciel, et les poissons de la mer, qui » se promènent dans les sentiers de ses eaux. »

LXX. — Du corps humain relativement à l'extérieur.

Une machine étonnante, composée de parties innombrables, dont plusieurs sont d'une finesse qui les rend imperceptibles à 'œil même le plus perçant; qui, par les solides, représente des leviers, des cordes, des poulies, des poids et des contre-poids; qui, par les fluides, ainsi que par les vaisseaux qui les contiennent, suit les règles de l'équilibre et du mouvement des liqueurs;

qui, par des pompes pour aspirer l'air et le rendre, est asservie
aux inégalités et à la pression de l'atmosphère; qui, par des
filets presque invisibles répandus à toutes ses extrémités, soutient des rapports innombrables avec ce qui l'environne : machine sur laquelle tous les objets de l'univers viennent agir, et
qui réagit sur eux; qui, comme la plante, se nourrit, se développe, et se reproduit; mais qui à la vie végétale joint le mouvement progressif : mécanique vivante, mais dont tous les ressorts sont intérieurs et dérobés à l'œil, tandis qu'au-dehors on ne
voit qu'une décoration simple à la fois et magnifique, où sont
rassemblés et le charme des couleurs, et la beauté des formes, et
l'harmonie des proportions : tel est le grand spectacle qui vient
se présenter à mon esprit; tel est le corps humain.

Tout annonce dans l'homme le maître de la terre, tout y marque sa supériorité sur le reste des êtres vivants. Son attitude est
celle du commandement. Sa tête regarde le ciel, et présente une
face auguste, sur laquelle est empreint le caractère de sa
dignité; l'image de l'âme y est peinte par la physionomie; l'excellence de sa nature perce à travers les organes matériels, et
anime d'un feu divin les traits de son visage. Un port majestueux, une démarche ferme et hardie, annoncent sa noblesse et
son rang; il ne touche à terre que par ses extrémités les plus
éloignées; il ne la voit que de loin et semble la dédaigner. Les
bras ne lui sont point donnés pour servir d'appui à la masse de
son corps. Ses mains ne doivent pas fouler la terre, et perdre,
par des frottements réitérés, la finesse du toucher, dont elles
sont le principal organe; réservées à des usages plus nobles,
elles exécutent les ordres de la volonté, saisissent les choses
éloignées, écartent les obstacles, préviennent les rencontres et
le choc qui pourraient nuire, retiennent ce qui peut plaire, et le
mettent à la portée des autres sens.

Tel, au premier aspect, se présente le roi de la terre, et déjà
il annonce sa destination. Quelle diversité dans l'extérieur de
son corps! Cependant ce ne sont là que les parties principales et
les plus essentielles. Leur forme, leur structure, leur ordre, leur

situation, leur mouvement, leur harmonie, tout ici nous fournit
des preuves incontestables de la sagesse et de la bonté du Créateur. Aucune n'est imparfaite ou difforme, aucune n'est inutile,
aucune ne nuit à l'autre, aucune n'est mal située : au contraire,
le moindre changement dans leur nombre, dans leur disposition
et leur arrangement rendrait le corps moins parfait. Si, par
exemple, j'étais privé de l'usage des mains, ou si elles n'étaient
pas pourvues de tant de jointures, je serais hors d'état d'exécuter
une multitude d'opérations essentielles à mon bonheur. Si, en
conservant ma raison, j'avais la forme d'un quadrupède ou d'un
reptile, je serais inhabile à quantité d'arts; je ne pourrais ni
agir ni me mouvoir avec facilité, je ne contemplerais pas aussi
commodément le spectacle des cieux. Si je n'avais qu'un œil et
qu'il fût placé au milieu du front, il serait impossible que je visse
à droite et à gauche, que j'embrassasse un aussi grand espace,
et que je distinguasse tant d'objets à la fois. Si mon oreille était
différemment située, je ne pourrais entendre aussi facilement ce
qui se passe autour de moi. En un mot, toutes les parties de mon
corps sont construites et arrangées de manière qu'elles concourent à la beauté et à la perfection du tout, et qu'elles sont propres
à en remplir les différentes fins.

Soyez béni, Dieu puissant et bon, de ce que j'ai reçu de vous
un corps si bien constitué. Ah! puisse ce sentiment de gratitude
et de louange ne jamais s'affaiblir en moi! puissé-je, au moins, le
renouveler aussi souvent que je considère mon corps, ou que je
me sers de ses membres pour quelque objet intéressant! Alors je
n'en ferai point un usage contraire au but pour lequel ils m'ont
été donnés : je les emploierai constamment au bien de la société,
et je serai continuellement attentif à glorifier Dieu et dans mon
corps et dans mon esprit.

LXXI. — Variétés dans les traits du visage : les cheveux.

C'est une preuve bien sensible de la sagesse adorable de Dieu,
que cette diversité qui règne dans l'extérieur des hommes, et
qui, malgré la grande ressemblance qu'ils ont les uns avec les

autres dans leurs parties essentielles, permet de les distinguer aisément et sans s'y tromper. De tant de millions d'individus, il n'en est pas deux qui se ressemblent parfaitement : chacun a quelque chose de particulier, surtout dans le visage, la voix et le langage. Cette diversité des physionomies est d'autant plus étonnante, que les parties qui composent la face humaine sont en assez petit nombre, et que dans chaque sujet elles sont disposées selon le même plan. Si tout était produit par un hasard aveugle, les visages des hommes devraient se ressembler autant que se ressemblent les œufs pondus par une même poule, les balles fondues dans un même moule, les gouttes d'eau qui coulent d'un même vase. Puisqu'il n'en est pas ainsi, reconnaissons donc ici la sagesse infinie du Créateur, qui, en diversifiant d'une manière si admirable les traits de la face humaine, a eu manifestement en vue le bien-être des hommes. En effet, s'ils se ressemblaient parfaitement, et qu'il fût impossible de les distinguer les uns des autres, il en résulterait une multitude d'inconvénients, de méprises, de tromperies, de désordres dans la société : jamais on ne serait assuré de sa vie, de son honneur, de celui de son épouse, de la possession paisible de ses biens. Le voleur et le brigand, s'il était impossible de les reconnaître aux traits de la figure ni au son de la voix, ne courraient aucun risque d'être découverts. A chaque instant exposé à la malice et à l'envie, l'homme n'aurait nul moyen de se garantir d'une infinité de surprises, de malversations et de fraudes. Quelle incertitude dans les ventes, dans les transports, les marchés, les contrats, dans tous les actes judiciaires! Quel bouleversement dans le commerce! En un mot, l'uniformité et la parfaite ressemblance des visages ferait perdre à la société humaine tous ses charmes, et ravirait aux hommes presque tous les avantages qu'ils trouvent dans le commerce de la vie.

La diversité des traits entra donc dans le plan du gouvernement de Dieu : elle est une preuve du tendre soin qu'il prend des hommes; et il est manifeste que non-seulement la structure générale du corps, mais aussi la disposition des diverses parties qui le composent. est le fruit de la plus profonde sagesse. Partout la variété s'y trouve jointe à l'uniformité : d'où résultent l'ordre, les proportions et la beauté.

Les cheveux sont un des plus beaux ornements de la face humaine. Mais ce n'est pas au seul agrément qu'ils sont destinés. Considérons un moment leur merveilleuse structure, et les diverses utilités qui nous en reviennent.

Dans un cheveu on distingue, à la vue simple, un filament oblong et délié, et un nœud d'ordinaire plus épais, mais toujours plus transparent que le reste. Le filament est le corps du cheveu; le nœud, ou bulbe, en est la racine. De cette dernière sort le cheveu, composé de trois parties, l'enveloppe extérieure, les tuyaux intérieurs et la moelle. Quand il est arrivé à l'ouverture de la peau, par laquelle il doit passer, il est fortement enveloppé par la pellicule de la racine, qui forme en cet endroit un tuyau fort petit. Le cheveu pousse alors l'épiderme, dont il se fait une gaîne, qui le garantit dans les commencements, où il est encore assez mou. Le reste de l'enveloppe de tout le cheveu est d'une substance particulière, et transparente, surtout à la pointe. Molle dans un jeune cheveu, cette écorce devient ensuite si dure et si élastique, qu'elle recule avec bruit lorsqu'on la coupe. Cette enveloppe extérieure conserve longtemps le cheveu. Immédiatement au-dessous, plusieurs petites fibres s'étendent le long du cheveu, depuis la racine jusqu'à l'extrémité : elles sont unies entre elles et avec l'écorce qui leur est commune par plusieurs filets élastiques; et ces faisceaux de fibres forment un tuyau rempli de deux substances, l'une fluide, l'autre solide, qui constituent la moelle des cheveux. Quand le microscope ne ferait pas voir que les cheveux sont des corps creux, certaine maladie dans laquelle le sang dégoutte par l'extrémité des cheveux ne laisserait sur ce fait aucun doute.

Depuis le sommet de la tête jusqu'à la plante des pieds, il n'est rien dans l'homme qui n'annonce les perfections du Créateur. Les parties mêmes qui paraissent les moins considérables, celles dont il semble qu'on pourrait le plus aisément se passer, deviennent importantes, si on les considère dans leurs rapports avec les autres parties, si l'on examine leur structure et leur destination.

LXXII. — Esquisse du corps humain dans ses parties internes.

L'homme est le roi de la nature : il en est aussi le chef-d'œuvre. Je jette un coup d'œil sur le mécanisme de son corps : mécanisme admirable, où la délicatesse est unie à la force, la légèreté à la solidité, la multiplicité des parties à la simplicité du tout; et je m'écrie avec un ancien : « La description du corps humain est le plus bel hymne en l'honneur de la Divinité! » Avant d'entrer dans quelques détails sur ce sujet intéressant, formons-nous une idée de l'ensemble, par une description abrégée des principales parties. Ce que nous dirons à cet égard pourra le plus souvent s'appliquer au corps des animaux, et surtout des quadrupèdes.

Placé au milieu de la poitrine, le *cœur* est le principe du mouvement et de la vie. Les *poumons*, qui occupent la même cavité, semblables à un soufflet toujours en action, s'étendent et se resserrent, tantôt pour inspirer l'air, tantôt pour l'expirer. Ils remplissent presque toute la capacité de la poitrine, qu'ils rafraîchissent par l'air qu'ils inspirent, en même temps qu'ils remplissent d'autres fonctions de la plus grande importance. Sous les poumons est placé l'*estomac*, qui reçoit et digère les aliments. A droite est le *foie*, dont la chaleur contribue à la digestion : il élabore et sépare du sang la bile, qui se rend dans les intestins. Vis-à-vis du foie est la *rate*, d'une consistance molle et très extensible, et dont les fonctions ne sont pas très bien connues. Derrière ces deux organes sont les *reins*, l'un à droite, l'autre à gauche, et dont l'usage est de séparer du sang les sérosités qui vont s'épancher dans la vessie. Sous ces parties sont situés les *intestins*, attachés au *mésentère*, grande membrane qui se replie plusieurs fois sur elle-même, et oblige les intestins à se replier de la même manière les uns sur les autres : ceux-ci achèvent de séparer les aliments digérés des parties les plus grossières, qu'ils conduisent hors du corps. Une quantité innombrable de petits vaisseaux, plus fins que les cheveux, qui contiennent un suc qui ressemble au lait, s'abouchent dans les intestins, et serpentent sur le mésentère, au milieu duquel est placée une grosse glande, où elles vont se rendre comme dans leur centre. La partie du corps où sont contenus les intestins, etc., se nomme le *bas-ven-tre,* ou l'*abdomen :* il commence à l'estomac, et il est séparé de la poitrine par le *diaphragme,* muscle très fort, où l'on remarque diverses ouvertures destinées à donner passage aux vaisseaux qui doivent descendre dans les parties inférieures. Le foie et la rate y sont attachés; et son ébranlement non-seulement occasionne le rire, mais sert encore à dégager la rate des humeurs qui l'incommodent.

A l'entrée du *cou* se trouvent l'*œsophage* et la *trachée-artère.* L'œsophage est le canal que traversent les aliments pour arriver à l'estomac; par la trachée-artère l'air pénètre dans les poumons. Pendant que ceux-ci renvoient l'air par ce canal, la voix se forme : il sert en même temps à débarrasser la poitrine des matières superflues.

Dans la partie supérieure de la *tête* est placé le *cerveau :* la masse entière de cet organe est couverte de deux membranes fines et transparentes, dont l'une, appelée *pie-mère,* l'enveloppe immédiatement, et l'autre, nommée *dure-mère,* se trouve adhérente à l'intérieur du crâne.

Indépendamment de ces parties, dont chacune occupe une place déterminée, il en est d'autres qui sont répandues par tout le corps, telles que les os, les artères, les veines, les vaisseaux lymphatiques, les muscles et les nerfs. Enchâssés dans leurs jointures, les *os* servent à soutenir le corps, à le rendre capable de mouvement, à conserver et garantir les parties nobles. Les *artères* et les *veines* portent partout la nourriture et la vie. Plusieurs *vaisseaux lymphatiques,* qui tiennent d'ordinaire à certaines glandes, reçoivent une liqueur transparente et jaunâtre, qu'ils distribuent ensuite à toutes les parties. Les *nerfs* sont de petits cordons qui sortent du cerveau, et de là se distribuent jusqu'aux extrémités du corps. C'est à travers ces canaux que circulerait, comme l'ont cru quelques physiologistes, le *fluide unimal*, source à la fois et du sentiment et du mouvement, dont les *muscles* sont les agents principaux.

Toute la machine est couverte de chairs, et partout revêtue d'une peau percée d'une multitude d'ouvertures, ou *pores*, que leur extrême finesse rend invisibles à l'œil nu, et à travers lesquels s'exhalent les matières subtiles qui se trouvent en surabondance dans le corps.

La grande sagesse qui se manifeste dans les parties solides de cette machine merveilleuse se retrouve dans les parties fluides. Le chyle, le sang, la lymphe, la bile, la moelle, et toutes les différentes espèces d'humeurs qui fournissent des glandes innombrables ; leurs diverses propriétés, leur destination, leurs effets, la manière dont elles se préparent, se filtrent, se séparent les unes des autres ; leur circulation, leur réparation : tout annonce l'art le plus étonnant, et la plus profonde intelligence.

Résumons tout ce que nous venons de dire touchant la structure intérieure du corps humain. Les os, par leur solidité et leurs jointures, forment la charpente de ce bel édifice. Les ligaments unissent les parties entre elles. Les muscles sont des parties charnues, qui exécutent leurs fonctions comme des ressorts élastiques. Les nerfs, qui s'étendent dans toutes les parties du corps, établissent entre elles une liaison intime. Semblables à des ruisseaux féconds, les artères et les veines portent partout le rafraîchissement nécessaire à l'entretien du corps. Le cœur, placé au centre, est le foyer ou la force motrice au moyen de laquelle le sang circule et se conserve. Les poumons, à l'aide d'une autre force, attirent en-dedans l'air extérieur, et expulsent les gaz nuisibles ou inutiles. L'estomac et les intestins sont les ateliers où se préparent les matières qu'exige la réparation journalière. Siége de l'âme, le cerveau est formé d'une manière assortie à la dignité de l'être qui l'habite : les sens, comme autant de ministres, l'avertissent de tout ce qu'il lui importe de savoir, et servent à ses plaisirs comme à ses besoins.

Avec quel art j'ai été formé! Quand il n'existerait point de ciel qui publie si magnifiquement la gloire de son auteur; quand il n'y aurait d'autre créature que moi sur la terre, mon corps suffirait seul pour me convaincre de l'existence d'un Dieu, de l'immensité de son pouvoir, de sa sagesse et de sa bonté. Pourrais-je y refuser mon attention? Ah! loin de moi une stupide indifférence, qui outragerait l'auteur de mon être! Chaque fois que je méditerai sur la structure de mon corps, je bénirai Dieu qui m'a formé, ce Dieu qui m'a donné de si fortes preuves de sa perfection et de son amour

LXXIII. — De la digestion des aliments.

La digestion est le résultat d'un mécanisme admirable et très compliqué qui s'exécute chaque jour en nous, sans que nous le comprenions. Une multitude d'hommes n'ont jamais réfléchi sur la manière dont les aliments soutiennent en nous la vie : rien cependant de plus intéressant que les opérations de la nature à cet égard.

Les aliments sont composés de différentes parties : celles qui sont nutritives et peuvent s'assimiler à notre propre substance, et celles qui doivent être expulsées de notre corps. A l'un et à l'autre égard, il est nécessaire que les aliments soient divisés, broyés; et c'est là l'opération qui commence à se faire dans la bouche, par la mastication. Les dents incisives coupent et séparent les morceaux, les dents canines les déchirent, et les molaires les broient. La langue et les lèvres contribuent aussi à cette opération, en retenant les aliments sous les dents autant qu'il est nécessaire. Certaines glandes, comprimées par la mastication, laissent échapper la salive, qui humecte les aliments, les pénètre, et en facilite l'élaboration. De là vient qu'il importe beaucoup qu'ils soient mâchés longtemps avant d'être avalés.

Telle est, par rapport à la digestion des aliments, la dernière fonction à laquelle notre volonté ait part : tout le reste s'opère à notre insu, et même, à proprement parler, sans que nous puissions y apporter d'obstacle

Les aliments, avec ce commencement d'élaboration qu'ils ont reçu dans la bouche, sont poussés dans le pharynx, orifice du canal qui conduit à l'estomac, et où se trouvent aussi des glandes qui fournissent continuellement une humeur propre à le lubréfier : s'il est trop sec, le sentiment de la soif nous avertit de boire. De là, ils suivent la route de l'œsophage, qui, par un mécanisme propre à cet organe, les fait descendre dans l'estomac, où ils n'arriveraient point par leur seule pesanteur. Ici, des sucs, connus sous le nom de *sucs gastriques*, leur font subir une préparation qui les réduit en une pâte molle et de couleur grisâtre. Lorsque l'estomac est trop longtemps vide, ces sucs picotent, irritent les houppes nerveuses de ce viscère, et produisent la sensation que nous appelons la *faim*.

Une espèce de couvercle, dont est pourvu l'orifice supérieur de l'estomac, empêche les aliments de retourner dans l'œsophage, et les oblige de s'écouler, par le pylore, dans les intestins. Le mouvement *péristaltique* ou vermiculaire du canal intestinal, donne à la masse alimentaire qui y est reçue les moyens de le parcourir jusqu'à son extrémité inférieure. Les aliments réduits, par les élaborations précédentes, en cette pâte grisâtre dont nous avons parlé, le *chyme*, passent d'abord dans le duodénum, où ils subissent des préparations nouvelles, au moyen de la bile et du suc pancréatique. La membrane muqueuse qui tapisse les intestins répand ses humeurs sur la masse alimentaire, et ces humeurs la pénètrent intimement. C'est après ce mélange qu'on découvre un vrai *chyle* dans cette masse; et il y a tout lieu de croire que c'est dans le duodénum que la digestion s'achève et se perfectionne. La masse alimentaire continue lentement sa route à travers les autres intestins, où elle est continuellement humectée par de nouveaux sucs. Le chyle passe dans les vaisseaux chylifères, qui s'ouvrent de toutes parts dans les intestins, principalement dans les grêles, et qui vont aboutir à un réservoir qui donne naissance au canal thorachique, lequel remonte le long de la poitrine. Le chyle parcourt ce canal; et, se mêlant avec le sang, il va se rendre dans le cœur, pour de là prendre les routes de la circulation, que nous examinerons plus bas.

Cependant les parties des aliments trop grossières pour être converties en chyle, et pour entrer dans les vaisseaux chylifères continuent leur marche, poussées par le mouvement péristaltique les intestins. Arrivées dans le troisième intestin, elles passent dans le quatrième, puis dans le cinquième. Parvenues enfin dans le rectum, ces matières que l'on peut regarder comme le marc des aliments, s'évacueraient lentement et continuellement, si la Providence n'en avait environné l'issue inférieure du *sphincter*, qui la ferme. De cette manière, les résidus de chaque digestion s'accumulent dans le rectum, et y séjournent jusqu'à ce que leur quantité, et l'irritation qui en résulte, avertissent de les déposer. Alors les muscles du bas-ventre et le diaphragme aident l'action du rectum, et, surmontant la résistance du sphincter, expulsent les matières superflues.

Cette légère idée des différentes préparations que subissent les aliments avant de pouvoir s'assimiler à notre substance nous montre la sagesse de Dieu, dans cette opération si nécessaire à la santé, à la vie même. Que de choses pour que notre corps puisse recevoir la nourriture et l'accroissement! C'est par les rapports et l'union intime de ces parties internes et externes que s'opèrent la digestion des aliments et la sécrétion de tant d'humeurs si différentes les unes des autres. Mais ces organes ne sont pas bornés aux fonctions relatives à la digestion : ils servent encore à d'autres usages. La langue, par exemple, contribue à la mastication; mais elle est aussi l'organe de la parole et le siége du goût. En un mot, il n'est pas un seul de nos organes qui n'ait qu'une seule destination. Pensons donc dans nos repas à tant de preuves de l'infinie sagesse du Créateur, et faisons-en quelquefois la matière de nos conversations. Quel sujet d'entretien et plus riche et plus utile! Comment pourrions-nous mieux, d'ailleurs, suivre cette sage maxime de l'Apôtre : « Soit que vous » mangiez, soit que vous buviez, et quelque chose que vous fas- » siez, faites tout pour la gloire de Dieu, » au nom de Jésus-Christ, ce Verbe adorable par qui tout a été créé, qui donne le mérite à toutes nos œuvres, et par qui seul Dieu est glorifié d'une manière vraiment digne de lui?

Pour toi, homme aveugle, que les passions ont égaré au point de méconnaître une souveraine intelligence, et qui as dit dans ton cœur : *Il n'y a point de Dieu,* relis ces articles, réfléchis surtout ce qu'ils renferment, et sois encore athée, si tu peux l'être.

LXXIV. — De la structure du cœur.

Le résultat de la digestion des aliments est le chyle. Ce liquide, après avoir passé par les vaisseaux chylifères, est porté, comme nous l'avons dit, par le canal thorachique, dans la *veine sous-clavière* gauche, d'où il passe dans la *veine cave,* qui s'en décharge dans l'oreillette droite du *cœur,* le plus noble et le plus précieux de tous les viscères, celui par lequel commencent le jeu et le mouvement de toutes les parties du corps animal, avec lequel ils finissent, et dont la fonction est de recevoir et distribuer le sang. Examinons l'organe au moyen duquel s'exécute une opération aussi indispensable.

Au centre de la poitrine, entre deux masses spongieuses connues sous le nom de *poumons,* est couchée une pyramide charnue, dont la base, qui en fait la partie supérieure, est jointe à deux petits entonnoirs, en forme d'*oreillettes,* lesquels communiquent à deux cavités contenues dans l'intérieur de la pyramide, et qui le partagent, suivant sa longueur, en deux chambres ou *ventricules.* Tel est le *cœur,* ou le principal ressort de la machine animale.

La substance de ce viscère paraît être un tissu de quantité de fibres entrelacées avec un artifice admirable, du jeu desquelles résultent deux mouvements opposés : l'un de dilatation, l'autre de contraction. Le cœur paraît exécuter ces mouvements en tournant sur lui-même : sa pointe se rapproche ou s'éloigne de la base, en montant ou en descendant obliquement.

Les deux cavités, ou *ventricules,* plus longues que larges, qui partagent la capacité de ce viscère, sont séparées l'une de l'autre par une cloison charnue. Le ventricule droit est situé antérieur

rement; le gauche l'est postérieurement. Les parois de celui-ci
sont constamment plus épaisses que celles du premier, parce
que, destiné à pousser le sang qu'il contient jusqu'aux extrémités du corps, il a besoin d'une force supérieure à celle du ventricule
droit, dont la fonction est de pousser seulement ce liquide dans
le poumon qui l'avoisine.

Les deux espèces de sacs connus sous le nom d'*oreillettes*,
qu'on remarque vers la base du cœur, et qui répondent aux deux
ventricules, avec l'un desquels chacune d'elles s'abouche, sont
distingués, comme eux, en droite et en gauche. La première
oreillette est beaucoup plus spacieuse que la seconde : chacune
a deux ouvertures : l'une qui répond à la veine dont elle reçoit
le sang; l'autre, au ventricule dans lequel elle se décharge. Outre
cette ouverture, chaque ventricule en a une autre qui répond à
un gros tronc d'artères. Ainsi, le ventricule droit répond d'une
part à l'oreillette droite, et de l'autre à l'artère *pulmonaire*, qui
porte le sang de ce ventricule dans le poumon. Le ventricule
gauche répond à l'oreillette gauche, et à l'*aorte*, ou grande artère,
qui distribue le sang à toutes les parties du corps.

D'après cette exposition, vous voyez qu'il y a quatre troncs de
vaisseaux à la base du cœur, par lesquels il est comme suspendu
et maintenu dans sa situation. Deux de ces vaisseaux prennent
leur origine aux deux ventricules, pour distribuer le sang dans
les poumons et dans toute la machine; les deux autres prennent
la leur aux deux oreillettes; et c'est par leur ministère que ce
liquide, rapporté aux différentes parties du corps, retourne dans
les ventricules pour subir une nouvelle distribution. C'est au
moyen de ces quatre vaisseaux que s'accomplit une des principales fonctions de l'économie animale, savoir : la circulation du
sang.

Que de choses admirables nous décèle l'étude du corps humain!
et quel est le mortel qui oserait se flatter de les bien comprend-
dre? Mais, s'il faut tant de pénétration et d'expérience, tant de
lumière et d'attention pour se former seulement quelque idée de
la structure du cœur, quelle folie ne serait-ce pas de croire que

l'auteur de cet ouvrage soit dépourvu d'intelligence, ou que l'ouvrage lui-même ne soit qu'une production du hasard ! Je reconnais de nouveau la sagesse, la puissance, la bonté du grand ouvrier dans la formation de mon cœur; et je suis pénétré de reconnaissance à la vue de ses bienfaits, autant que je suis rempli
d'étonnement en considérant la beauté de ses œuvres.

LXXV. — De la respiration.

C'est dans la substance du poumon que le chyle reçoit la perfection qui lui est nécessaire pour former le fluide précieux qui
donne la vie à l'animal. De toutes les fonctions qui concourent à
l'entretenir, la respiration est donc une des principales et des
plus nécessaires. La cessation de cette fonction pendant un
temps très court amène nécessairement la mort.

Cette fonction par laquelle une portion de la masse d'air qui
nous environne se jette dans nos poumons et en ressort alternativement, comprend deux mouvements : l'*inspiration*, dans
laquelle la poitrine se dilate pour donner un libre accès à l'air
dans ce viscère; l'*expiration*, où elle se resserre pour pousser au-
dehors celui qui vient d'être inspiré. Le jeu des poumons commence au moment où, libre des entraves qui le retenaient dans
le sein de sa mère, l'homme se trouve plongé dans le fluide
aérien qui enveloppe notre globe, et il ne cesse qu'avec la vie.

Pour se former une juste idée de la respiration, il est nécessaire de connaître la structure et la disposition des parties qui y
concourent. La *poitrine* est une grande cavité, séparée du bas-
ventre par le diaphragme. Ce muscle, susceptible de contraction
et de relâchement, est, pour ainsi dire, collé aux poumons, dont
il suit les mouvements, soit dans leur élévation, soit dans leur
abaissement. Une membrane qu'on nomme la *plèvre* tapisse l'intérieur de la poitrine, au milieu de laquelle elle forme le
médiastin. Cette espèce de cloison, qui la partage en deux
cavités, procure à l'homme plusieurs avantages : par exemple,
lorsqu'on est couché sur le côté, elle empêche l'aile du poumon

qui se trouve du côté opposé de porter sur l'aile inférieure, et de gêner la respiration.

Au fond de la bouche commence la *trachée-artère*, canal dont l'extrémité supérieure se nomme *larynx* : la partie inférieure, divisée en deux branches, connues sous le nom de *bronches*, se distribue dans tout le poumon, où elle se ramifie en une infinité de vésicules à la surface desquelles passent les vaisseaux qui apportent le sang dans ce viscère, destiné à le mettre en contact avec le fluide atmosphérique. Dans la respiration, une partie de la chaleur de l'air vital passe dans le sang qui parcourt les poumons et se répand, avec lui, dans tous les organes. C'est ainsi que se répare la chaleur animale, qui est continuellement enlevée par l'atmosphère et les corps environnants; et l'on voit pourquoi les animaux qui ne respirent point d'air, ou qui ne le respirent que très peu, ont le sang froid.

Afin que la respiration pût s'exécuter commodément, le Créateur a disposé avec une infinie sagesse les parties intérieures du corps. Plus de soixante muscles sont dans un mouvement continuel, pour opérer cette fonction, en dilatant la poitrine et en la resserrant tour à tour. Rien de plus admirable que la structure de la trachée-artère : son extrémité supérieure est recouverte d'une valvule nommée *épiglotte* qui, la fermant exactement au moment de la déglutition, empêche que les aliments n'y passent, et que la respiration ne soit interrompue. On ne découvre pas moins de merveilles dans les parties inférieures de cet organe; dans les bronches, où l'air entre par la respiration; dans les vésicules; dans la distribution des veines et des artères qui accompagnent partout ces bronches et ces vésicules, et dont la surface est infiniment multipliée, afin que le sang qu'elles contiennent puisse recevoir de toutes parts les impressions de l'air.

Que d'actions de grâces ne dois-je pas au Créateur, qui, après m'avoir départi la faculté de respirer, a jusqu'ici, par sa bienveillance, conservé le souffle de ma vie !

LXXVI. — Du cerveau, des nerfs et des muscles.

Toutes les fonctions corporelles dépendent primitivement d'un fluide moteur, dont l'existence paraît démontrée ; et les nerfs, qui servent à transporter ce fluide dans toutes les parties du corps, sont universellement reconnus comme le principal agent de toute l'économie animale. Tel est le lien qui unit intimemen' deux substances tout-à-fait disparates ; qui établit, entre l'une et l'autre, une dépendance mutuelle, une réciprocité d'actions, qui subsistent autant que leur union, ou autant que la substance matérielle se trouve propre à remplir les fonctions auxquelles l'a destinée le Créateur. On peut donc regarder les nerfs comme les ministres fidèles de cette substance active qui anime notre corps. Ce sont eux qui communiquent son action à tous les organes qui lui sont soumis : c'est par leur moyen qu'elle est avertie de tous les changements, et de toutes les modifications auxquels ces organes sont exposés. Sensibles aux impressions des corps étrangers, les nerfs les transmettent jusqu'à l'âme, et la font entrer en commerce avec tous les êtres matériels qui l'environnent. Mais, précisément parce qu'ils touchent de plus près à l'âme, leur structure paraît plus profondément cachée : ici, nous apercevons les bornes circonscrites à nos connaissances par l'auteur de la nature.

Le cerveau, principe des nerfs, est aussi un vrai dédale où l'anatomiste se perd ; où il se trouve même un certain nombre de pièces très apparentes dont il ignore absolument l'usage, ou sur lesquelles il ne peut former que des conjectures.

Deux substances assez distinctes composent la masse du cerveau : la substance corticale, et la substance médullaire, connue de tout le monde sous le nom de *cervelle*. La première, qui sert pour ainsi dire d'*écorce* à la seconde, est un assemblage merveilleux d'une multitude innombrable de vaisseaux sanguins d'une finesse extrême. Les artérioles, qui se ramifient à l'infini dans cette substance, se dégradant continuellement, dégénèrent enfin en des vaisseaux blancs, transparents et comme cristallins.

qui donnent naissance à la substance médullaire, toute composée de tubules plus blancs et plus déliés encore, et qui se groupent en quelque sorte pour former les nerfs, qui ne sont ainsi
qu'un prolongement de la substance médullaire. La masse du
cerveau se trouve partagée en deux parties égales, séparées
l'une de l'autre par ce qu'on nomme la *faulx*. Cette division, marque certaine de la sagesse et de l'intelligence suprême, empêche,
lorsqu'on est couché sur le côté, que la portion supérieure ne
presse l'inférieure, et ne gêne les fonctions de ce viscère.

A la partie postérieure du crâne est une autre substance, le
cervelet, de même nature que la substance médullaire; vient ensuite la *protubérance cérébrale*, elle unit le cervelet au cerveau;
puis enfin la *moelle épinière*, qui est dans une espèce de canal
creusé dans toute la longueur de la colonne *vertébrale*. Elle ne
forme proprement qu'une même substance avec celle du cerveau.

Les nerfs sont des cordons blanchâtres, formés de divers faisceaux de filets droits et parallèles, liés ensemble par un tissu
cellulaire. Ils se divisent en une infinité de paires, par lesquelles
ils se distribuent à toutes les parties du corps.

Chaque division des nerfs se rend à la partie pour laquelle elle
est destinée, et dont la structure répond aux fonctions qu'elle
doit exercer, ou au sentiment que les nerfs de cette division
doivent occasionner. Le toucher, le goût, l'odorat, l'ouïe et la
vue sont cinq genres de sensations qui ont sous eux un nombre
presque infini d'espèces. L'ébranlement que l'impression des
objets produit sur les nerfs donne naissance à ces différents
genres de sensations, dont les organes des sens sont les instruments.

En vain, toutefois, l'homme démêlerait-il, au moyen des sens,
ce qui lui est avantageux ou nuisible, s'il ne pouvait se donner
aucun mouvement pour atteindre l'un et pour éviter l'autre. Il a
donc été pourvu d'organes qui lui procurent cette faculté. Ce
sont les *muscles*, qui, par leur dilatation et leur contraction,
communiquent à toutes les parties les mouvements et le jeu nécessaires aux besoins de l'animal.

Un équilibre admirable règne partout entre les forces muscu-laires. L'action de chaque muscle est balancée par celle d'un au-tre, ou par le propre ressort du muscle, ou par un poids op-posé, etc. C'est de la savante combinaison, et du balancement raisonné de ces différentes puissances, que résultent l'attitude et les mouvements divers du corps humain, ainsi que la flexion et l'extension de ses membres.

LXXVII. — Des sens en général, et du toucher en particulier.

De tous les êtres qui font partie de notre globe, l'homme est le plus parfait qui soit sorti des mains du Créateur; et il paraît être l'objet de toutes ses complaisances. Tout ce qui est créé ici-bas répond, d'une manière plus ou moins directe, plus ou moins sen-sible, à ses besoins divers, ou tourne à son agrément. Il était dans l'ordre que l'auteur de la nature donnât à l'homme les moyens de jouir du spectacle qui l'environne, et d'en tirer les avantages qu'il peut en attendre. Ce commerce entre lui et les objets corporels suppose nécessairement une organisation parti-culière dans les différentes parties de son corps; et c'est cette organisation qui renferme ce que l'on connaît sous le nom géné-ral d'*organes des sens*.

On distingue cinq de ces organes dans l'homme : la peau, la langue, le nez, l'œil et l'oreille. C'est par l'entremise de ces sens qu'il se trouve, pour ainsi dire, lié avec tous les êtres maté-riels qui l'environnent : c'est par leur ministère qu'il jouit de tous les avantages que ces êtres peuvent lui procurer : c'est par leur secours qu'il est en état de veiller à sa propre conservation, et d'éviter tout ce qui pourrait lui nuire. Les deux premiers ne produisent l'effet auquel ils sont destinés, qu'autant que les ob-jets extérieurs qui doivent les mettre en action leur sont immé-diatement appliqués. Il n'en est pas ainsi du nez, de l'oreille et de l'œil : leur ébranlement dépend d'une substance médiatrice entre ces organes et les objets qui doivent agir sur eux.

On peut dire que le *toucher* est le sens universel des animaux : il est la base de toutes les autres sensations, puisque la vue, l'ouïe, l'odorat et le goût ne sauraient avoir lieu sans le contact. Mais, en tant que le toucher s'exerce autrement dans la vue que dans l'ouïe, et dans l'ouïe que dans les autres organes des sens, on peut, à cet égard, distinguer le sens du toucher proprement dit d'avec cette sensation universelle dont nous venons de parler.

Les nerfs du toucher, qui, comme le sens du même nom, sont répandus dans tout le corps, partent de la moelle épinière, passent par les ouvertures latérales de toutes les vertèbres, et se distribuent par tout le corps. Ils se trouvent même dans les parties qui servent aux autres sens; parce qu'indépendamment des autres sensations qui leur sont particulières, elles doivent encore être susceptibles du tact. De là vient que les yeux, les oreilles, le nez et la bouche reçoivent des impressions entièrement indépendantes du toucher, et que ne produisent point les nerfs qui leur sont propres.

Comme la sensation ne s'opère que par l'entremise des nerfs, chaque membre sent plus vivement, à proportion qu'il en a davantage, et le sentiment cesse dans les parties qui en sont dépourvues, ou qui sont obstruées, ou dans lesquelles on a coupé les nerfs. On peut faire des incisions dans les graisses, amputer des os, couper les ongles et les cheveux, sans causer de douleur : ou celle que l'on croit éprouver alors n'est que l'effet de l'imagination. L'os est environné d'une membrane nerveuse, les ongles sont affermis dans un lieu où il y a des entrelacements de nerfs, et ce n'est que lorsque quelqu'un de ces nerfs vient à être attaqué, que l'on éprouve de la douleur. La dent, par exemple, en tant qu'os, n'a aucune sensibilité : mais le nerf qui s'y trouve peut occasionner de la douleur, lorsqu'il est trop fortement irrité.

En répandant le sens du toucher par tout le corps, Dieu a manifestement eu en vue le bien de l'homme. Les autres sens sont placés dans des endroits particuliers, et les plus convenables aux fonctions qu'ils ont à exercer. Mais, comme il était nécessaire, pour la conservation et le bien-être du tout, que chacune des parties fût avertie de ce qui peut lui être utile ou nuisible,

agréable ou désagréable, il fallait que le sens du toucher fût répandu dans le corps entier.

C'est encore par un effet de la sagesse divine que plusieurs espèces d'animaux ont le tact plus subtil que l'homme. Cette
finesse est nécessaire à leur genre de vie, et elle les dédommage
de la privation de quelques autres sens. Les cornes du limaçon,
par exemple, sont d'une sensibilité exquise : le moindre obstacle
les lui fait retirer avec une extrême promptitude. Et quelle ne
doit pas être la finesse de toucher dans l'araignée, puisqu'au
milieu de cette toile qu'elle a si artistement ourdie, elle s'aperçoit des moindres ébranlements que l'approche des autres insectes y occasionne !

Mais, sans nous arrêter au toucher des animaux, il suffit de
considérer ce sens tel qu'il se trouve dans l'homme, pour être
rempli d'admiration.

LXXVIII. — Le goût.

Le corps humain est une machine chargée de se remonter elle-
même, et douée de toutes les facultés nécessaires pour remplir
cette destination. Nous avons vu l'organe du toucher, rangé alen-
tour, comme une espèce de corps de garde, pour l'avertir de
toutes parts des secours qui lui arrivent, et des dangers qui le
menacent. Le goût est à la porte pour examiner tout ce qui se
présente, avant de l'admettre dans l'intérieur, et pour n'y introduire que ce qui est salutaire. Je ne serais pas aussi heureux
que je le suis, si je n'avais pas la faculté de distinguer les diverses espèces d'aliments; et mes plaisirs diminueraient de beaucoup, si la pomme et la poire, la figue et le raisin, avaient pour
moi la même saveur. Le pouvoir de discerner les saveurs, ou le
sens du goût, est donc un présent de la Divinité, comme il est
une preuve de sa sagesse.

La bouche, l'œsophage et l'estomac, quoique très distingués
les uns des autres, peuvent néanmoins être regardés comme un
seul et même organe, par rapport au goût. Ces trois parties concourent à désirer ou à rebuter un même objet : et l'on remarque

constamment que, si la bouche nous donne de l'aversion pour un mets, le gosier se resserre pour lui refuser l'entrée; et que, s'il passe malgré cet obstacle, l'estomac le repousse et le rejette. Cependant l'organe du goût est plus particulièrement répandu dans toute l'étendue de la bouche, et principalement dans la langue : celle-ci est, ainsi que le palais et le gosier, parsemée de houppes nerveuses, abreuvées d'une très grande quantité de sucs destinés à diviser les aliments.

Pour mettre cet organe en jeu, il faut que les corps savoureux soient appliqués sur les houppes ou papilles nerveuses. Les sels sont généralement reconnus pour les corps parmi lesquels se trouvent les substances qui ont le plus de saveur; et l'intensité de l'impression qu'ils produisent dépend de l'étendue des surfaces selon lesquelles ils s'appliquent sur les papilles. Plus donc ils sont divisés, plus leur impression doit être vive. C'est ce qui arrive par leur mélange avec la salive, laquelle, pour ainsi dire, leur sert de véhicule. Aussi remarquons-nous que les aliments ne nous font éprouver aucune sensation s'ils ne sont humectés, parce que, sans cela, les parties sapides ne sont ni assez divisées ni assez atténuées pour pénétrer jusqu'à l'organe.

Le goût, ainsi que le toucher, dépend donc des nerfs; et l'on s'en aperçoit en disséquant la langue. Après avoir enlevé la membrane qui la recouvre, on observe une multitude de racines où des nerfs aboutissent, et c'est précisément où les papilles nerveuses se trouvent que nous avons la sensation du goût; où elles manquent, la sensation manque aussi. L'examen de la langue du chat et du chien achève de nous convaincre de cette vérité. Chez ces animaux, les papilles nerveuses ne sont situées que sur les parties postérieures de la langue : celles de devant en sont privées. Au contraire, leur palais en est parsemé. De là vient que chez eux le bout de la langue n'est point susceptible du goût.

Arrêtons-nous quelques instants à méditer sur l'art avec lequel est formé l'organe du goût, dont néanmoins aucun anatomiste n'a pu observer encore toutes les parties. C'est par l'effet d'une grande sagesse que la langue a, de préférence à tous les autres membres, une si grande abondance de nerfs et de fibres, et qu'elle est remplie de petits pores, afin que les parties savoureuses pénètrent plus profondément et en plus grand nombre jusqu'aux papilles nerveuses. C'est par un effet de la même sagesse que les nerfs dont les branches s'étendent dans le palais et dans le gosier, pour favoriser la mastication, prolongent aussi leurs rameaux vers le nez et les yeux, comme pour avertir ces organes de contribuer, de leur part, à discerner les aliments.

LXXIX. — L'odorat.

Au-dessus de la bouche s'avance le nez, comme une espèce de sentinelle, pour veiller à la conservation de la machine animale. Cet organe est destiné à remplir plusieurs fonctions.

On remarque au fond du nez deux cavités qui pénètrent dans la bouche derrière le voile du palais : elles donnent passage à une grande partie de l'air que nous respirons. Il est bien plus aisé de respirer par le nez que par la bouche : on respire longtemps et avec facilité lorsque celle-ci est fermée, ce qui n'arrive point quand le passage du nez est obstrué, et qu'on ne peut respirer que par la bouche. On sait que les cavités du nez concourent à l'agrément de la voix, et que jamais les sons ne sont plus agréables que lorsqu'elle retentit dans les parois de cet organe. Il s'y sépare aussi une sérosité ou mucosité, nécessaire pour humecter les parties intérieures du nez, et pour les mettre à l'abri d'une sécheresse qui ferait perdre à la membrane dont il est tapissé une grande partie de sa sensibilité.

Mais la principale fonction du nez est d'être l'organe de l'odorat, dont le siége est cette membrane connue sous le nom de *membrane pituitaire,* de laquelle nous venons de parler. Elle est composée de deux lames : l'une intérieure, très ferme, et qui sert de périoste aux os du nez; l'autre extérieure, mollasse, parsemée dans toute son étendue de glandes et de papilles nerveuses, qui sont le principal organe sur lequel les parties odorantes déploient leur action. Vous concevrez combien ces particules sont subtiles,

si vous faites attention qu'elles échappent à la vue aidée des
meilleurs microscopes, et que leur dissipation, quoique très
abondante, ne diminue pas sensiblement le poids des corps d'où
elles s'échappent.

L'air sert de véhicule aux parties odorantes : c'est par son
ministère qu'elles sont portées dans le nez, et qu'elles sont appliquées sur la membrane pituitaire pendant le temps de l'inspiration : car, quoique l'air soit imprégné de particules odorantes et que le nez soit plongé dans ce fluide, on ne sent point les
odeurs si, par un inconvénient quelconque, l'enchifrènement, par
exemple, on perd l'usage de l'inspiration par le nez.

La respiration par le nez n'est pas la seule condition nécessaire pour sentir les odeurs : cette sensation exige encore une
disposition particulière dans la membrane pituitaire. Lorsque
celle-ci est abreuvée d'une trop grande quantité de sérosité, elle
tombe dans un relâchement qui prive de la faculté de sentir : ce
qui arrive encore quand elle a trop de tension.

Plus la membrane pituitaire a d'étendue, plus l'odorat est fin;
comme cela se remarque surtout dans le chien de chasse, chez
lequel cette membrane a tant d'extension, qu'elle se replie
même en-dehors; et, pour qu'elle soit mieux frappée des émanations les plus subtiles, cet animal a soin de l'humecter avec sa
langue. L'étendue de cette membrane ne suffirait pas néanmoins
pour lui donner un sentiment aussi exquis, si les nerfs qui s'y
distribuent n'étaient pas en grand nombre, et s'ils n'étaient à
découvert jusqu'à un certain point. De là vient encore que l'impression des odeurs est très active. C'est parce que les parties
extrêmement fines des corps odorants s'appliquent sur des nerfs
nus et très voisins du cerveau, qu'elles ont la propriété de faire
revenir promptement ceux qui tombent en faiblesse ou qui sont
submergés. Outre les nerfs olfactifs, qui se distribuent à la membrane pituitaire, elle reçoit encore une branche du nerf ophthal-
mique; et c'est à l'impression que les odeurs fortes produisent
sur ce dernier qu'on doit attribuer les larmes qu'elles font quelquefois couler.

Les parties odorantes, après avoir fait leur impression sur les houppes nerveuses de la membrane pituitaire, se mêlent-elles avec les liqueurs qui sont dans les routes de la circulation? On a quantité d'exemples de personnes assez violemment purgées pour avoir respiré les parties volatiles de certaines matières qu'elles pilaient, ou même pour avoir respiré l'odeur d'une potion purgative : quelques auteurs rapportent que d'autres ont vécu plusieurs jours sans prendre de nourriture, et seulement en respirant des odeurs. Peut-être faut-il attribuer cet effet à l'introduction de ces émanations subtiles dans les vésicules du poumon, où elles se mêlent avec le sang.

On peut considérer l'organe de l'odorat comme un supplément de celui du goût. Il est le goût des odeurs, et comme l'avant-goût des saveurs : et, si nous prenons avec confiance tout ce qui est approuvé par la bouche, c'est surtout quand l'odorat le lui a conseillé. En effet, rarement trouve-t-on mauvais au goût ce qui plaît à l'odorat. Aussi ce sens est-il beaucoup plus fin chez les animaux, obligés de manger ce qu'ils trouvent, que dans l'homme, qui, sur ce point, n'a encore que des actions de grâces à rendre à la Providence, dont la bonté a si exactement proportionné ses facultés à ses besoins.

LXXX. — Structure merveilleuse de l'oreille.

L'ouïe, ce sens précieux qui nous met en communication avec le monde moral, est un de ceux dont l'organisation présente le plus de ces rapports frappants qui annoncent une intelligence souveraine. L'oreille de l'homme est une machine acoustique de la plus savante composition, et dont le détail aurait droit de nous étonner, si nous ne devions être toujours préparés à des merveilles dès que notre raison s'applique à l'examen des productions de l'artiste suprême.

La position de l'oreille annonce déjà une grande sagesse : elle est placée dans l'endroit du corps le plus convenable, près du cerveau, siège commun de toutes nos sensations. Sa forme extérieure mérite aussi notre admiration. Si elle n'était que chair, la partie supérieure retomberait vers le bas, et empêcherait la communication des sons : si elle eût été pourvue d'os, il en résulterait d'autres inconvénients, et des douleurs insupportables quand on voudrait se coucher sur le côté. C'est par cette raison que le Créateur a choisi une substance cartilagineuse, qui à la flexibilité de la chair unit la fermeté de l'os, et dont le poli et les plis sont très propres à répercuter les sons : car l'usage de toute cette partie externe est de les réunir et de les renvoyer au fond de l'oreille.

Trois cavités principales partagent l'intérieur de cet organe. Celle qui se présente la première est une sorte de *conque*, ou d'entonnoir, dont l'ouverture est à l'extérieur; la seconde se nomme la *caisse;* la troisième, ou la plus intérieure, est le *labyrinthe.* Dans la conque se trouve une ouverture qu'on appelle le *conduit auditif,* dont l'entrée est garnie de petits poils qui servent de barrière contre les insectes qui tenteraient d'y pénétrer : c'est aussi dans le même dessein que toute l'étendue de ce conduit est humectée d'une humeur à la fois gluante et amère, que sécrètent des glandes.

Le tympan, ou *tambour,* se trouve placé obliquement au fond du conduit auditif. Cette partie a réellement beaucoup de ressemblance avec l'instrument dont elle porte le nom; car d'abord il y a, dans la cavité du conduit auditif, un anneau osseux sur lequel est tendue une membrane ronde, sèche et mince : en second lieu, sous cette peau, un cordon, rendant ici le même service que la corde de boyau rend au tambour, augmente par ses vibrations l'ébranlement du tympan, et sert, tantôt à donner plus de tension à la membrane, tantôt à la relâcher. Dans la cavité ou caisse, qui est sous cette peau, se trouvent quelques osselets fort petits, mais très remarquables : le *marteau,* l'*enclume,* l'*orbiculaire* et l'*étrier,* dont l'usage est de contribuer à l'ébranlement et à la tension de la peau du tympan. Un conduit qu'on nomme *trompe d'Eustache,* qui d'un côté s'ouvre dans la bouche, et de l'autre dans la caisse, renouvelle sans cesse l'air de celle-ci. La troisième cavité, qui par ses routes tortueuses ne ressemble pas mal à un labyrinthe, présente une espèce de vestibule, trois canaux demi-circulaires, et une partie tournée en spirale, nommée le *limaçon*. Le limaçon est enveloppé d'un conduit qui va, en s'étrécissant en forme de cône, depuis la base jusqu'à la pointe. Il est divisé par une cloison qu'on nomme la *lame spirale*, composée d'une foule innombrable de petites cordes de diverses épaisseurs et de diverses longueurs comme celles d'un piano. Chacune de ces fibres répond vraisemblablement à une fibre analogue du *nerf auditif*, qui part du cerveau, où est le siége de l'âme, à laquelle les impressions sonores se trouvent transmises.

L'air est un fluide. Si l'on jette une pierre dans une eau paisible, il en résulte des ondulations qui s'étendent plus ou moins, selon le degré de force imprimé à la pierre. Un mot prononcé produit dans l'air le même effet que le caillou lancé dans l'eau. Celui qui profère ce mot pousse l'air hors de sa bouche : cet air communique à l'air extérieur qu'il rencontre un mouvement d'ondulation, et cet air agité vient ébranler dans l'oreille le nerf auditif. L'âme éprouve alors une sensation proportionnée à l'impression reçue; et, en vertu d'une loi mystérieuse du Créateur, elle se fait des représentations d'objets et de vérités.

LXXXI. — L'œil.

De tous les sens, la vue est celui qui fournit à l'âme les perceptions les plus promptes et les plus étendues. Il est la source des plus riches trésors de l'imagination; et c'est à lui principalement que nous devons les idées du beau, de l'ordre et de l'unité du tout, dans la variété même des objets qui le composent.

Infortunés qu'un sort rigoureux a frustrés, dès la naissance, de l'usage de la vue! hélas! le plus beau jour ne diffère point pour vous de la nuit la plus sombre! jamais la lumière ne porta la joie dans vos cœurs. Vous ne la voyez point se jouer dans le brillant émail d'un parterre, dans le plumage varié d'un oiseau, dans le majestueux arc-en-ciel. Vous ne contemplez point, du haut des montagnes, les coteaux couronnés de pampres, les

champs couverts de moissons dorées, les prairies ornées de riante
verdure, arrosées de rivières qui fuient en serpentant, ni les
habitations des hommes dispersées çà et là dans ce grand
tableau. Vous ne promenez point vos regards sur l'immense
Océan; et ces légions innombrables de l'armée des cieux sont
pour vous comme si elles n'existaient pas. L'épaisse obscurité
qui vous environne ne vous permet pas de jouir de la contemplation de l'homme, ni de considérer en lui ce que la nature a de
plus grand, ou ce que vous avez de plus cher. Mais quels dédom-
magements vous sont réservés pour l'avenir! Vos ténèbres seront
changées en lumière; et, devenus habitants du ciel, vous por-
terez vos regards sur toutes les parties de l'univers.

L'œil surpasse infiniment tous les ouvrages de l'industrie des
hommes : sa structure est la chose la plus étonnante dont l'entendement humain ait pu acquérir la connaissance. Considérons-
en d'abord les parties externes. De quels retranchements, de
quelles défenses les yeux n'ont-ils pas été pourvus! Ils sont
placés dans la tête, à une certaine profondeur, et environnés d'os
très solides, afin qu'ils ne puissent pas être facilement blessés.
Les sourcils contribuent aussi à la sûreté et à la conservation de
cet organe : les poils qui forment ce bel arc au-dessus des yeux
empêchent que la sueur du front ne s'y introduise. Les paupières sont toujours prêtes à les secourir; et, comme elles se fer-
ment aux approches du sommeil, elles empêchent l'action de la
lumière de troubler notre repos. Les cils, en même temps qu'ils
ajoutent à la beauté, nous garantissent du trop grand jour : ils
excluent la lumière superflue, et arrêtent jusqu'à la moindre
poussière dont les yeux pourraient être offensés.

LXXXII. — De l'utilité de nos sens.

J'ai des sens; c'est-à-dire que, par le moyen de divers organes
merveilleux, je peux me procurer une multitude de sensations.
Par les *yeux*, j'acquiers la perception de la lumière et des couleurs; par les *oreilles*, celle des différents sons; par l'*odorat* et
par le *goût*, celle des émanations agréables ou désagréables des

odeurs et des saveurs, du doux et de l'amer, et d'autres propriétés des corps dont je peux faire usage ; par le *toucher*, enfin,
j'ai le sentiment du chaud et du froid, du dur et du mou, du sec
et de l'humide, etc.

Je me représente maintenant combien je serais misérable, si
j'étais privé des organes de la vue, de l'ouïe, du goût, de l'odorat
et du toucher. Si je n'étais point doué du premier, comment
pourrais-je me dérober aux périls qui m'environnent, me faire
une idée de la magnificence des cieux, des beautés de la nature,
et de tant d'objets agréables dont la terre est remplie? Sans l'organe de l'ouïe, comment serais-je instruit d'un grand nombre de
dangers qui me menacent de loin? comment jouirais-je du commerce de mes semblables, de l'harmonie et des charmes de la
musique? comment dans ma jeunesse aurais-je pu recevoir les
instructions de mes maîtres, apprendre à bien connaître Dieu, et
toutes les vérités précieuses que la religion renferme; acquérir
cette foule de notions qui enrichissent mon âme, et me distinguent si avantageusement des brutes? Si l'odorat et le goût
m'avaient été refusés, pourrais-je discerner les aliments qui me
sont salutaires d'avec ceux qui me seraient nuisibles, jouir des
parfums du printemps, et de mille objets qui me procurent des
sensations si délicieuses? Sans le tact, enfin, serais-je en état de
découvrir ce qui m'est contraire; serais-je en état de veiller à ma
propre conservation? Je ne saurais donc trop me réjouir et bénir
Dieu de ce que je puis voir, entendre, goûter, sentir et parler.
J'adore mon bienfaisant Créateur; je reconnais et je célèbre sa
bonté. Ma bouche s'ouvrira pour le glorifier par des cantiques de
louanges et d'actions de grâces. Mes oreilles seront attentives à
l'hymne universel que toutes les créatures entonnent en son
honneur.

Ah! qu'il ne m'arrive jamais de [méconnaître le prix de mes
sens, ou d'en abuser! Le Créateur me les a donnés pour les fins
les plus nobles : et combien ne serait-ce pas outrager sa bonté
libérale, et déshonorer l'admirable structure de mon corps, si je
ne les employais qu'à des fonctions animales, sans me proposer

des vues plus relevées ! Quel malheur de ne chercher sa félicité
que dans les plaisirs des sens, et de les préférer aux plaisirs
vraiment ravissants du cœur et de l'esprit ! Un jour viendra où
mes yeux ne seront plus sensibles à la beauté des objets extérieurs, où les sons d'une voix touchante ne flatteront plus mon
oreille, où mon odorat ne trouvera plus de charmes à sentir les
parfums les plus délicieux. Un temps viendra où presque tous
mes sens ne trouveront ni agrément ni satisfaction dans les
choses terrestres. Eh ! que je serais alors infortuné, si je ne con-
naissais rien qui pût nourrir mon esprit, consoler mon âme, remplir mes désirs ! Puis-je donc, en faisant usage de mes sens, ne
perdre jamais de vue le grand but de mon existence. Que leurs
organes me servent à glorifier mon Créateur, et que, dès ici-bas,
je commence à m'habituer à ces nobles occupations auxquelles,
après la résurrection future, ils seront employés dans le ciel.

LXXXIII. — Des os, et de leur assemblage.

L'examen des différentes parties qui composent notre corps
nous remplit d'admiration pour la main qui l'a formé. Le sceau
de l'ouvrier est empreint sur son ouvrage. Il semble avoir pris
plaisir à faire un chef-d'œuvre avec la matière la plus vile. Mais
sans les os, qui donnent de la consistance à toute la machine, qui
tiennent chaque organe à sa place, et font garder à tous les membres une situation convenable, un tel chef-d'œuvre ne pourrait
exister : cet édifice, où brille la plus sublime intelligence, ne
serait qu'une masse informe, dans laquelle toutes les parties,
affaissées sur elles-mêmes, ne pourraient concourir au jeu de
l'ensemble, au maintien de la vie animale.

Les os sont composés de deux matières, dont l'une, purement
gélatineuse, peut être comparée à un ouvrage à réseau, entre les
mailles duquel s'insinue une substance dure qui leur donne le
degré de consistance nécessaire. C'est de la même manière que
se forment les coquilles des animaux testacés.

La conformation de ce réseau renferme sans doute des particu-

larités qui le différencient beaucoup des reseaux que l'art
exécute. Il doit séparer, arranger et retenir les molécules qui s'y
incrustent, tout cela dans un rapport direct à l'économie propre
de chaque solide, ce qui paraît supposer beaucoup plus que de
simples mailles ou de simples trous. Ainsi la substance gélatineuse, qui est d'autant plus abondante dans les os que les animaux sont plus jeunes, et qui dans les premiers temps a été leur
seule partie constituante, n'est pas seulement une espèce d'organe sécrétoire dans lequel se déposent peu à peu les molécules
ossifiantes : elle est en quelque sorte un organe ordonnateur, constitué de manière à disposer ces mêmes molécules dans un ordre
déterminé et constant.

On divise le corps humain, par rapport aux os, en trois parties : la *tête*, le *tronc* et les *extrémités*. La tête comprend le crâne
et la face; le tronc est composé de l'épine, du thorax et du bassin : chacune des extrémités supérieures consiste dans l'épaule,
le bras, l'avant-bras et la main; chacune des inférieures comprend la cuisse, le genou, la jambe et le pied.

Les jambes et les cuisses sont de grands os, emboîtés les uns
dans les autres, et unis par de forts ligaments. Ce sont des espèces de colonnes égales et régulières qui s'élèvent pour soutenir
l'édifice. Mais ces colonnes peuvent se plier; et la rotule, d'une
forme inégalement arrondie, affermit l'articulation de la cuisse
avec la jambe, et empêche que les tendons des muscles ne se
froissent les uns contre les autres dans le fléchissement du
genou. Chaque colonne a son piédestal, composé de pièces rap-
portées, et artistement jointes, lequel se tourne à volonté sous la
colonne. Dans ce pied, on ne voit que muscles, tendons, que
petits os étroitement liés, afin que cette partie soit à la fois plus
souple et plus ferme selon les divers besoins. Les doigts qui la
terminent, avec leurs articulations et les ongles dont ils sont armés, servent à tâter le terrain, à s'appuyer avec plus d'adresse
et d'agilité, à se hausser, à se pencher, etc. Les pieds s'étendent
en avant, pour empêcher le corps de tomber de ce côté quand il
se penche ou qu'il se plie. Les deux colonnes se réunissent par la

haut, et sont encore brisées à cet endroit, pour donner à l'homme
la facilité de se baisser et de s'asseoir.

Le corps de l'édifice, ou le tronc, est proportionné à la hauteur
des colonnes. Il contient plusieurs des parties qui sont nécessaires à la vie, et qui, par conséquent, doivent être placées dans
un lieu sûr. Deux rangs de côtes assez serrées, qui sortent de
l'épine, vont, en formant une espèce de cercle, s'articuler par
leur portion cartilagineuse au *sternum*, qui ferme la partie antérieure du thorax, et tiennent ainsi à l'abri ces parties délicates.
Mais, comme les côtes ne pourraient entièrement fermer le centre du corps sans empêcher la dilatation de l'estomac et des intestins, elles n'achèvent le cercle que jusqu'à un certain endroit.
Pour cet effet, des douze côtes que l'on compte de chaque côté,
il n'y en a que sept qui s'articulent avec le *sternum :* les cinq inférieures, ou fausses, ne s'étendent point jusqu'à cet os, et laissent antérieurement un espace vide, qui donne à l'estomac la
liberté de se distendre, lorsqu'il est rempli d'aliments.

En considérant la disposition et l'ensemble des parties qui
constituent l'épine, on ne peut s'empêcher de reconnaître la
main qui l'a formée. La moindre compression qu'éprouverait la
moelle épinière causerait un dérangement très marqué dans
l'économie animale; il ne fallait donc pas moins qu'un canal
osseux pour la mettre à l'abri d'un pareil danger. Mais, s'il eût
été fait d'une seule pièce, il n'aurait pu se prêter à tous les mouvements que le corps est sans cesse obligé d'exécuter. L'auteur
de la nature l'a composé de pièces assez multipliées pour se
prêter à ces divers mouvements. A la plus grande solidité et à
beaucoup de mobilité, l'épine joint encore une légèreté extrême;
car chaque vertèbre est percée d'un grand trou, outre qu'elle
n'est, en plus grande partie, composée que d'une substance spongieuse. Cette colonne porte sur le bassin, la dernière partie du
tronc, formé latéralement et antérieurement par les os des han-
ches, où se trouve une cavité qui reçoit la tête de l'os de la
cuisse, et, postérieurement, par l'os *sacrum*, qui peut être considéré comme la base de l'épine.

Du haut du tronc pendent les bras, terminés par les mains, et qui ont une parfaite symétrie entre eux. Les bras tiennent aux épaules, qui leur permettent un mouvement libre. Ils sont encore brisés au coude et au poignet, pour pouvoir se plier et se retourner avec promptitude. Les bras ont la juste longueur pour atteindre à tous les endroits du corps : ils sont nerveux et pleins de muscles, afin qu'ils puissent, avec les reins, être souvent en action, et soutenir les plus grandes fatigues. Les mains sont un tissu de muscles et d'osselets, enchâssés les uns dans les autres : elles ont toute la force et toute la souplesse convenables pour saisir les corps voisins, pour les lancer, les attirer, les repousser, les démêler les uns des autres. Les doigts, armés d'ongles à leurs extrémités, sont faits pour exercer, par la délicatesse et la variété de leurs mouvements, les arts les plus merveilleux. Les bras et les mains servent encore, suivant qu'on les étend ou qu'on les replie, à rétablir l'équilibre dans le corps, et à en prévenir les chutes.

Au-dessus des épaules s'élève le cou, ferme et flexible à volonté, et destiné à soutenir la tête, qui règne sur tout le corps. Cette tête, fortifiée de tous côtés par des os très durs pour mieux conserver le précieux trésor qu'elle renferme, s'emboîte dans les vertèbres du cou, et a une communication très prompte avec toutes les autres parties. Le crâne est composé de huit os qui, par leur concours, forment cette boîte osseuse où se trouvent le cerveau, le cervelet et la moelle allongée : quoique très solide partout, il se trouve néanmoins percé en beaucoup d'endroits, pour donner passage à la moelle, aux nerfs et aux vaisseaux sanguins. La face, qui fait la seconde partie de la tête, comprend les deux mâchoires. Dans la supérieure est un trou par où passe l'air pour entrer, par le nez, dans les poumons ; sans quoi les enfants ne pourraient téter, ni les adultes tenir dans la bouche aucune liqueur. Sur le bord de chacune d'elles se voient les alvéoles, cavités où sont implantées les dents, les plus durs de tous les os, qui sont destinées à broyer les aliments pour en préparer la digestion. Les dents *incisives*, au nombre de quatre à chaque mâchoire, dont elles occupent la partie antérieure, sont des os plats, tranchants par leur extrémité, et formant un arc de cercle, qui est comme la mesure des morceaux qu'il faut couper. Les dents *canines,* qui sont au nombre de deux à chaque mâchoire, une de chaque côté, sont pointues, pour s'enfoncer facilement dans les aliments qui font quelque résistance, et que les dents incisives n'ont pu diviser : leurs pointes, en s'enfonçant dans les aliments, en retiennent une partie, tandis que la main emporte le reste. Ces dents sont en plus grand nombre dans les animaux voraces, tels que les loups et les lions. Après que les aliments ont été coupés par les dents antérieures, il faut qu'ils soient broyés et triturés; ce qui exige des surfaces larges, dures, raboteuses : et c'est aussi la forme des dents *molaires,* entre lesquelles les aliments se trouvent broyés comme entre les meules d'un moulin. Ces dents, au nombre de seize, forment, avec les précédentes, les vingt-huit que l'on compte d'ordinaire jusqu'à l'âge d'environ vingt-cinq ans : les quatre dernières, qui complètent le nombre de trente-deux, sont connues sous le nom de *dents de sagesse,* parce qu'elles croissent ordinairement fort tard. On a des exemples de quantité de personnes en qui elles n'ont commencé à percer que vers la quatre-vingtième année.

L'assemblage des os entre eux forme ce qu'on appelle leur articulation : l'une les unit sans leur permettre de se mouvoir; l'autre leur laisse cette faculté. L'os de la cuisse se meut en tous sens dans la cavité qui le reçoit, par un mouvement qu'on appelle de *genou.* L'articulation de l'os du coude avec celui du bras, semblable à une *charnière,* ne permet que deux mouvements . l'un de flexion, et l'autre d'extension. Lorsque deux os sont disposés de manière que l'un peut faire des mouvements de rotation sur l'autre, comme la première vertèbre du cou sur la seconde, c'est un mouvement de *pivot.* Les os sont encore unis entre eux par des liens fermes et élastiques, tels que des cartilages et des ligaments : souvent même l'articulation est développée par une membrane. Une humeur connue sous le nom de *synovie,* et continuellement filtrée par des glandes qui la versent dans les arti-

culations et dans les gaînes des tendons, sert à lubréfier la surface des os et à rendre leurs mouvements plus aisés.

LXXXVI. — Nécessité du repos de la nuit.

Le travail est nécessaire à l'homme : il doit indispensablement
s'y livrer, quels que soient son état et sa condition, et il est certain qu'une grande partie des commodités et du bonheur de la
vie en dépendent. Mais ses forces seraient bientôt épuisées, et il
ne tarderait pas à devenir incapable de se servir des membres de
son corps et des facultés de son âme, si Dieu n'avait continuellement soin de lui communiquer l'activité nécessaire pour remplir
les devoirs de sa vocation. Comme nous perdons à chaque instant
quelque partie de notre propre substance, nous nous épuiserions
bientôt, et nous tomberions dans une consomption mortelle, si
nos esprits n'étaient sans cesse renouvelés et ranimés. Pour que
nous puissions suffire au travail qui nous est prescrit, il faut que
notre sang fournisse toujours cette matière déliée, ce fluide infiniment subtil, qui mettant en jeu les nerfs et les muscles, entretient l'action et le mouvement du corps. Les aliments ne pourraient ni se digérer parfaitement, ni se distribuer régulièrement
dans toutes ses parties, si la machine était toujours en action. Il
faut que le travail de la tête, celui des bras ou des pieds, soit in-
terrompu pour un temps, afin que la chaleur et les esprits ne
soient plus employés qu'à aider les fonctions relatives à la
nutrition.

Mais qui nous rendra cet important service? A l'entrée de la
nuit, les forces qui ont été en exercice pendant le jour diminuent,
les esprits vitaux s'affaiblissent, les sens s'émoussent, et nous
sommes invités au sommeil sans pouvoir nous y refuser. Dès que
nous nous y livrons, il nous restaure et nous rafraîchit. Les méditations de l'esprit et les travaux des mains s'arrêtent tout-à-
coup, et, dans cette inaction si approchante de la mort, les membres fatigués se réparent : cette réparation les rend plus souples
et plus flexibles, elle entretient dans l'ordre tous les mouvements

du corps, elle ranime nos facultés intellectuelles, et répand dans notre âme une sérénité, une activité nouvelles.

A quels maux ne s'exposent donc pas ceux qui, pour des vues frivoles, pour un vil intérêt, souvent pour satisfaire d'infâmes passions, se dérobent à eux-mêmes les heures destinées au sommeil! Ils troublent l'ordre de la nature, ordre établi pour leur avantage; ils énervent par leur propre faute les forces de leur corps, et s'attirent une fin prématurée. Insensés! pourquoi vous priver d'un bien dont le Père commun favorise également les pauvres et les riches, les petits et les grands, les ignorants et les savants? Pourquoi abréger des jours qu'une sage Providence vous donne le moyen de prolonger par un doux sommeil? Pourquoi vous dérober volontairement le repos si restaurant qu'il est destiné à vous procurer? Hélas! il viendra des nuits où, loin de goûter ses douceurs, vous vous agiterez dans un lit d'angoisses, où vous compterez tristement des heures longues et douloureuses : et peut-être ne sentirez-vous tout le prix du sommeil que lorsqu'il fuira loin de vous!

Chaque nuit, une multitude de mes semblables sont privés du bienfait du repos, par l'affliction ou par la maladie. Je vous rends grâces, ô mon Dieu, de ce que vous ne permettez pas que je sois du nombre de ces infortunés. Le sommeil verse toujours sur moi ses bienfaisants pavots; et jusqu'ici peu de mes nuits ont été troublées par l'insomnie, comme peu de mes jours se sont passés dans la douleur. Soyez béni pour des moments si agréablement écoulés! Continuez, Dieu de miséricorde, à me regarder d'un œil favorable; et, si le souhait que je vais former n'est pas contraire à votre volonté sainte, ne permettez pas que l'avenir me prépare beaucoup de nuits tristes et douloureuses.

LXXXV. — L'homme considéré principalement comme doué d'intelligence

L'homme est ici-bas le chef-d'œuvre du Tout-Puissant. En vain tenterions-nous d'en exprimer toutes les beautés : le pinceau, trop faible, ne répond point à la vivacité des conceptions.

Comment, en effet, réussir à rendre avec énergie ces admirables proportions, ce port noble et majestueux, ces traits pleins de force et de grandeur, cette tête ornée d'une admirable chevelure, ce front ouvert et élevé, ces yeux vifs et perçants, éloquents interprètes des sentiments de l'âme ; cette bouche, siége du rire, organe de la parole ; ces mains, instruments précieux, source intarissable de productions nouvelles ; cette poitrine relevée avec grâce, cette taille riche et dégagée ; ces jambes, élégantes colonnes qui répondent si bien à l'édifice qu'elles soutiennent ; ce pied, enfin, base étroite et délicate, mais dont la solidité et les mouvements n'en sont que plus merveilleux ?

Si nous entrons dans l'intérieur de ce bel édifice, nous ne pouvons suffire à en contempler toutes les richesses et les détails. Les os, par leur consistance et par leur assemblage, en forment la charpente ; les ligaments en unissent toutes les pièces ; les muscles, comme autant de ressorts, en opèrent le jeu ; les nerfs, répandus dans toutes les parties, établissent entre elles une étroite communication ; les artères et les veines, semblables à des ruisseaux, portent partout le rafraîchissement et la vie. Placé au centre, le cœur est la principale force destinée à imprimer le mouvement au fluide, et à l'entretenir. Les poumons sont une autre puissance ménagée pour porter l'air dans l'intérieur, et en chasser les matières nuisibles. L'estomac et les viscères des différents genres sont les laboratoires où se préparent les matériaux qui fournissent aux réparations nécessaires. Le cerveau, siége de l'âme, est destiné à filtrer ce fluide précieux dont dépendent ses opérations : domestiques prompts et fidèles, les sens l'avertissent de tout ce qu'il lui convient de savoir, et servent également à nos plaisirs et à nos besoins.

Mais qu'est-ce encore que cette perfection corporelle, près de l'homme considéré comme être intelligent ! L'homme est doué de raison : il a des idées, il les compare, il juge de leurs rapports ou de leur opposition, et il agit en conséquence de ce jugement. Seul entre tous les animaux il jouit du don de la parole ; il revêt ses idées de termes et de signes arbitraires ; et, par cette admirable prérogative, il met entre elles une liaison qui fait de son imagination et de sa mémoire un trésor inestimable de connaissances. Par là il communique ses pensées et perfectionne toutes ses facultés; par là il atteint à tous les arts, à toutes les sciences; par là, enfin, la nature entière lui est soumise.

L'excellence de la raison humaine brille encore avec un nouvel éclat dans l'établissement des sociétés ou des corps politiques, source du bonheur de l'homme sur la terre. Mais, ce qui surpasse infiniment ces prérogatives, elle le met en commerce avec son Créateur, par la religion.

Enveloppés des plus épaisses ténèbres, les animaux ignorent la main qui les a formés : ils jouissent de l'existence, et ne sauraient remonter à l'auteur de la vie. L'homme seul s'élève à ce divin principe; et, prosterné au pied du trône de l'Etre par excellence, il adore, dans les sentiments de la vénération la plus profonde et de la plus vive gratitude, la bonté ineffable qui l'a créé.

Par une suite des éminentes facultés dont l'homme est enrichi, Dieu daigne se révéler à lui, et le mener comme par la main dans les routes du bonheur. Les différentes lois qu'il a reçues de la Sagesse suprême sont les grands flambeaux placés de distance en distance sur le chemin qui le conduit du temps à l'éternité. Dirigé par cette lumière céleste, il avance dans la carrière de gloire qui lui est ouverte : déjà il saisit la couronne de vie, et en ceint son front immortel.

Tel est l'homme dans le plus haut degré de sa perfection terrestre. Considéré sous ce point de vue, il n'a plus de rapport avec le reste des animaux. En effet, le souffle de vie qui l'anime, cette âme intelligente qu'il a reçue du Ciel, en fait un être à part. Cependant, ici-bas, cette âme n'agit qu'au moyen d'organes corporels. L'homme est un être mixte, et cette union de l'âme à un corps organisé est la source de l'harmonie la plus féconde et la plus merveilleuse qui soit dans la nature.

LXXXVI. — Sur la spiritualité de l'âme.

La nature de l'âme, ses facultés, ses opérations, sont si différentes de celles du corps, qu'il faut s'aveugler volontairement
pour s'obstiner à les confondre. Le corps est une substance étendue ; l'âme est une substance qui pense et qui sent : d'après ces
seules notions on conçoit sans peine combien est réelle la distinction que l'on doit établir entre ces deux êtres.

Les corps sont mus les uns par les autres d'une manière contrainte et réglée, par ce que l'on appelle les lois du mouvement.
L'âme, au contraire, porte en elle un principe d'activité : elle
meut son propre corps, et avec lui d'autres corps, par le seul
acte de sa volonté. Elle réfléchit, elle se replie sur elle-même,
elle suspend ses déterminations, elle délibère, et elle se détermine avec choix.

Les corps, dans leurs mouvements communiqués, ne se portent pas plus loin que ne s'étend la sphère d'action de celui qui
leur est imprimé. L'âme, sans sortir d'elle-même, s'élance par la
pensée vers les plus hautes régions, vers les objets les plus éloignés : franchissant tous les intervalles, elle s'élève jusqu'aux
cieux ; elle descend dans les plus profonds abîmes, elle se reporte
aux temps les plus reculés, elle envisage et prévoit l'avenir.
Quoiqu'elle n'aperçoive autour d'elle que des mesures du temps,
elle conçoit comme nécessaire, pour que quelque chose existe,
l'Etre éternellement existant ; elle calcule le mouvement des
astres, elle embrasse le système du monde. Elle fait plus : dans
ses hautes conceptions, elle saisit en quelque sorte l'infini, et
s'en forme une idée qui n'a rien de commun avec tout ce qui
l'entoure, et qui est fini et borné comme elle.

Les objets corporels font naître en nous des perceptions par
l'entremise des sens ; mais les sensations qu'ils nous procurent
sont réellement dans notre âme. De fait, il n'y a dans les corps
que de l'étendue et du mouvement, et c'est d'après les impressions que l'âme en reçoit qu'elle déploie pour l'ordinaire son activité, qu'elle combine, qu'elle exécute. Elle doit aux réflexions

que ces impressions ont occasionnées les connaissances les plus importantes, les notions les plus relevées, les découvertes les plus utiles, auxquelles sans cesse elle ajoute, et que de jour en jour elle perfectionne.

Lorsque nous touchons, nous ne pouvons remarquer, dans les organes du tact, que des mouvements qui varient comme les impressions qui se font sur les fibres; et ces mouvements occasionnent en nous des sensations de solidité ou de fluidité, de dureté ou de mollesse, de chaleur ou de froid, etc.

Lorsque nous voyons des couleurs, les rayons de lumière qui se réfléchissent de dessus les objets viennent frapper les fibres d'une membrane qui est au fond de l'œil, et y causent un ébranlement.

Lorsque nous entendons des sons, les vibrations du corps sonore se communiquent à l'air, et de l'air au tympan.

En un mot, il ne peut y avoir que du mouvement dans les organes, et cependant une sensation, quoique produite à l'occasion du mouvement, n'est pas ce mouvement même. Les sensations ne sont donc pas dans les organes. Elles sont par conséquent dans quelque chose qui est différent de tout ce qui est corps, c'est-à-dire dans une substance où il y a autre chose que du mouvement : c'est ce qu'on nomme *âme, esprit, substance spirituelle*. Plus nous réfléchirons sur les propriétés de cette substance, plus nous nous convaincrons qu'elle est tout-à-fait différente des corps.

Les *idées* et les *affections* que le corps fait naître en nous sont toutes relatives aux objets sensibles. L'âme en a de son propre fonds de toutes différentes, souvent même de toutes contraires.

Par rapport aux *idées*, la pensée, prise en elle-même, ne lui offre rien d'étendu, rien de figuré. Les corps ne frappent les sens qu'individuellement : ce sont des individus qui se font toucher, sentir, qui se font voir à nous. L'âme s'élève bien plus haut : elle s'en forme des notions abstraites; elle les classe et les rassemble sous les idées de genres et d'espèces, qui sont proprement son ouvrage. Il en est de même des idées de l'ordre, du beau, du vrai, du juste et de l'honnête; de toutes les idées métaphysiques, de toutes les idées morales. Dans le langage, le sens que l'esprit attache aux sons et aux mots est absolument une convention : il est si peu déterminé par le son lui-même, qu'un mot écrit ou prononcé de la même manière a, dans une même langue, des sens tout-à-fait différents, selon les circonstances dans lesquelles il se trouve employé. Les particules qui nous servent à lier les idées n'expriment que des vues particulières de l'esprit, qui ne répondent à rien de corporel.

Quant aux *affections*, celles qui naissent des sens se trouvent souvent combattues par des affections d'un tout autre ordre, et qui tiennent, par exemple, à l'amour de la vérité, de la vertu, de la sagesse. De là le combat entre l'esprit et les sens; de là cette différence que la raison elle-même, et plus encore la religion, nous font mettre entre l'homme charnel, si vil, si étroit dans ses vues, si dégradé dans ses penchants, et l'homme spirituel et céleste, dans lequel tout est pur, tout est noble et sublime, tout porte l'empreinte de ce qui fait la vraie grandeur de l'homme.

Enfin l'âme a un sentiment individuel du *moi*, qui prouve qu'elle est *une* dans le sens le plus strict et le plus précis. Mais ce qui forme une démonstration rigoureuse et complète de son immatérialité, c'est sa faculté de comparer. En effet, pour démontrer que le corps ne pense pas, il suffit d'observer qu'il y a en nous quelque chose qui compare les perceptions occasionnées par les différents sens. Ce n'est certainement pas la vue qui compare ses propres sensations avec celles de l'ouïe, qu'elle n'a pas. Il en faut dire autant de l'ouïe, de l'odorat, du goût et du toucher. Toutes ces sensations doivent donc avoir en nous un point où elles se réunissent; mais ce point ne peut être qu'une substance simple, indivisible, une substance distincte du corps, une âme, en un mot. Pour s'en convaincre, il suffit de se reporter aux objets les plus familiers.

Quand vous chauffez votre main, il est certain que vous avez une sorte de plaisir. Si dans le même temps on vous présente une odeur agréable, vous en ressentez un d'espèce différente, et

vous pouvez exprimer lequel des deux a pour vous le plus de
charmes. Vous comparez donc ces deux sensations, et vous en
jugez en même temps. Si, après vous être chauffé et avoir senti
l'odeur, je vous fais voir un tableau; si je vous fais entendre une
voix touchante, goûter d'un fruit délicieux, vous pourrez dire
aussi lequel, de tous les plaisirs que vous aurez éprouvés à l'occasion de ces différents objets, a été le plus grand : il faut donc
que ce qui juge en vous les ait ressentis tous. Ce même *vous*, qui
juge, connaît si un plaisir des sens est moindre qu'un plaisir de
pure spéculation, et choisit entre les deux. Donc le même principe qui sent les plaisirs sensuels sent aussi les plaisirs spirituels, et les juge et les veut. Preuve manifeste que votre nez ne
sent point l'odeur, et que votre main ne sent point la chaleur;
car, comme ce sont deux organes absolument distincts, il est
aussi impossible que l'un sente ce que sent l'autre, qu'il l'est
que nous sentions dans cet appartement le plaisir que ressentent
actuellement ceux qui se trouvent ailleurs. Il faut donc, non-
seulement que *vous*, qui sentez l'odeur et la chaleur tout à la fois,
ne soyez point le nez et la main, mais aussi que ce *vous* soit une
chose où il n'y ait point de parties; parce que, s'il en contenait
plusieurs, l'une d'elles sentirait la chaleur pendant que l'autre
sentirait l'odeur, et l'on n'y trouverait rien qui sentît à la fois
l'odeur et la chaleur; qui, par conséquent, pût les comparer ensemble, et juger que l'une est plus agréable que l'autre. Il est
donc rigoureusement démontré, de cela seul que l'âme a la
faculté de *comparer*, qu'elle est une, indivisible, en un mot, une
substance sans parties, ou un esprit.

LXXXVII. — L'immortalité de l'âme.

De ce que notre âme est immatérielle, il suit nécessairement
qu'elle est immortelle quant à sa nature. Un être simple, c'est-à-
dire un être qui n'a point de parties, doit, en conséquence de son
indivisibilité, et par rapport à l'action des causes naturelles,
être incorruptible, inaltérable, indestructible.

La matière, parce qu'elle a des parties, est susceptible d'alté-

ration, de désorganisation, de décomposition : encore faut-il ob·
server que les particules mêmes des corps ne sont pas détruites.
Rien ne se perd, rien ne s'anéantit dans la nature. Ces particules
ne font que se réunir à d'autres parties pour former de nouveaux
assemblages, et entrer dans la composition de nouveaux corps.

Mais, comme tous les êtres créés peuvent être replongés dans
le néant par la même cause qui les en a tirés, il s'agit de savoir
si Dieu veut faire usage de sa toute-puissance pour anéantir
notre âme. Ici, l'expression de la volonté de l'Etre suprême se
rend sensible par les penchants qu'elle a imprimés en elle, par
les idées et les facultés dont il l'a douée, par la connaissance
qu'il nous donne de ses attributs.

Le penchant de l'homme le plus universel, le plus irrésistible,
c'est le désir du bonheur : ce désir est la source de tous nos autres penchants et le mobile de toutes nos actions : nous cherchons
le bonheur en tout, nous y tendons sans cesse, et nous ne le
trouvons dans aucun des biens qui nous environnent. Ce penchant peut-il être trompé, si ce n'est par notre propre faute? Dieu
peut-il, sans avoir voulu la remplir, nous avoir donné une fin
vers laquelle nous sommes entraînés nécessairement, sinon
quant au choix des moyens, du moins quant à la fin elle-même?
A ce penchant invincible pour le bonheur se joint, comme une
suite naturelle, le vœu de perpétuer notre existence, le désir de
l'immortalité. Dans tous les âges du monde, dans tous les lieux,
chez tous les peuples, ce vœu, ce sentiment d'une existence qui
ne doit pas finir, se manifeste par les dogmes et les rites des
différents cultes, par tout ce qui tient à la religion des tombeaux,
au respect pour les ancêtres, pour les mânes, pour les âmes, en
un mot, toujours existantes après la dissolution du corps.

A ces idées se lient, d'une manière plus ou moins développée,
plus ou moins précise, celle de l'infini, celle de l'éternité, qui répondent aux vastes conceptions de notre esprit et à l'immensité
de nos désirs.

Si nous avons une pente irrésistible vers le bonheur, nous
sommes néanmoins obligés d'avouer qu'il n'en est pas de même

par rapport aux biens particuliers. A cet égard, dans nos déterminations, rien ne nous force, rien ne nous contraint. Nous pouvons nous éclairer, faire usage de notre raison, peser, réfléchir,
et nous déterminer librement, en triomphant même de nos goûts,
de nos sens et de nos passions : aussi nous imputons-nous à
nous-mêmes les maux qu'elles entraînent avec elles, lorsque
nous y cédons, malgré nos lumières et au préjudice du devoir.

Nous trouvons, avec le développement de ces lumières, une loi
écrite au fond de notre cœur, loi dictée par la raison, insinuée
par la conscience, qui est notre premier juge, et dont l'arrêt,
quand nous n'avons pas étouffé sa voix à force d'égarement, de
dépravation et de crimes, devient notre premier supplice.

De notre liberté, de la conscience intime d'une loi prise, avant
tout, de la nature même des choses, de l'idée et du sentiment
que nous avons du juste et de l'injuste, naissent nos mérites et
nos démérites, et toute notre mortalité.

C'est l'auteur même de notre être qui imprima en nous ces
idées, ces sentiments, et qui nous donna toutes les facultés dont
notre âme peut être enrichie. Il ne nous oblige à l'accomplisse-
ment de toute justice et de toute espèce de devoirs envers lui,
envers nous et envers nos semblables, que parce qu'il est lui-
même souverainement juste, et la justice par essence. Peut-il
donc être indifférent à ce que nous observions sa loi, et nous
permettra-t-il de la violer impunément? Laissera-t-il la vertu
sans récompense, le vice sans châtiment? Mais, puisqu'il est reconnu que le vice n'est pas toujours puni dans cette vie, qu'il
triomphe même quelquefois, que la vertu y est souvent opprimée,
il faut en conclure nécessairement qu'après celle-ci il y aura une
autre vie, dans laquelle tout rentrera dans l'ordre; où chacun de
nous recevra selon ses œuvres, et dans laquelle aussi notre penchant pour le bonheur sera satisfait, si nous l'avons mérité.

Ces conséquences sont d'autant plus justes, que, forcés dans
certaines circonstances de sacrifier notre vie même à la vérité, à
la vertu, au devoir, et n'ayant plus en ce cas rien à prétendre
pour la félicité, si notre âme était mortelle, Dieu serait en con-

tradiction manifeste avec les idées et les penchants que nous tenons de lui, et se contredirait évidemment lui-même.

Il est donc certain pour quiconque croit à une vérité, à une justice suprêmes, que notre âme ne périra point avec notre corps; que Dieu, bien loin de vouloir l'anéantir, par un acte extraordinaire de sa toute-puissance, la conservera, et ne trompera point les vues de cette âme, ni ses désirs de l'immortalité.

La révélation, si bien démontrée aux yeux de quiconque n'a aucun intérêt à en démentir l'authenticité, servirait encore à confirmer ce que la raison seule ne permet pas à un cœur droit, à un esprit sage et conséquent, de révoquer en doute. Mais pourquoi accumuler les preuves où une seule suffit? Image de Dieu par la sublimité de son intelligence, capable seule ici-bas de concevoir par la contemplation de la nature l'idée de son auteur, de s'élever à lui, de devenir en quelque sorte l'émule de la Divinité, en ajoutant au prix de l'existence celui de la vertu : l'instant où l'homme espère jouir de la récompense de toute sa grandeur et de sa liberté serait celui que Dieu aurait choisi pour opérer un prodige de sa toute-puissance, en l'anéantissant!... J'ai vu l'impie heureux : il élevait la tête, et l'univers s'inclinait devant lui. J'ai vu le juste dans le mépris, l'indigence et l'infirmité : il fut persécuté, calomnié, opprimé... Et le moment où le juste croyait atteindre la couronne, le moment où les forfaits du méchant appelaient la vengeance, est celui qui confond l'un et l'autre dans les mêmes abîmes, qui engloutit dans le même néant et tous les crimes et toutes les vertus!... Ah! toutes les absurdités de l'athéisme me révolteraient moins que cette idée d'un Dieu qui, pour anéantir sa créature, oublie ainsi tout ce qu'il doit à la vérité, au crime, à la vertu... tout ce qu'il se doit à lui-même!

LXXXVIII. — La destination de l'homme sur la terre.

Je porte les yeux sur tout ce qui m'environne, et je parcours tous les êtres dont la nature m'offre le merveilleux assemblage. Il n'en est aucun qui n'ait sa fin, aucun dont la destination ne soit marquée. Le Créateur a gravé sur tous ses ouvrages l'empreinte de sa sagesse, et le mouvement imprimé à tout l'univers, non-seulement désigne à toutes les parties la place qui leur convient, mais encore fixe l'usage de cette désignation. Ce soleil, qui paraît rouler dans les cieux, et qui, si éloigné de nous, produit cependant à notre égard des effets si sensibles et si présents, a sans doute bien des destinations qui nous sont inconnues; mais peut-on nier qu'il ne soit destiné à nous éclairer, à nous échauffer, à rendre nos terres fertiles, à élever dans les airs ces nuées fécondes qui se résolvent en pluie, et coulent ensuite dans des canaux aussi anciens que le monde? Est-ce par un effet du hasard que les vents poussent ces eaux, et les distribuent tour à tour au-dessus de tous les lieux qu'elles doivent ou rafraîchir ou arroser? Le ruisseau qui les reçoit et les rassemble n'est-il pas fait pour étancher la soif des hommes et des animaux? Ces arbres, qui défendent les uns et les autres des injures de l'air, et qui se couvrent de fruits pour leur nourriture, ne remplissent-ils pas, par cela même, la fin pour laquelle Dieu les fait croître? Oui, tout dans l'univers a son usage : il n'est point d'être qui n'ait avec les autres des rapports plus ou moins sensibles; il n'est rien dont les lois de la nature n'aient indiqué, jusqu'à un certain point, et l'usage et la fin.

Supérieur à tout ce qu'il aperçoit autour de lui, l'homme, à qui tout fut donné, qui, connaissant au moins une partie des avantages qu'il peut tirer des autres créatures, a découvert quelques-unes de leurs destinations, l'homme serait-il le seul qui n'en aurait aucune? Placé au hasard sur la surface de la terre, ne doit-il que naître, végéter et mourir? Ah! sans doute, s'il n'est aucun des ouvrages du Très-Haut qui n'ait eu sa fin, l'homme doit avoir aussi la sienne. La seule différence qu'il y ait entre lui et les créatures inanimées, c'est que la destination de celles-ci est purement passive : elles ne connaissent ni n'agissent. L'homme est fait pour apercevoir sa fin, pour s'y porter librement; il ne peut s'en écarter sans violer la première et la plus sacrée de toutes les lois.

Mais quelle est cette destination de l'homme ici-bas, celle qui

16

est une des principales sources de ses devoirs, et qui, après ce qu'il doit à l'auteur de son être, devient une des premières bases de la morale?

Examinons cet être si surprenant; étudions les différences qui le distinguent des autres animaux, et cherchons-y les indications de la fin qui lui est particulière. Tout vous convaincra qu'il est fait pour la société, c'est-à-dire pour vivre avec ses semblables, pour réunir ses forces avec les leurs, en un mot pour les secourir et en être secouru, pour augmenter sans cesse, par ce moyen, ses connaissances, perfectionner ses facultés, se procurer un bien-être infiniment au-dessus de celui qui est destiné aux brutes, et régner, pour ainsi dire, sur toute la nature par son intelligence et par sa volonté.

Voyez cet enfant, qui doit un jour exécuter tant de choses admirables; il naît plus faible, plus misérable, plus dépourvu de tout que la bête qu'il doit dompter. Celle-ci reçoit en naissant tout ce qui lui est nécessaire pour se conserver, pour se garantir de ce qui altérerait sa constitution, et pour se défendre contre la violence des autres animaux; la nature lui offre les aliments qui lui sont propres, et ne lui demande ni soin ni culture. Le cerf oublie sa mère dès qu'il a cessé de se nourrir de son lait; il bondit dans les forêts et n'a aucun besoin de ses semblables; l'oiseau quitte son nid dès qu'il se sent en état de voler, et de ce moment il vit indépendant. L'homme est le seul dont les besoins se prolongent au-delà de l'enfance, et à qui, généralement parlant, il soit impossible de vivre et de jouir seul. Il arrache à la terre le blé qui fournit à sa subsistance : elle lui présente des fruits acides ou amers, qu'il adoucit par la greffe; il faut qu'il dépouille les bêtes pour se revêtir : rien de tout cela il ne peut le faire par ses seules forces. Mais lorsque, après la découverte de ces premiers arts, si nécessaires à la conservation de son existence, on le voit tantôt fouiller jusque dans les entrailles de la terre pour en tirer les richesses qu'elle renferme, tantôt s'ouvrir un chemin à travers les mers pour porter ces mêmes richesses d'un hémisphère à l'autre, tantôt trouver dans le ciel la

mesure de la terre qu'il parcourt, et calculer avec une égale certitude les révolutions de la terre et des astres, croira-t-on que
ce soit par un effet du hasard qu'il s'est trouvé capable de tout
comprendre et de tout exécuter? Or, s'il a rempli sa fin, sa destination, dans des entreprises qui exigeaient nécessairement la
suite et le concours d'une multitude d'observations, et la réunion
d'une infinité de forces, il est démontré qu'une de ses fins ici-
bas était la société, sans laquelle, loin d'exercer sur toute la nature l'empire dont il a toujours joui, il serait lui-même dans la
dépendance des animaux plus forts et mieux armés que lui.

Ai-je besoin de dire qu'il est le seul qui, par des sons articulés,
ait le pouvoir d'instruire ses semblables, non-seulement de ses
sensations et de ses désirs, mais de l'arrangement qu'il met dans
ses desseins et dans ses vues; le seul pour qui la compagne qu'il
s'est choisie soit une aide, une amie de tous les jours; le seul
enfin qui, né à côté de ses frères, conserve pour eux, toute sa
vie, ce sentiment si doux, et qui contribue tant à son bonheur?

Tout nous annonce, tout nous prouve donc que la société est
l'état naturel de l'homme. L'histoire ajoute encore à la certitude
de cette vérité : partout où l'on a trouvé des hommes, on a vu
des familles unies. Les sauvages sont des peuples plus ignorants
et plus barbares; mais enfin ce sont des peuples.

Si l'homme en général est destiné à la société, chaque homme
en particulier est donc destiné à aider ses semblables, et à travailler avec eux au bonheur commun. De là des devoirs réciproques, et cependant indépendants de la réciprocité de leur exercice; car si mon égal, par un mauvais usage de sa liberté,
s'écarte de sa destination en me maltraitant, ce n'est pas une
raison pour que je manque à la mienne. Par la loi naturelle, je
puis me défendre; je dois veiller à ma sûreté; mais je n'ai point
le droit de me venger. Et, pour l'observer en passant, remarquez
combien les maximes de l'Evangile sont conformes à cette
morale que la raison nous dicte. Si, comme le prétendent certains philosophes, le devoir n'est que dans la convention, je ne
dois rien à celui qui s'en écarte, et je dois poursuivre l'ennemi

qui m'outrage; s'il naît, au contraire, de la destination de l'homme, je dois aimer même celui qui me nuit, et faire du bien, si je le peux, à celui qui me persécute.

Oui, c'est à la destination de l'homme qu'il faut remonter pour trouver dans la morale quelque chose de juste et de raisonnable. Laissons errer ces insensés qui cherchent à écarter de leurs raisonnements tout ce qui les force de se rapprocher d'une puissance supérieure et ordonnatrice : sans elle, on me prouvera sans doute qu'il est de mon intérêt d'être juste; sans elle, on ne me démontrera point que la justice soit le premier de tous mes devoirs.

Mais cette justice m'oblige à remonter plus haut encore, dans ce qui concerne la destination de l'homme, même ici-bas. Il se doit, avant tout, à l'auteur de son existence, à Celui dont il tient toutes ses facultés, à Celui dont il a tout reçu. Capable de le connaître, de l'aimer, de lui rendre l'hommage de tout ce qui l'environne, il devient, par sa destination la plus essentielle, le héraut et comme le prêtre de la nature entière. Il doit lui rapporter tout son être et tous les biens dont il jouit; célébrer sa bonté, sa sagesse, sa puissance et tous ses attributs; l'honorer en lui-même, et l'imiter autant qu'il est en lui; il doit le glorifier en commun, et, par ses discours, par ses exemples, par tous les moyens qui sont en son pouvoir, porter les autres hommes à l'honorer avec lui; enfin il doit reconnaître que, fait pour l'immortalité, il a une dernière destination à cet égard : celle de parvenir à la possession de ce bien suprême, qui ne peut se trouver qu'en Dieu seul.

LXXXIX. — Des propriétés de l'eau, et de ses parties constituantes.

La théorie générale du globe que nous habitons, la contemplation du règne minéral, du règne végétal, du règne animal, de l'homme, enfin : tel est le magnifique tableau qui s'est jusqu'ici offert à nos regards. Il nous a présenté le spectacle infiniment varié de tout ce qui nous touche et nous intéresse le plus dans la nature visible. Mais, sans l'eau, qui anime et vivifie ces différentes parties, la terre ne serait plus qu'un globe sans productions et sans habitants. Agent presque universel, l'eau, aidée de la chaleur, concourt à la formation, à l'entretien, à la réparation de presque toutes les substances qui composent les différents ordres de la nature : les végétaux lui doivent leur développement, leur accroissement et leur vie; les minéraux ne se formeraient point dans le sein de la terre, si l'eau ne dissolvait, ne charriait avec elle, et ne réunissait les principes qui les composent : l'homme même, et tous les animaux languiraient, et verraient bientôt terminer une malheureuse vie, si l'eau n'élaborait leurs aliments, ne donnait la fluidité aux humeurs qui circulent dans leurs corps, et ne rafraîchissait continuellement l'air qu'ils respirent. Par le grand rôle que joue cet élément dans les trois règnes, et dans toutes les parties de l'atmosphère qui avoisine la terre, il mérite spécialement notre attention.

Le physicien observe la pesanteur de l'eau; ses trois états de glace, de liquide et de vapeur; son élasticité, presque nulle dans l'état liquide, plus marquée dans celui de glace, et très considérable dans celui de vapeur; sa dilatation extrême par la chaleur.

Le chimiste s'occupe de l'effet de la chaleur sur l'eau : il la voit se réduire en vapeur; il insiste sur le phénomène de l'ébullition, due à une portion d'eau aériforme, qui ne peut plus rester en dissolution dans la partie encore liquide et chaude : il prouve que la vapeur est un vrai composé d'eau et de chaleur : il détermine les effets de l'attraction qui existe entre l'eau et l'air, et qui tient l'air emprisonné dans l'eau liquide, et l'eau suspendue et dissoute dans l'air. Cette même dissolution d'eau par l'air, lorsque celui-ci en est saturé, se trouvant spécifiquement plus légère que l'air sec, lui explique pourquoi le mercure descend dans le baromètre lorsque l'atmosphère est très humide.

L'eau a toujours été appelée le grand dissolvant de la nature : et ce n'est pas sans raison, puisque aucun corps ne semble lui résister. Les pierres les plus dures sont creusées par ce liquide : leurs molécules s'y trouvent même suspendues. Les terres, portées par l'eau dans différents points du globe, y sont ensuite déposées, soit en couches horizontales ou inclinées, soit en cristaux réguliers dispersés çà et là dans des cavités souterraines. Tous les sels se dissolvent dans ce fluide : aussi est-il très rare de rencontrer l'eau pure. Qu'elle soit imprégnée d'air, c'est ce que prouvent les bulles qui s'en échappent quand on la soumet au vide sous le récipient de la machine pneumatique. Elle contient des principes de végétation, puisque les plantes tirent de l'eau des sucs nutritifs, qu'elles croissent et se nourrissent par elle. Certaines plantes vivent dans son sein. Quant au règne animal, il est de la dernière évidence qu'il se distingue aussi dans les eaux. Sans parler des poissons et des autres animaux aquatiques dont elles sont peuplées, il n'y a pas jusqu'aux simples gouttes qui n'aient leurs habitants, qu'on peut apercevoir à l'aide du microscope. On sait d'ailleurs avec quelle facilité les insectes se propagent dans les eaux croupissantes.

Les chimistes ne regardent comme pure que l'eau qu'ils ont séparée, par l'évaporation, de toutes les matières fixes qu'elle pouvait contenir : ils en reçoivent les vapeurs dans le haut d'un *alambic*, où elles sont refroidies et condensées. Cette opération est faite sans cesse en grand par la nature : l'eau, élevée dans l'air, y forme des nuages qui, précipités en pluie, sembleraient devoir donner de l'eau pure; mais comme en balayant l'atmosphère elle se charge des corps qui y sont suspendus ou dissous, elle est bien éloignée de l'être.

Quelques philosophes avaient cru entrevoir que l'eau se changeait en air, ou que ces deux êtres avaient une très grande analogie. Les expériences modernes ont, en effet, prouvé que l'eau est un composé, et qu'elle contient une grande quantité de la base de l'air vital. Par exemple, en faisant passer de l'eau dans un canon de fusil rougi au feu, le fer qui forme ce canon est calciné intérieurement; il augmente de poids, l'eau est décomposée en même proportion. D'après des expériences multipliées, on a reconnu que l'eau contient à peu près quatre-vingt-cinq parties de la base de l'air vital, ou *oxygène*, et quinze parties de la base du gaz inflammable, ou *hydrogène*.

Par le moyen de cette découverte, on apprécie l'action de l'eau sur les feuilles des plantes qui, exposées au soleil, absorbent l'hydrogène de ce liquide, et en séparent l'oxygène dans l'état d'air vital, le seul propre à la vie. Elle a jeté un grand jour sur beaucoup d'autres phénomènes dont la cause était inconnue.

L'eau, qui semble faire la principale nourriture des plantes, ne remplit pas avec autant d'énergie la même fonction envers les animaux. Elle n'est pas très nourrissante pour eux, par elle-même; mais, comme elle est très subtile, elle dissout les parties nutritives des aliments, elle leur sert de véhicule, et les charrie jusque dans les plus petits vaisseaux : elle se décompose par l'acte de la digestion, et ses principes entrent dans l'économie animale. Elle est la boisson la plus saine, celle dont les hommes et les animaux peuvent le moins se passer.

Avec quelle bonté Dieu pourvoit à nos besoins! Il a préparé chaque aliment, chaque boisson, de la manière la plus convenable à notre nature, et la plus propre à conserver la santé et la vie. Bénissons le Seigneur pour l'eau qu'il nous distribue si libéralement. Elle étanche notre soif : elle sert à digérer les aliments; et quand, pour soutenir notre existence ici-bas, nous n'aurions que le blé des champs et l'eau des rivières, apprenons à nous en contenter. Soyons toujours reconnaissants, et supplions la divine bonté de bénir ces aliments, et de nous en faire jouir avec un cœur satisfait.

XC. — La mer : son flux et son reflux.

On donne le nom de *mers* à cet assemblage d'eaux salées qui environnent les continents, et qui en plusieurs endroits pénètrent dans l'intérieur des terres, tantôt par de larges ouvertures, tantôt par des détroits plus ou moins resserrés. Tel est l'immense réservoir d'où sortent toutes les eaux qui circulent sur notre globe, et où elles viennent ensuite se rendre comme à un centre commun.

Le flux et reflux est un des phénomènes les plus frappants que nous offre la mer. Tous les jours, au passage de la lune par le méridien, ou quelque temps après, on voit les eaux de l'Océan s'élever sur notre rivage, se retirer ensuite peu à peu, et environ six heures après leur plus grande élévation se trouver à leur plus grand abaissement; elles remontent de nouveau, lorsque la lune passe à la partie inférieure du méridien; en sorte que la haute et la basse mer s'observent deux fois en vingt-quatre heures, et retardent chaque jour de quarante-huit minutes, plus ou moins, comme le passage de l'astre au méridien.

Les marées augmentent sensiblement au temps des nouvelles et des pleines lunes, ou un jour et demi après; et l'augmentation est surtout très sensible quand la lune est plus près de la terre, et que son attraction, par conséquent, est plus forte.

Le soleil cause une partie de l'élévation des marées : elles sont plus grandes dans les nouvelles et les pleines lunes, parce qu'alors les deux astres attirent ensemble, et concourent au même effet; mais, quand la lune est en quartier, le soleil détruit environ le tiers de son effet. Ce mouvement est aussi beaucoup plus considérable aux équinoxes que dans les autres saisons; au contraire, les marées sont plus faibles dans le temps des solstices.

Les circonstances locales produisent de grandes différences dans les marées. Elles ne sont que d'un mètre dans les mers libres; elles vont jusqu'à quinze et même seize mètres à Saint-Malo, parce que les eaux y sont retenues par un canal trop étroit, arrêtées dans un golfe, et réfléchies ou répercutées encore par les côtes d'Angleterre.

Des circonstances pareilles font que la pleine mer n'arrive pas dans le temps même où la lune est au plus haut du ciel, ou le plus près de notre terre. Le frottement des côtes et du fond de la mer, la ténacité et l'adhérence des parties de l'eau, sont autant d'obstacles qui la retardent.

Les marées sont moins sensibles dans les petites mers. A Toulon, ville située sur la Méditerranée, elles sont peu considérables, vingt à trente centimètres environ, et arrivent trois heures après le passage au méridien Mais, pour peu que le vent soit fort, il

produit des différences plus grandes que l'effet des marées, et
les rend méconnaissables : aussi dit-on en général qu'il n'y a
point de marée dans la Méditerranée.

Le premier avantage que nous procure le flux, c'est de repousser l'eau dans les fleuves, et d'en rendre le lit assez profond pour
qu'il puisse amener jusqu'aux portes des grandes villes les marchandises dont le transport serait sans cela impossible. Les vaisseaux attendent ces crues d'eau pour arriver dans les rades sans
toucher le fond, ou pour s'engager sans péril dans le lit des
rivières. Après ce service important, les marées diminuent, et,
laissant rentrer le fleuve dans ses bords, elles facilitent à ceux
qui les habitent la jouissance des commodités qu'ils tirent de son
cours ordinaire.

Le balancement perpétuel des eaux nous procure un grand
avantage, en empêchant qu'elles ne viennent à croupir, et à s'in-
fecter par un trop grand repos. Il est vrai que les vents y contribuent de leur côté; mais, dans les calmes fréquents, la mer, qui
est le réceptacle où vont se rendre toutes les immondices du
globe, pourrait éprouver une altération préjudiciable aux habitants de la terre. Le mouvement alternatif des eaux empêche les
dépôts nuisibles; il atténue et sépare les matières corrompues,
et, pour mieux entretenir la mer dans sa pureté, il y mêle et disperse partout le sel dont elle est pleine, et qui en conserve la
salubrité.

Les fréquentes agitations de ce vaste amas d'eaux qui environnent la terre me rappellent celles dont la vie est sans cesse
troublée. Elle n'est qu'un flux et reflux continuel; elle croît, elle
diminue, tout y est sujet à de perpétuels changements : point de
joie, point d'espérances, point de bonheur qui soient permanents.
L'homme nage dans un fleuve inconstant et rapide : et malheur
à celui qui, au lieu de se diriger vers le port, se laisse entraîner
vers l'abîme! Bénissons Dieu toutefois de ce que nos inquiétudes
et nos maux ne sont que passagers : une douleur excessive et
durable est aussi peu compatible avec notre nature qu'un bonheur constant et parfait. Les vicissitudes mêmes de la vie nous

sont avantageuses. Une félicité non interrompue nous conduirait à l'oubli de Dieu, et nous ferait tomber dans l'orgueil : d'un autre côté, une suite continuelle de disgrâces et d'infortunes pourrait nous jeter dans l'abattement et nous endurcir le cœur. La Providence, attentive, a tout arrangé avec sagesse. Soumettons-nous à elle dans tous les événements de la vie : dans la prospérité comme dans l'adversité, tâchons de nous conduire d'une manière qui soit digne des hautes destinées auxquelles sa bienveillance nous appelle.

XCI. — Origine des fontaines et des fleuves.

Placées communément dans les vallons, ombragées par des arbres qui croissent sur leurs bords, perpétuellement rafraîchies par l'eau nouvelle qui y afflue sans cesse, animées par le chant des oiseaux qui viennent y chercher un abri contre l'ardeur du soleil, et une eau limpide pour s'y désaltérer et s'y baigner, les sources et les fontaines sont pour l'ordinaire des endroits charmants. Arrêtons-nous-y, et, mollement assis sur le tapis de gazon et de fleurs qui borde leur enceinte, réfléchissons sur leur origine, et sur les progrès à la faveur desquels nous les verrons se transformer en fleuves majestueux.

D'où peut venir un fleuve tel que le Rhône? Quelle puissance préside à l'entretien du Danube et du Gange? Où sont placés les réservoirs immenses, et pour ainsi dire éternels, qui fournissent ces eaux toujours renouvelées, et remplissent, par des canaux inconnus, ces vastes lits avec une profusion assez grande pour pourvoir à tous nos besoins, et assez mesurée pour ne pas inonder la terre au lieu de la fertiliser?

Tous les grands fleuves sont formés par la réunion des rivières; les rivières proviennent des ruisseaux qui vont s'y rendre, et les ruisseaux naissent des sources et des fontaines. Mais d'où viennent les sources elles-mêmes? L'eau, par sa pesanteur et sa fluidité, occupe toujours les lieux les plus bas de la terre : d'où tirent donc leur origine celles que distribuent si constamment les régions les plus élevées?

Les pluies, la neige, les rosées et généralement toutes les vapeurs qui tombent de l'atmosphère fournissent cette masse énorme d'eau qui coule des sources sur toute la superficie du globe; de là vient que les fontaines et les rivières sont si rares dans l'Arabie Déserte et dans une partie de l'Afrique, où jamais il ne pleut. Ces eaux, par diverses ouvertures, s'insinuent dans le corps des montagnes et des collines; elles s'arrêtent sur des lits tantôt de pierre, tantôt de glaise, qu'elles ne peuvent traverser; là elles s'accumulent et forment des fontaines, ou bien elles s'amassent dans des cavités, dans des grottes qui débordent ensuite, et dont les eaux s'échappent peu à peu par mille et mille crevasses pour gagner toujours le bas, où leur poids les entraîne.

C'est de la mer que proviennent toutes les eaux qui fertilisent la terre. Les vapeurs qui s'en élèvent suffisent bien au-delà pour fournir au cours de tous les fleuves; et ce sont les montagnes qui, par leur structure, arrêtent les vapeurs et les pluies, les rassemblent dans leur sein, et forment ces courants passagers ou perpétuels, selon l'étendue et la profondeur du bassin qui les réunit. En couronnant de glaces éternelles les sommets décharnés des hautes montagnes, l'auteur de la nature a préparé les réservoirs inépuisables qui doivent fournir sans cesse à l'entretien des grands fleuves, et leur faire braver les plus longues sécheresses. Suspendus en quelque sorte dans les couches supérieures de l'atmosphère, ces immenses glaciers y sont hors de l'atteinte des causes qui échauffent les couches inférieures, et qui durant les ardeurs de la canicule précipiteraient la fonte de leurs glaces. Ainsi elles ne fondent que lentement et par degrés; des milliers de filets d'eau distillent peu à peu de leur surface extérieure échauffée par le soleil, et, rassemblés en ruisseaux, ils se précipitent de rochers en rochers pour aller nourrir les fleuves et fertiliser les campagnes. Dans les jours froids, au contraire, ce sont les couches intérieures qui fournissent le plus abondamment à l'entretien des fleuves. La chaleur inhérente au globe, qui agit en tout temps sur ses couches, en détache de toutes parts des filets d'eau qui se rendent, par mille canaux souterrains, dans les sources des fleuves, et préviennent leur épuisement.

La mer, malgré tous ses sels, est donc réellement ce qui sert à étancher notre soif. Le vent nous apporte les vapeurs qui s'en exhalent, les pointes de montagnes servent à les fixer; les trous, les crevasses, les inégalités qui rendent le terrain moins agréable à nos yeux, introduisent les eaux dans le sein des montagnes, les couches de matières dures les arrêtent.

Lorsqu'au lieu de renfermer la mer dans l'intérieur de la terre Dieu résolut de la tenir à découvert, et permit au soleil et aux vents d'en élever dans l'air un autre océan de vapeurs douces et bienfaisantes, il créa en même temps ces grandes excroissances qui semblent défigurer notre globe, et ne tendre à rien d'utile. Ce sont elles cependant qui servent partout, au cœur des continents et des îles, à réunir constamment la quantité d'eau nécessaire pour former ces courants, qui sont comme les liens de la société. Nulle connexion apparente entre la mer qui nous borne au couchant et les rochers affreux des Cévennes, des Vosges et des Alpes qui nous bornent au levant; et toutefois ce sont ces rochers et l'Océan dont l'heureuse harmonie concourt à ne pas nous laisser manquer d'un des éléments les plus nécessaires à la vie. Ces coteaux, qui terminent si agréablement notre vue, nous fournissent une claire fontaine, un ruisseau utile; mais les Alpes, qui s'élèvent entre l'Italie et la France, y font couler le Rhin, le Rhône et le Pô; et, quoique ces montagnes soient frappées la plupart d'une éternelle stérilité, elles font réellement, de ces grandes régions, deux jardins de délices. Les Alpes et les Cévennes abattues, aussitôt la Lombardie est desséchée, et une partie de la France se change en un désert affreux. Toutes les pièces qui composent le globe s'entr'aident donc mutuellement; tout est lié : la terre entière est l'ouvrage d'une intelligence unique, et le bien de l'homme en est visiblement la fin.

C'est Dieu qui, sur les hauteurs de la terre, appelle ces sources bienfaisantes, lesquelles tantôt coulent et serpentent entre les rochers, tantôt se précipitent en cascades, et tantôt sont grossies par de nouvelles eaux. Il parle, et du sein des montagnes les fontaines jaillissent, les sources deviennent des ruisseaux, bientôt des rivières et de superbes fleuves, qui portent partout la fertilité et l'abondance. Les habitants des campagnes vont s'y désaltérer, y chercher l'ombre et la fraîcheur, et les eaux qui ruissellent dans les forêts font la joie des bêtes sauvages, dont elles étanchent la soif.

XCII. — Utilité des rivières.

Bien des hommes, en calculant l'espace que les rivières occupent sur notre globe, et les grandes portions de terrain qu'elles enlèvent à la culture, s'imaginent qu'il serait plus avantageux qu'elles fussent en moindre quantité. Mais il suffit d'examiner la sagesse et les proportions qu'on voit régner dans cette partie de l'univers, qui est la demeure de l'homme, pour en conclure que ces canaux vivifiants n'y ont point été jetés au hasard, ni sans aucune vue d'utilité pour tous les êtres qui l'habitent.

Quel ornement, quelle richesse dans la nature que le cours d'une rivière! Soit que je m'arrête à considérer le mouvement de ses eaux, soit que j'observe les utilités qu'elle nous procure, la beauté de son cours me ravit, la multitude des biens qu'elle nous amène me remplit de reconnaissance.

Ce n'est d'abord qu'un filet qui coule de quelque colline sur un fond de glaise ou de sable. Le moindre caillou suffit pour l'embarrasser dans sa route; il se détourne et se dégage en murmurant : il s'échappe enfin, se précipite, gagne la plaine, et, grossi par la jonction de quelques autres ruisseaux, il se forme un lit, prend un nom, et devient une rivière. De vastes prairies, une riante verdure accompagnent fidèlement son cours; elle tourne autour des collines, et serpente dans les plaines comme pour embellir et fertiliser plus de lieux à la fois.

La rivière est le rendez-vous de tout ce qu'il y a d'animé dans la nature. Mille oiseaux, de toutes les couleurs et de toute espèce de ramage, viennent sans cesse jouer sur son gravier, voltiger sur sa surface, s'arroser de ses eaux, pêcher, nager et plonger à l'envi; ils ne la quittent qu'à regret, quand le retour de la nuit les contraint à regagner leurs retraites.

Alors les bêtes sauvages en jouissent à leur tour; mais, à l'aspect du soleil, elles abandonnent la plaine à l'homme et la rivière aux troupeaux, qui deux fois le jour quittent leurs pâturages pour venir sur ses bords se désaltérer, ou chercher l'ombre et la fraîcheur. La rivière ne nous plaît pas moins qu'aux animaux : elle coule au milieu de nos habitations; nous abandonnons communément les montagnes et les bois pour fixer nos demeures le long de son cours riant et fertile.

Enfin, après avoir enrichi les cabanes des pêcheurs, fertilisé le séjour des laboureurs, donné de beaux points de vue aux maisons de plaisance; après avoir fait l'ornement et la joie des campagnes, elle arrive dans les villes, et y coule majestueusement entre deux files de grands édifices et de palais qu'elle orne, et qui contribuent aussi à l'embellir.

Le premier but du Créateur en formant les rivières a été sans doute de fournir aux hommes et aux animaux un des éléments es plus nécessaires à la vie. L'eau qui provient des puits, surtout lorsqu'elle a séjourné longtemps et sans mouvement sous la terre, détache et charrie des particules qui peuvent être nuisibles. Celle des rivières, toujours à l'air libre et toujours agitée, s'épure, se dégage de tout ce qui peut la salir, et devient ainsi la boisson la plus salubre pour tous les êtres animés.

L'utilité des rivières s'étend plus loin encore. C'est à elles qua nous devons la propreté, les agréments de nos demeures et le fertilité de nos campagnes. Toujours nos habitations sont malsaines quand elles se trouvent environnées d'eaux dormantes et de marais, ou lorsque le défaut de quelque source y cause la sécheresse. Le moindre ruisseau rafraîchit l'air des environs, et y répand de douces rosées. Quel contraste frappant entre les lieux arrosés de quelques eaux, et le pays auquel la nature a refusé ce secours! L'un est sec, aride et désert; les autres ressemblent à un jardin délicieux, où les bois, les vallons, les prairies, les campagnes, prodiguent à l'envi leurs trésors. Une rivière y ser-

pente, et fait toute la différence de ces contrées ; elle porte partout avec elle la prospérité, la fraîcheur, et souvent ce bienfait
s'étend à plusieurs lieues, et même à des distances considérables,
par des rosées qui distribuent les vents.

Dans cette étonnante diversité d'opérations de la nature se re-
trouvent toujours le caractère d'un seul ouvrier et l'attention
bienfaisante d'un père. Avec quelle difficulté se ferait le commerce, si les fleuves ne nous amenaient, des pays même les plus
éloignés, les productions qui ne peuvent croître dans le nôtre ?
De combien de machines serions-nous privés, si nous ne pouvions
les mettre en activité au moyen des rivières ! Que de poissons
délicats nous manqueraient, si elles ne nous les fournissaient
avec abondance ! J'avoue que si nous n'avions point de rivières,
nous serions préservés de ces inondations qui quelquefois occasionnent dans le plat pays des dégâts et des dévastations funestes ; mais cet inconvénient empêche-t-il donc que les rivières ne
soient un bienfait de la Providence ? Les avantages nombreux et
permanents que nous en retirons ne l'emportent-ils pas de beaucoup sur le mal qu'elles font ? Les inondations n'arrivent que rarement, et ne s'étendent guère que sur un petit nombre d'endroits.

Toute la nature concourt à nous rendre heureux. La privation
d'un seul des bienfaits de Dieu détruirait une grande partie de
notre bonheur. Dépourvue de ses rivières, la terre perdrait toute
sa fécondité, et ne serait plus qu'un stérile amas de sable. Quelle
multitude innombrable de créatures périraient tout-à-coup, si la
main qui creusa tant d'utiles canaux venait à les dessécher !...
Ah ! que de grâces ne dois-je pas à Celui qui ordonna aux rivières
et aux fleuves d'exister ! et comment pourrais-je jouir des avantages qu'ils me procurent, sans bénir l'auteur de tant de biens !

XCIII. — Des eaux minérales, froides ou chaudes.

On voit, en différentes contrées, un grand nombre de sources,
dont l'eau n'est ni douce comme l'eau de pluie, ni salée comme
celle de la mer ; mais elle se trouve unie avec des substances

minérales infiniment atténuées, qu'elle extrait des entrailles de
la terre, et qu'elle tient en dissolution. Parmi ces sources, les
unes sont chaudes, les autres sont froides.

Naturellement l'eau est froide dans l'intérieur de la terre; elle
y a précisément le même degré de chaleur ou de froidure que les
réservoirs et les canaux qui la contiennent, que les terres, les
pierres, les sables à travers lesquels ce fluide se filtre. Les sources d'eau douce qui naissent du creux d'un rocher ou d'une
cavité profonde ont en tout temps à peu près la même température : elles ne paraissent chaudes en hiver et froides en été que
par la comparaison avec la température actuelle de l'atmosphère.

Mais l'eau peut s'échauffer dans l'intérieur de la terre, soit par
le voisinage d'un feu réel, tel que celui d'un volcan, d'une mine
de charbon enflammée, soit par quelque effervescence intrin-
sèque. Celle qui vient à rencontrer des amas de pyrites, les décompose, les fait entrer en effervescence, et acquiert ainsi une
chaleur qu'elle peut conserver jusqu'à l'endroit où elle devient
source.

De là les eaux minérales, qui varient selon la nature des substances où elles s'infiltrent. Il en est de bitumineuses, de savon-
neuses, de ferrugineuses, de sulfureuses, de vitrioliques, etc., selon la nature des principes qu'elles tiennent en dissolution. Les
eaux minérales froides sont celles qui n'excèdent pas le degré de
chaleur de l'atmosphère ou de la terre; les eaux minérales qui
ont un degré de chaleur supérieur à celles-ci se nomment eaux
chaudes, ou *thermales*.

Ces eaux, soit qu'on les considère relativement à leur formation, ou par rapport aux utilités sans nombre qui nous en reviennent, sont sans doute un don précieux du Ciel. Mais que d'ingratitude nous avons souvent à nous reprocher à cet égard! Les
lieux où ces sources de vie coulent pour les hommes avec tant
d'abondance sont-ils toujours ce qu'ils devraient être, des lieux
consacrés à la reconnaissance et à la louange du médecin par
excellence?

Les eaux thermales et les bains chauds ont été distribués sur la terre avec une prodigalité qui montre l'intention du Créateur. Dans l'Allemagne seule on en compte près de cent vingt; et ces eaux ont un tel degré de chaleur, qu'il faut les laisser refroidir pendant douze et quelquefois pendant dix-huit heures, avant qu'on puisse s'en servir pour les bains. Ce n'est pas du soleil que provient une chaleur si extraordinaire; car alors ces eaux ne la conserveraient qu'autant qu'elles seraient exposées à l'action de cet astre; elles la perdraient pendant la nuit, et plus encore pendant l'hiver. Elles la doivent donc aux feux souterrains, ou aux matières qu'elles dissolvent.

Les vertus propres à plusieurs eaux minérales, chaudes ou froides, ont engagé les chimistes à en rechercher la nature; et ils y sont parvenus en analysant, c'est-à-dire en séparant les divers principes qu'elles tiennent en dissolution, et en les examinant. Cette connaissance donne lieu de former des eaux minérales factices, semblables aux eaux minérales naturelles, et qui en ont les propriétés, autant du moins que l'art peut imiter la nature. Il ne s'agit pour cela que de donner à l'eau pure les principes qui caractérisent l'eau minérale qu'on se propose d'imiter, et de les y faire entrer dans la même proportion où ils se trouvent dans celle-ci. Peut-être même serait-il possible de donner aux eaux factices un mérite supérieur, en un sens, à celui des eaux minérales, qui peuvent renfermer trop ou trop peu de certains principes propres à combattre telle espèce de maladies. On conçoit que l'art peut augmenter à volonté, dans telle ou telle eau factice, les principes salubres relatifs à l'effet qu'on veut produire; qu'il peut diminuer ou retrancher les principes contraires à cet effet, et approprier ainsi cette eau au genre particulier d'infirmité qu'elle est destinée à détruire ou à soulager.

Admirons les richesses inépuisables de la bonté divine, préparant pour les hommes ces sources salutaires qui ne tarissent jamais! Les eaux minérales peuvent sans doute avoir été destinées encore à d'autres usages. Quel est le mortel qui puisse assigner le terme des utilités d'un objet quelconque? Mais il n'en est pas moins incontestable qu'elles ont été produites pour la

17

conservation et pour la santé des humains. C'est pour toi, ô homme, que Dieu fait jaillir ces sources bienfaisantes. Sois donc touché de sa tendresse, toi surtout qui as éprouvé la vertu de ces eaux, et qu'elles ont peut-être arraché des portes de la mort. Que ton âme, pénétrée de reconnaissance et de joie, s'élève vers le Père céleste; qu'elle le glorifie en imitant ses bienfaits; que tes richesses soient, pour tes frères malheureux, des sources de consolation et de vie!

XCIV. — La glace et les glaciers naturels.

Quoique l'eau soit naturellement fluide, un certain degré de froid lui fait perdre sa fluidité, et la convertit en une masse dure et solide qu'on appelle *glace*.

L'eau gèle communément quand la température de l'air environnant répond au zéro du thermomètre de Réaumur, et elle se gèle d'autant plus promptement que le froid est plus grand, et qu'elle est elle-même plus pure. Une eau dormante gèle plus aisément qu'une eau qui coule; un fleuve lent et paisible, qu'un fleuve rapide et impétueux; les bords d'une rivière, que le courant ou le fil de l'eau.

Le froid, qui condense tous les corps, produit un effet contraire sur l'eau convertie en glace, il la dilate et en augmente le volume. C'est pour cette raison que la glace demeure suspendue sur l'eau. L'augmentation que l'eau acquiert en se glaçant égale environ la quatorzième partie du volume qu'elle avait étant fluide. C'est cette dilatation, cette augmentation de volume, qui donne tant de force à la glace. Les efforts qu'elle fait en certains cas sont prodigieux, et tout le monde connaît la fameuse expérience dans laquelle un canon de fer, épais d'un doigt, rempli d'eau et bien fermé, ayant été exposé à une forte gelée, creva en deux endroits au bout de douze heures. Muschenbroëck, ayant calculé l'effort que fait la glace en pareil cas, a trouvé qu'il était équivalent à une force capable de soulever un poids de treize mille huit cent soixante kilogrammes. On ne doit donc pas

s'étonner, ajoute-t-il, que la glace fasse casser les vaisseaux qui
la contiennent, qu'elle soulève les pavés, qu'elle fasse crever les
tuyaux de fontaine qu'on n'a pas la précaution de tenir vides
pendant la gelée; qu'elle fende les pierres, les arbres, etc.

C'est par la même raison que la gelée est si funeste aux plantes lorsqu'elles sont en sève; l'abondante quantité de liquide
dont elles sont alors remplies, dilatée par la congélation, déchire
leurs fibres, et altère toute l'économie de leur organisation.

Convertie en glace par un grand froid, l'eau acquiert une telle
dureté, qu'on a de la peine à la rompre avec le marteau. On vit,
en 1740, à Saint-Pétersbourg, un palais construit de glace, et
d'une belle architecture. Devant cet édifice étaient des canons
aussi de glace; le boulet d'une de ces pièces, chargée de cent
vingt-cinq grammes de poudre, perça, à soixante pas, une plan-
che de six centimètres d'épaisseur, sans que le canon, qui n'en
avait qu'environ douze, cédât à une si forte explosion.

La glace, même dans le plus grand froid, s'exhale continuellement en vapeurs. Dans le froid le plus vif, deux kilogrammes de
glace perdent, par l'évaporation, cinq cents grammes de leur
poids en dix-huit jours; mais les circonstances font varier ces
effets.

D'ordinaire, la glace commence par la superficie de l'eau.
Quand la congélation commence, on voit se former, sur la surface d'une eau tranquille, de petites aiguilles qui s'implantent les
unes aux autres sous différents angles, et qui se réunissent pour
former une pellicule très mince. A ces premiers filets en succèdent d'autres : ils se multiplient et s'élargissent en forme de
lames, qui, augmentant elles-mêmes en nombre et en épaisseur,
s'unissent à la première pellicule.

Une masse de glace formée par une lente congélation paraît
assez homogène et assez transparente depuis sa surface extérieure, qui s'est gelée la première, jusqu'à trois à quatre millimètres de distance en-dedans; mais, dans le reste de son intérieur, et surtout vers son milieu, elle est interrompue par une
grande quantité de bulles d'air, et la surface supérieure, qui

d'abord s'était formée plane, se trouve élevée en bosses et toute raboteuse.

Il existe. sur la surface et dans l'intérieur de la terre, un grand nombre de glaciers naturels, où l'eau, en été aussi bien qu'en hiver, est constamment solide. Les premiers doivent leur congélation aux frimas qui règnent éternellement sur les montagnes qu'ils occupent; les autres, placés dans l'intérieur de la terre, où règne communément une température bien moins froide que celle qui gèle l'eau à sa surface, doivent leur existence à des amas de glace qui, entretenant toujours la même température dans ces vastes cavités, y congèlent les nouvelles eaux qui viennent s'y rendre.

Parmi les glaciers exposés à l'action de l'air et du soleil, un des plus merveilleux est celui de Grindelwald, en Suisse; là, le fond d'un vallon et la pente d'une montagne se présentent dans une étendue d'environ cinq cents pas, sous l'image d'une mer horriblement agitée, et dont les flots suspendus auraient été subitement saisis par la gelée; on en voit dans les Alpes plusieurs autres assez semblables.

XCV. — Nature de l'air, et ses propriétés.

L'air est ce corps fluide et subtil qui environne notre globe, et que respirent toutes les créatures vivantes. Sans cet élément, la terre, quoique arrangée avec tant d'art, quoique enrichie de ce vaste amas d'eau qu'elle contient, ne serait qu'une masse affreuse, incapable d'entretenir la végétation des plantes et la vie des animaux.

Lorsque nous agitons rapidement la main en la portant vers notre visage, nous sentons que l'air est quelque chose de matériel. Il n'est pas moins incontestable qu'il est fluide, que ses parties sont désunies, qu'elles glissent aisément les unes sur les autres, et obéissent ainsi à toutes sortes d'impressions. Si l'air était un corps solide, il ne serait ni respirable ni perméable, et n'aurait point rempli les intentions du Créateur.

. L'élasticité de l'air n'est pas moins certaine que sa pesanteur·

il fait continuellement effort pour occuper un plus grand espace;
et, quoiqu'il se laisse comprimer, il ne manque jamais de se dé-
bander, lorsque la compression cesse. Personne n'ignore que les
matières combustibles ne peuvent brûler sans air; qu'elles
s'éteignent dans l'eau et même dans tous les fluides élastiques
qui, avec l'apparence de l'air, n'en ont pas véritablement les
propriétés. En faisant plus d'attention à ce phénomène, on a découvert que l'air atmosphérique était diminué et réellement ab-
sorbé par les corps qui brûlent.

On a conclu de ces faits que l'air atmosphérique est un composé
de deux fluides élastiques : l'un, qui en fait un peu plus du
quart, extrêmement respirable et propre à la combustion; l'autre,
formant près des trois quarts de l'atmosphère, lequel n'est propre ni à la respiration ni à la combustion. C'est la combinaison
de ces deux principes qui forme l'air propre à entretenir la vie
des plantes et celle des animaux. En retirant la portion d'air absorbée par les corps brûlés, on a trouvé que cet air, beaucoup
plus pur que celui de l'atmosphère, pouvait servir à brûler trois
fois plus de substances combustibles qu'un égal volume de ce
dernier. Une bougie allumée ou tout autre corps combustible en
ignition, plongé dans cet air, brûle avec une rapidité beaucoup
plus grande que dans l'air atmosphérique. On a donné le nom
d'*air vital* à ce fluide; et comme sa base fixée dans beaucoup de
combustibles leur donne un caractère acide, on a appelé cette
base *oxygène*. C'est le même que nous avons vu faire une des
parties constituantes de l'eau.

L'autre fluide qui constitue l'air atmosphérique, dont il fait un
peu moins des trois quarts, est nommé *gaz azote,* par opposition
au premier; il éteint les bougies, tue les animaux, et est un peu
plus léger que l'air commun.

Ces deux principes varient en quantité dans l'atmosphère,
suivant beaucoup de circonstances; mais le plus ordinairement
cent parties d'air commun en contiennent soixante-douze de gaz
azote, et vingt-huit d'air vital. Cette proportion, établie par la
nature, est celle qui paraît convenir à la respiration des animaux.

Par cette fonction, l'air vital est changé en eau et en une espèce d'acide, connu sous le nom d'*acide carbonique;* et la portion de chaleur qu'il perd dans cette opération paraît absorbée par le sang des animaux : c'est pour cela que ceux qui n'ont point de poumons propres à respirer l'air ont le sang très peu échauffé.

Il en est de la respiration comme de la combustion. Lorsque les animaux respirent pendant trop longtemps le même air, toute la portion d'air vital se trouve changée en acide carbonique et en eau; et comme ils ne peuvent respirer le gaz azote restant, ils meurent bientôt au milieu de ce dernier fluide, mêlé à l'acide carbonique, qui ne peut pas servir davantage à la respiration. Telle est la raison du danger des lieux trop renfermés, et la cause des malheurs arrivés dans les circonstances où les hommes se sont trouvés entassés dans des espaces trop étroits.

XCVI. — Les vents.

Les vents ne sont autre chose que l'air agité, passant d'un endroit à l'autre d'un trait continu, et qui, s'il est trop comprimé, poussé avec une extrême vitesse, occasionne les ouragans les plus terribles. Des villages entiers renversés de fond en comble, d'antiques forêts abattues et déracinées, les flots de la mer élevés et accumulés en montagnes mugissantes : tel est l'effet horrible de ces courants aériens, qui de temps en temps se précipitent d'une plage vers une autre avec une immense force impulsive. Les vents qui se meuvent avec assez de vitesse pour abattre et pour déraciner de grands arbres parcourent quarante-cinq mètres par seconde, ce qui fait plus de cent soixante kilomètres par heure.

Il règne beaucoup de diversité dans les vents. En quelques endroits ils soufflent durant toute l'année, et ne cessent de se faire sentir que lorsqu'un vent prédominant et contraire en empêche accidentellement le cours. Entre les deux tropiques, les navigateurs éprouvent toujours un vent qui souffle d'orient en occident, avec quelque déclinaison, et qui, quoique assez faible, s'oppose à leur retour vers le premier de ces points par la même route qu'ils ont suivie en naviguant vers l'occident. Des vents connus sous le nom de *moussons* soufflent dans la mer des Indes, du sud-est depuis le mois d'octobre jusqu'au mois de mai, et du nord-ouest depuis le mois de mai jusqu'au mois d'octobre.

Certaines mers, certains pays, ont des vents ou des calmes qui leur sont propres. En Egypte et dans le golfe Persique, il règne souvent pendant l'été un vent brûlant qui empêche la respiration et qui consume tout.

Les vents inconstants et variables, sans direction ni durée fixes, règnent sur la plus grande partie du globe. Quelques-uns, il est vrai, peuvent souffler plus souvent dans un endroit que dans un autre; mais ce n'est point à des époques déterminées : ils commencent ou cessent sans aucune règle, et varient à proportion des diverses causes qui dérangent l'équilibre de l'air. La chaleur et le froid, la pluie et le beau temps, les montagnes et les détroits, les caps ou promontoires, etc., peuvent contribuer beaucoup à interrompre leur cours et à changer leur direction.

Tous les jours et presque partout, lorsque l'air est entièrement calme et tranquille, on sent, quelques moments après l'aurore, un vent d'est assez vif, qui annonce les approches du soleil, et qui continue encore quelque temps après le lever de cet astre. Ce météore est dû sans doute à ce que l'air échauffé par le soleil levant se raréfie, et, en se dilatant, pousse vers l'occident l'air contigu, d'où provient nécessairement un vent d'est qui cesse ensuite pour nous à mesure que nous nous trouvons dans un air plus chaud. Par la même raison, le vent d'est doit non-seulement devancer toujours le soleil dans la zone torride, il doit aussi souffler avec plus de force que dans nos contrées, où l'action de cet astre est beaucoup plus modérée. Voilà pourquoi l'on sent constamment dans la *grande mer Pacifique* un vent soufflant de l'est à l'ouest, ou du levant au couchant.

Les vents ne sont point un effet du hasard, et dont on ne puisse assigner ni la destination, ni en partie les causes. Quant à celles-ci, on ne saurait douter qu'il ne faille les chercher dans les variations du chaud et du froid, dans la position du soleil, dans la nature du sol, dans l'inflammation des météores, dans la résolution des vapeurs en pluie, dans l'absorption instantanée de certaines espèces de gaz, et autres causes semblables, capables d'agiter l'air avec plus ou moins de force. Par exemple, dès que l'air devient plus chaud, il acquiert par son élasticité plus de force pour s'étendre : de sorte que, lorsqu'une contrée se trouve par quelque accident plus échauffée que celle qui l'avoisine, l'air doit nécessairement couler de l'une à l'autre et produire du vent.

Ici comme en toutes ses œuvres, le Créateur manifeste sa sagesse et sa bonté. Il règle le mouvement, la force et la durée des vents; et il leur prescrit la carrière qu'ils doivent parcourir. Lorsqu'une longue sécheresse fait languir les animaux et dessèche les plantes, un vent qui vient du côté de la mer, où il est chargé de vapeurs bienfaisantes, abreuve les prairies, et ranime toute la nature. Cet objet est-il rempli, un vent sec accourt de l'orient, rend à l'air sa sérénité, et ramène le beau temps. Le vent du nord emporte et précipite toutes les vapeurs nuisibles de l'air d'automne. A l'âpre vent du septentrion succède le vent du sud, qui, naissant des contrées méridionales, remplit tout de sa chaleur vivifiante. Ainsi, par ces variations continuelles, la fertilité et la santé sont maintenues sur la terre.

Du sein de l'Océan s'élèvent dans l'atmosphère des fleuves qui vont couler dans les deux mondes. Dieu ordonne aux vents de les distribuer et sur les îles et sur les continents. Ces invisibles enfants de l'air les transportent sous mille formes diverses. Tantôt ils les étendent dans le ciel comme des voiles d'or et des pavillons de soie; tantôt ils les roulent en forme d'horribles dragons et de lions rugissants qui vomissent les feux du tonnerre : ils les versent sur les montagnes en rosées, en pluies, en grêle, en neige, en torrents impétueux. Quelque bizarres que paraissent leurs services, chaque partie de la terre en reçoit tous les ans sa portion d'eau, et en éprouve l'influence. Chemin faisant, ils déploient sur les plaines liquides de la mer la variété de leurs caractères. Les uns rident à peine la surface de ses flots, les autres les roulent en ondes d'azur, ceux-ci les bouleversent en mugissant, et couvrent d'écume les plus hauts promontoires.

XCVII. — Nature et propriété du son.

Un son tendre et plaintif qui fait couler des larmes, un son vif et animé qui nous arrache à la mélancolie et nous rend à la joie, un son doux et paisible qui calme la fureur et désarme la férocité, un son fier et menaçant qui intimide l'audace et fait trembler le crime, un son ferme et martial qui enfante le courage et soutient la vaillance : le son, en un mot, qui se diversifie en tant de manières, qui a tant d'empire sur notre âme, qui calme et émeut nos passions, n'est qu'un air diversement modifié.

Chaque son est produit au moyen de l'air qui nous environne : mais toute agitation de l'air n'est pas propre à la production du son. Pour qu'il se forme, il faut que l'air subitement comprimé se dilate et s'étende ensuite par sa force élastique, ce qui fait une sorte de tremblement ou d'ondulation semblable à peu près aux ondes et aux cercles concentriques qui se forment dans l'eau quand on y jette une pierre, ou bien encore aux mouvements que prennent les différents points d'une corde d'instrument que l'on pince. Mais si ce mouvement ondulatoire n'avait lieu que dans les particules d'air qui sont immédiatement comprimées par le corps sonore, le son ne parviendrait point jusqu'à nos oreilles : il faut que l'impression de ce corps sur l'air contigu se propage circulairement de particule en particule jusqu'à l'organe, pour y produire la sensation.

Le son parcourt trois cent cinquante mètres en une seconde : et ce calcul, vérifié par une multitude d'expériences, peut être d'une grande utilité en plusieurs circonstances. Par exemple, en nous apprenant à quelle distance la foudre est de l'endroit où nous l'entendons gronder, il nous avertit si nous y sommes en sûreté. Il suffit pour cela de compter les secondes ou les pulsations du pouls entre l'éclair et le coup, et de compter pour chacune trois cent cinquante mètres. On détermine par le même moyen la distance respective de différents lieux terrestres, et celle qui sépare deux vaisseaux sur la mer. Un son faible se propage avec la même vitesse qu'un son plus fort. L'agitation de l'air est cependant plus considérable lorsque le son a plus de force, parce qu'une plus grande masse est mise en mouvement. Le son est donc fort quand il y a beaucoup de particules d'air en mouvement ondulatoire, et il est faible lorsqu'il y en a peu.

Quand nous entendons le son d'une corde pincée, nos oreilles reçoivent de l'air autant de coups que la corde fait de vibrations dans le même temps. Si donc la corde fait cent vibrations dans une seconde, l'oreille reçoit aussi cent coups; et la perception de ces coups est ce qu'on nomme un son. Lorsque ces coups se succèdent uniformément et que leurs intervalles sont tous égaux, le *son* est régulier : mais quand ils se succèdent inégalement, ou que leurs intervalles sont inégaux entre eux, il en résulte un *bruit* irrégulier qui ne peut être employé dans la musique.

Quand je considère un peu plus attentivement les sons musicaux, je remarque d'abord que, lorsque les vibrations ainsi que les coups dont l'oreille est frappée sont plus ou moins forts, il n'en résulte d'autre différence dans le son si ce n'est qu'il devient plus ou moins fort lui-même : ce qui produit la différence que les musiciens indiquent par les mots *forte* et *piano*. Mais il y a une différence beaucoup plus essentielle, lorsque les vibrations sont plus ou moins rapides, ou qu'il en arrive plus ou moins dans une seconde. Quand une corde fait cent vibrations dans une seconde, et une autre corde deux cents vibrations dans le même temps, leurs sons dès lors sont essentiellement différents : celui de la première est plus grave ou plus bas, et l'autre plus aigu ou plus haut. Telle est la véritable différence entre les sons graves et aigus; différence sur laquelle roule toute la musique, ou l'art de combiner les sons de manière qu'il en résulte une harmonie agréable.

XCVIII. — De la position du soleil.

L'auteur de l'univers a fixé au soleil une position qui convenait parfaitement à la nature de cet astre et aux fonctions qu'il avait à remplir. Il l'a placé à une juste distance des planètes sur lesquelles il devait porter son action : et cette position qui lui a été assignée il y a tant de siècles, il la conserve encore aujourd'hui, sans jamais s'en écarter, parce qu'en effet le moindre écart occasionnerait les plus grands désordres dans la nature. Certes, il n'y avait qu'une puissance et une sagesse sans bornes qui pussent opérer une telle merveille : Dieu seul pouvait créer ce globe immense, le placer au point convenable, marquer ses limites, déterminer ses mouvements, l'assujétir à des règles constantes, et le maintenir invariablement dans l'ordre qu'il lui avait prescrit. Et quelle sagesse, quelle bonté n'éclatent pas dans cet arrangement, soit à l'égard du monde entier, soit à l'égard de notre terre et de toutes les créatures qui l'embellissent!

Mais ce soleil que nos yeux nous montrent parcourant en douze heures une moitié du ciel, comment se fait-il qu'il reste immobile au centre du monde! Ne le voyons-nous pas le matin à l'orient, le soir à l'occident? Et la terre pourrait-elle se mouvoir continuellement autour de lui, sans que nous nous en aperçussions?

Cette objection n'a d'autre fondement que l'illusion de la vue. Nous apercevons-nous, en traversant une rivière, du mouvement de la barque? et lorsque, portés sur un vaisseau ou dans une voiture, nous changeons rapidement de place, ne nous semble-t-il pas que tout se meut autour de nous, et que les objets qui sont devant se déplacent et reculent, quoique, en effet, ils soient immobiles? Quelque illusion que nous fassent nos sens à cet égard, notre raison est forcée de reconnaître la vérité et la sagesse du système qui suppose le mouvement de la terre. L'auteur de la nature agit toujours par les voies les plus courtes, les plus faciles et les plus simples. Par la seule révolution de ce globe autour du soleil, on peut rendre raison des différentes apparences des planètes, de leurs mouvements périodiques, de leurs stations, de leurs rétrogradations, et de leurs mouvements directs. N'est-il pas beaucoup plus naturel et plus facile que la

terre tourne autour de son axe en vingt-quatre heures, qu'il ne
le serait au soleil et aux planètes de faire leur révolution autour
de la terre dans le même temps? Mais une preuve incontestable
que le soleil, et non la terre, est au centre du monde, c'est que
les mouvements et les distances des planètes n'ont rapport qu'au
premier de ces astres. Et, dans la supposition contraire, que deviendraient l'harmonie et la conformité parfaites qui ont lieu entre les ouvrages du Créateur?

Quelle grande idée ces méditations nous donnent du Dieu qui
préside à l'univers! et en même temps, qu'elles nous font vivement sentir notre petitesse! L'esprit se perd dans la contemplation du ciel : il se sent accablé de la grandeur de son Dieu. Les
bornes de l'entendement humain ne lui permettront jamais ici-
bas d'acquérir une connaissance parfaite du système du monde.
Mais il conçoit au moins que tout y est arrangé avec une sagesse
et une bonté infinies, et qu'on ne saurait imaginer de plan plus
régulier, plus beau, plus digne du grand Etre, plus avantageux
à ses créatures.

XCIX. — De la grandeur et de la figure de la terre.

Du soleil, reportons nos regards sur le globe que nous habitons. Il n'est pas aussi facile qu'on pourrait le croire de déterminer avec exactitude la grandeur de la terre.

Cependant, grâce aux travaux des géomètres, nous connaissons à peu près aujourd'hui la grandeur de notre globe. Nous
savons qu'il a environ quarante mille kilomètres de circonférence, et que sa surface est d'environ cinq cent onze millions de
kilomètres carrés, dont l'eau occupe les deux tiers; sa distance
au soleil est de cent cinquante-deux millions de kilomètres.

Quelque étendue que me paraisse avoir la terre, elle disparaît
tout-à-coup lorsque, par la pensée, je viens à la placer parmi les
autres mondes qui roulent sur nos têtes. En comparaison de
l'univers, le globe que j'habite est ce qu'un grain de sable serait
à la plus haute des montagnes. Que cette idée élève le Créateur
à mes yeux! Sa grandeur me paraît inexprimable. Devant lui, le

monde et ses habitants sont comme l'atome léger qui se joue dans les airs. Et moi, que suis-je entre cette multitude d'hommes qui couvrent le globe? Que suis-je devant l'Etre immense, infini, éternel?

Le peuple se représente communément la terre comme un plan uni, comme une surface ronde et plate; mais, si cette supposition avait quelque réalité, on devrait enfin trouver les bornes de cette surface. D'ailleurs, en approchant d'un lieu quelconque, ce ne seraient pas les seules extrémités supérieures des tours et des montagnes, mais encore la partie inférieure de ces objets qu'on apercevrait d'abord. La terre est donc un globe, mais un peu plus élevé sous l'équateur que vers les pôles, et à peu près de la figure d'une orange.

Il ne restera aucun doute sur la sphéricité de la terre, si l'on considère que dans les éclipses de lune l'ombre que projette notre globe sur cette planète est toujours ronde. Et si la terre n'avait pas cette figure, comment eût-il été possible aux navigateurs d'en faire le tour? Comment les astres se lèveraient-ils et se coucheraient-ils plus tôt pour les pays orientaux que pour les pays occidentaux?

Ici encore se manifeste la sagesse du Créateur. La figure qu'il a donnée à la terre est la plus convenable à un monde tel que le nôtre et à ses habitants. La lumière et la chaleur, si nécessaires pour la conservation des créatures, sont, par ce moyen, distribuées selon certaines proportions à toutes les parties du globe. C'est par là que les retours périodiques et annuels du jour et de la nuit, du chaud et du froid, de la sécheresse et de l'humidité, sont rendus aussi réguliers et aussi constants que pouvaient le permettre l'ordre général et la diversité des climats. Les eaux s'élèvent, se répandent et circulent de toutes parts, et les vents font sentir à chaque région leurs effets salutaires. Avec une autre forme, la terre, dans quelques contrées, serait un paradis; dans d'autres, un chaos. Ici, des tempêtes furieuses porteraient partout le ravage; là, les animaux se trouveraient suffoqués, parce que les courants de l'atmosphère seraient retardés et arrêtés presque entièrement. Une partie de la terre jouirait des bénignes influences du soleil, pendant qu'une autre serait engourdie par le froid

C. — Du mouvement de la terre.

Lorsque le ravissant spectacle du soleil levant renouvelle chaque matin dans mon âme la reconnaissance et l'admiration que m'inspire le sublime auteur de l'univers, je remarque en même temps que le lieu de ce magnifique spectacle change par intervalles. J'examine l'endroit où, au printemps et dans l'automne, cet astre commence à se montrer; je l'aperçois ensuite en été plus au septentrion, et en hiver plus au midi. Un mouvement quelconque doit être la cause de ces changements. Est-il dans notre globe? Est-il dans l'astre qui nous éclaire? Naturellement on est porté à croire que le soleil se meut, et que telle est la raison pour laquelle on le voit tantôt d'un côté, tantôt d'un autre. Mais comme les mêmes phénomènes auraient lieu, supposé que le soleil restât immobile, et que je tournasse avec la terre autour de lui; comme on n'aperçoit d'ailleurs ni le mouvement du soleil ni celui de la terre, je dois m'en rapporter moins à mes conjectures qu'aux observations multipliées des astronomes, lesquelles constatent le mouvement de notre globe.

Je me représente donc, en premier lieu, l'espace immense où se trouvent les corps célestes comme vide, ou rempli d'une matière infiniment subtile, qu'on nomme l'*éther*. C'est là que nagent notre globe et toutes les planètes qui composent notre système. Au centre est placé le soleil, qui en est entouré, et qui les surpasse de beaucoup en grandeur. La pesanteur, que la terre a de commun avec les autres corps, l'entraîne vers ce centre; ou plutôt le soleil, par la propriété qu'ont les grands corps d'attirer ceux qui sont plus petits qu'eux, attire vers lui la terre. Si celle-ci obéissait au seul mouvement d'attraction, elle se précipiterait nécessairement dans le centre du soleil : mais le Créateur lui en a en même temps imprimé un autre : c'est le mouvement projectile, qui la conduirait éternellement en ligne droite dans l'espace, si elle cessait d'obéir au premier. De la combinaison de ces deux forces résulte la courbe que décrit la terre autour du soleil, de la même manière qu'on voit tourner une fronde autour de la main qui l'agite.

Cette courbe n'est pas un cercle parfait, mais une ellipse dont le soleil occupe un des foyers; ce qui fait que nous sommes plus éloignés de cet astre dans un temps que dans l'autre. La terre emploie à parcourir son orbite trois cent soixante-cinq jours cinq heures quarante-huit minutes et quarante-sept secondes, espace de temps qui est la mesure de l'année astronomique, et après lequel le soleil se retrouve au même point de l'écliptique; car, dans chaque point de l'orbite terrestre, cet astre nous apparaît dans le ciel du côté opposé; en sorte qu'en chaque mouvement insensible que fait la terre, nous nous figurons que c'est le soleil qui se meut. Au printemps, il se montre également éloigné des deux pôles : de là vient l'égalité des jours et des nuits. En été, il se trouve de vingt-trois degrés et demi plus près du nord, ce qui nous occasionne les plus longs jours. En automne, son retour à l'équateur ramène l'égalité du jour et de la nuit. En hiver enfin, il est autant éloigné vers le sud qu'en été il s'était approché du septentrion : et c'est alors que nos nuits sont les plus longues.

Quel nouveau sujet d'admirer et d'adorer la sagesse et la bonté suprêmes m'offrent l'ordre et l'arrangement des grands ouvrages de la création! Combien m'est précieuse chaque nouvelle connaissance qui dans les œuvres de ses mains me fait découvrir le père de la nature! Partout je le retrouve, et partout je suis forcé de m'écrier : Vous avez tout disposé, ô mon Dieu, avec une parfaite harmonie!...

CI. — Division de la terre en cinq parties principales.

La terre est divisée en cinq parties principales : l'Europe, l'Asie, l'Afrique, l'Amérique et l'Océanie; division que la nature elle-même a en quelque sorte offerte aux hommes.

L'*Europe* est la plus petite de toutes : sa longueur n'est que de quatre mille cinq cents kilomètres environ, et sa largeur de trois mille six cents, à compter cent kilomètres par degré. Ses habitants possèdent plusieurs contrées dans les trois autres parties du monde; et ils ont assujéti presque la moitié de la terre. L'Europe est la seule partie qui soit partout cultivée, partout couverte de villes et de villages.

L'*Asie* est la plus grande et la plus remarquable des trois parties de notre continent. Sa longitude est entre le 45° degré et le 206°; sa latitude septentrionale, depuis le premier degré jusque par-delà le 75°, et la méridionale, depuis l'équateur jusqu'au 10° degré. On conçoit, par cette immense étendue, que l'air de l'Asie doit être fort différent. Vers le nord il est extrêmement froid, dans le milieu il est tempéré, sous la torride il est très chaud. Privées des souffles rafraîchissants de la mer, arrosées de peu de rivières, couvertes de vastes plaines et de montagnes stériles, les régions situées dans l'intérieur éprouvent une chaleur ou un froid excessif : le sol y est peu fertile, et par conséquent mal cultivé. Aujourd'hui encore ces régions ne sont habitées que par des peuples qui le matin abattent leurs villes et leurs villages, les emportent à quelques milles de distance, et les reconstruisent le soir en moins d'une heure. C'est la nature elle-même qui semble avoir rendu nécessaire cette vie errante et nomade, et voulu que les établissements, les lois, le gouvernement de ces hordes vagabondes, eussent moins de consistance que chez les autres peuples. Ce caractère inquiet et remuant a souvent porté l'agitation et le trouble chez les autres peuples de l'Asie. La partie septentrionale, remplie de forêts, de lacs et de marais, n'a aussi jamais été régulièrement habitée. Mais les contrées orientales, occidentales, et surtout les méridionales, sont les plus délicieuses de la terre : elles sont extraordinairement fertiles, et produisent en abondance tout ce qui est nécessaire à la vie.

L'*Afrique* est, après l'Asie, la plus grande partie de notre hémisphère. Située presque entièrement sous la zone torride, elle offre de vastes déserts sablonneux, des montagnes d'une hauteur prodigieuse, des animaux de toute espèce. L'excessive chaleur y énerve et affaiblit toutes les facultés de l'âme : aussi

l'on y trouve peu d'Etats bien gouvernés. L'intérieur de l'Afrique
est peu connu; des tentatives récentes pour pénétrer dans l'intérieur ont prouvé qu'il était moins dépourvu d'habitants qu'on
ne le croyait. Il est peuplé par la race noire et éthiopique.

Ce n'est que depuis quelques siècles que l'*Amérique* a été découverte par les Européens Elle est divisée en deux continents,
séparés par l'isthme étroit de Panama. Le froid qui règne dans
la partie septentrionale, le peu de productions utiles qui s'y
trouvent, et son éloignement des contrées habitées, sont cause
qu'on ne la connaît pas entièrement; mais on a tout lieu de
croire que les naturels des pays presque ignorés ne sont point
civilisés. Des forêts et des marais y couvrent la terre; et jusqu'ici
les Européens n'en ont encore cultivé que les côtes orientales.
Dans le milieu de l'Amérique florissaient autrefois de grands em-
pires : le reste était habité par des peuples sauvages. C'est la
patrie des serpents, des reptiles et des insectes, qui y sont beaucoup plus grands qu'en Europe. En général, on peut dire que
l'Amérique est le pays le plus vaste, mais le plus dénué d'habitants.

L'*Océanie*, qui a été reconnue comme la cinquième partie du
monde en 1780, est située à l'ouet de l'Amérique et au sud-est
de l'Asie. Elle tire son nom de sa position physique, qui est un
composé d'îles dont l'étendue est plus ou moins grande.

La terre, depuis un petit nombre d'années, commence à être
assez bien connue dans tout ce qui peut intéresser essentiellement
les sciences, les arts, le commerce : et, s'il reste encore de grandes découvertes à faire dans cette immense étendue de mers qui
environnent l'ancien et le nouveau continent, il paraît que l'intérêt de ces découvertes ira toujours en décroissant, à cause du
peu d'utilité qui pourrait en résulter.

Si nous réfléchissons maintenant sur le nombre de lieues
qu'occupent les cinq parties du globe, leur grandeur nous pa-
raîtra étonnante; et cependant tous les pays actuellement connus
n'en font que la moindre portion. Mais qu'est la terre elle-même,
en comparaison de ces corps immenses que Dieu plaça dans le

18

firmament! Elle se confond dans cette multitude innombrable de sphères, comme un grain de sable parmi ceux qui couvrent le rivage des mers. Toutefois, pour nous, aux yeux de qui une coudée est déjà une longueur assez considérable, le globe terrestre est toujours un grand théâtre des merveilles de l'artiste suprême : et comme nous ne savons que peu de chose des mondes qui sont au-dessus de nos têtes, nous devons du moins cher cher à bien connaître celui que nous habitons, et faire usage de cette connaissance pour glorifier le Créateur, en nous souvenant toujours que ce n'est point par coudées qu'il s'agit de mesurer sur cette terre la grandeur de l'homme, mais par son intelligence, sa volonté et sa liberté.

CII. — Mesures et division du temps chez divers peuples.

Les deux mouvements de la terre autour du soleil, et celui de la lune autour de la terre, servent à diviser le temps en différentes parties nécessaires pour les travaux du labourage, et toutes les autres occupations de la vie civile. Le mouvement de la lune ne partage le temps que sur notre globe : le mouvement apparent du soleil peut servir à régler cette division dans toutes les planètes dont il est le centre.

Le *jour* est l'espace de temps que le soleil met à faire une révolution autour de la terre; ou, pour parler plus exactement, c'est environ le temps que la terre emploie à faire une révolution autour de son axe. La partie de ce temps pendant laquelle le soleil est sur l'horizon est appelée *jour artificiel :* c'est le temps de la lumière, lequel est déterminé par le lever et le coucher de cet astre. Le temps de l'obscurité, ou du séjour du soleil sous l'horizon, est appelé *nuit.* Le jour et la nuit pris ensemble forment le *jour civil* ou *solaire,* lequel se divise en vingt-quatre *heures.* Chaque heure se partage en soixante *minutes*, chaque minute en soixante *secondes*, et chaque seconde en soixante *tierces.* Cette division du jour est indiquée d'après le mouvement de l'ombre, par le style d'un cadran solaire, ou par l'aiguille d'une horloge à roues.

Dans la vie commune, la plupart des Européens commencent le jour et les heures à minuit : ils comptent douze heures jusqu'à midi, et douze autres jusqu'à minuit. Les Italiens commencent le jour au coucher du soleil, et comptent depuis cet instant vingt-quatre heures jusqu'au coucher suivant. Chez les Turcs, le jour commence un quart d'heure après le coucher de cet astre. Les Juifs le commencent à son coucher : ils comptent douze heures égales jusqu'à son lever, et autant depuis son lever jusqu'à son coucher : ainsi, chez eux, les heures du jour sont plus longues ou plus courtes que celles de la nuit, selon que le soleil est plus ou moins longtemps sur l'horizon.

Une *semaine* est l'espace de sept jours. Le *mois solaire* est le temps que le soleil emploie à parcourir la douzième partie du zodiaque ; le *mois lunaire*, celui qui s'écoule entre deux nouvelles lunes, ou vingt-neuf jours douze heures et quarante-quatre minutes.

L'*année solaire* comprend douze mois solaires, c'est-à-dire le temps que le soleil met à parcourir les douze signes du zodiaque. Ces années sont aujourd'hui en usage chez la plupart des peuples de l'Europe.

L'*année lunaire*, qui comprend douze révolutions de la lune autour de la terre, est composée de trois cent cinquante-quatre jours huit heures et quarante-huit minutes. Les Juifs et les Turcs se servent de cette année ; mais, pour la faire répondre à l'année solaire, ils y intercalent souvent un mois entier.

Ces mesures et divisions du temps, quelque importantes qu'elles soient en elles-mêmes, le deviennent encore plus par l'application qu'on peut en faire à la vie morale des hommes. Les heures, les jours, les semaines, les mois et les années, qui composent notre vie terrestre, nous ont été donné, afin que, par le bon usage de nos facultés, nous atteignions le but de notre existence. Mais quel emploi faisons-nous de ce temps si précieux ? Les secondes et les minutes ne sont rien à nos yeux ; et cependant il est certain que celui qui ne tient aucun compte des minutes prodigue aussi les heures.

Sommes-nous du moins plus économes des périodes plus considérables? Hélas! si de tous les jours qui nous sont assignés nous déduisons ceux qui sont presque entièrement perdus pour nous, c'est-à-dire pour ce principe immortel qui nous anime, que resterait-il pour la vie effective ou réelle? Ne résulterait-il pas de ce calcul que celui qui a parcouru la plus longue carrière n'en pourrait compter que la plus faible partie employée à se rendre éternellement heureux?

CIII. — Vertu vivifiante du soleil.

Le soleil est la principale cause de tout ce qui arrive sur la terre; il est la source de la lumière et de ce feu qui, pénétrant tous les corps, met leurs molécules en mouvement, les atténue, les décompose, dissout celles qui sont solides, raréfie celles qui sont fluides, et les rend propres à une infinité de combinaisons. Lorsqu'en été la force du soleil augmente, il doit en résulter nécessairement des changements considérables, et dans l'atmosphère et sur la face de la terre. Quand, au contraire, ses rayons tombent plus obliquement, sont par conséquent plus faibles, et que la brièveté des jours ne permet plus à leur action de se prolonger, quel changement de scènes!

Quand, du signe éloigné du Capricorne, le soleil se rapproche de la ligne équinoxiale et nous ramène au printemps, la nature semble passer de la mort à la vie. Parvenu au Bélier, il tourne nuit et jour autour de notre pôle, sans qu'aucun point dans l'hémisphère septentrional échappe à sa chaleur. A chaque parallèle qu'il décrit dans les cieux, une ceinture de plantes nouvelles éclôt autour du globe. Chacune d'elles paraît successivement au poste et aux jours qui lui sont assignés; elle reçoit à la fois la lumière dans ses fleurs, et la rosée sur son feuillage. A mesure qu'elle prend de l'accroissement, les diverses tribus d'insectes qu'elle nourrit se développent. Chaque espèce d'oiseau se rend à chaque espèce de plante qui lui est propre, pour y construire son nid, et y nourrir ses petits de la proie animale qu'elle lui présente. On voit bientôt accourir les oiseaux voyageurs : tous

alimentent leurs tendres nourrissons des insectes et des reptiles
que font éclore les herbes nouvelles. Attirés aux embouchures
des fleuves par des nuées d'insectes qui sont entraînés dans leurs
eaux, ou qui éclosent le long de leurs rivages, les poissons quittent en foule les abîmes septentrionaux de l'Océan. Les quadrupèdes mêmes entreprennent alors de longs voyages, et vont, les
uns du midi au nord avec le soleil, d'autres d'orient en occident :
le développement des herbes qui leur sont connues détermine les
moments de leurs départs et le terme de leurs courses.

Qui pourrait, je ne dis pas décrire, mais seulement indiquer les
divers effets du soleil sur la terre! Il raréfie l'air; il élève les vapeurs et les brouillards, et contribue à la formation des météores.
C'est son action qui fait monter la sève dans les plantes; il pare
les arbres de leurs feuilles; il développe les fleurs, les convertit
en fruits; il colore et mûrit ces doux présents de l'été. C'est lui
qui anime toute la nature; il est la source de cette chaleur
vivifiante qui donne aux corps organisés leur développement,
leur accroissement et leur perfection. Il opère même dans les
lieux inaccessibles à l'homme : il pénètre les rochers, les montagnes, et porte son influence jusque dans les profondeurs de
la mer.

Je l'éprouve moi-même, cette bénigne influence de l'astre qui
nous échauffe et nous éclaire. Dès que le soleil se lève sur ma
tête, la sérénité se répand dans mon âme. Sa chaleur et son éclat
me communiquent cette allégresse et cette activité dont j'ai
besoin pour remplir ma destination, et jouir de la vie sociale.
L'engourdissement et la tristesse involontaires qui s'emparent
de l'homme durant les ténèbres se sont peu à peu dissipés. Je
respire plus librement, et me livre au travail avec plaisir! Eh!
comment, au milieu de la joie universelle que le soleil inspire au
monde, pourrais-je demeurer froid! Partout je reconnais sa vertu
bienfaisante; des millions d'insectes brillants se réveillent,
jouent et se réchauffent à ses rayons; les oiseaux font entendre
leurs mélodieux concerts : tout ce qui respire se réjouit à son
aspect.

CIV. — Les saisons.

La différente longueur des jours, la différente hauteur où le soleil s'élève sur l'horizon, donnent successivement aux diverses contrées du globe une inégalité de température qui produit la diversité des saisons. La terre emploie une année à parcourir son orbite autour du soleil. On nomme *hiver* le temps qu'elle met à passer du point solsticial d'hiver au point équinoxial du printemps. Cette saison nous mène des jours les plus courts à l'équinoxe du printemps, où la durée du jour est égale à celle de la nuit. Le *printemps* est l'intervalle qu'emploie la terre à passer du point équinoxial au point solsticial d'été. Cette saison nous conduit de l'équinoxe du printemps aux plus longs jours. Nous nommons *été* le temps qu'emploie la terre à passer du point solsticial d'été au point équinoxial d'automne, et qui des plus longs jours nous mène à l'équinoxe d'automne. Enfin l'*automne* est le temps qu'emploie la terre à revenir au point solsticial de l'hiver, et qui nous ramène les jours les plus courts, et avec eux les frimas.

Les climats les plus chauds, ainsi que les plus froids, n'ont dans l'année que deux saisons qui soient véritablement différentes. Ceux-ci ont un été d'environ quatre mois, pendant lesquels la longueur des jours rend la chaleur très forte. Leur hiver est de huit mois : le printemps et l'automne y sont presque imperceptibles, parce que, en très peu de jours, une chaleur extrême succède à un froid excessif, et qu'au contraire les grandes chaleurs y sont immédiatement suivies du froid le plus rigoureux. Les pays les plus chauds ont une saison sèche et brûlante pendant sept à huit mois ; viennent ensuite des pluies qui en durent quatre à cinq, et font la différence de l'été et de l'hiver.

Ce n'est que dans les climats tempérés qu'on éprouve quatre saisons réellement distinctes. La chaleur de l'été diminue par gradation, et permet aux fruits de l'automne de mûrir lentement sans être endommagés par le froid de l'hiver. De même, au printemps, les plantes ont la facilité de croître insensiblement sans être détruites par des gelées tardives, ni trop hâtées par des chaleurs précoces. En Europe, ces quatre saisons sont particulièrement sensibles dans l'Italie supérieure et dans les parties méridionales de la France. Mais à mesure qu'on avance vers le nord ou vers le sud, les printemps et les automnes sont moins marqués et plus courts. Presque dans toute la région tempérée, l'été et l'hiver commencent d'ordinaire par des pluies abondantes et de longue durée. Depuis le milieu du mois de mai jusque vers la fin de juin, il pleut rarement. Les fortes pluies reviennent ensuite, et continuent jusqu'à la fin de juillet. Les mois de février et d'avril sont d'ordinaire très inconstants.

Le changement des saisons ne peut être attribué au hasard. Dans les événements fortuits on n'aperçoit ni ordre ni constance. Or, dans toutes les contrées de la terre, les saisons se succèdent les unes aux autres avec la même régularité que les nuits succèdent aux jours. Elles changent l'aspect de la terre précisément au temps marqué. Successivement nous la voyons parée tantôt d'herbes et de feuilles, tantôt de fleurs et de fruits. Elle est ensuite dépouillée de tous ses ornements jusqu'à ce que le printemps revienne, et la ressuscite en quelque sorte. Le printemps, l'été et l'automne, nourrissent l'homme et les animaux en leur fournissant des fruits avec abondance; et, quoique la nature paraisse morte en hiver, cette saison ne laisse pas d'avoir aussi ses présents : elle humecte la terre, elle la féconde, et, par cette préparation, elle la rend propre à produire des plantes et des fruits.

CV. — Tableau des beautés du printemps.

Quelle révolution s'est opérée dans toutes les parties de la nature! quel spectacle!... et quel enchantement! Qu'elle est incompréhensible la bonté de ce grand Etre, qui fait que les saisons se succèdent dans un ordre si constant! La terre a repris sa parure et sa fécondité : déjà toute la création revit et se ranime. Il y a peu de temps, tout n'était qu'un désert stérile. Mais à peine le souffle du Tout-Puissant s'est-il fait sentir, que la nature est sortie de son engourdissement : tout y est en action. Le soleil s'est rapproché de nous; et d'abord l'atmosphère a été pénétrée d'une chaleur vivifiante. Le règne végétal en a éprouvé la bienfaisante vertu, et la terre s'est couverte d'herbe. Toute sa surface en est renouvelée et embellie. Point de champs cultivés qui, dans le lointain, ne présentent à l'œil un spectacle enchanteur, et, de près, des fleurs innombrables qui charment l'odorat.

Les pâturages sont arrosés, et les coteaux se parent d'une riante verdure : les campagnes retentissent de cris de joie et de chants d'allégresse; les louanges et les actions de grâces de toute la nature s'élèvent jusqu'au ciel. Chaque oiseau nous répète son hymne avec plus ou moins de mélodie. Qu'il est gai le chant de la fauvette, qui, voltigeant de branche en branche, ne se lasse point de faire entendre sa voix! Il semble qu'elle ait formé le dessein de s'attirer de préférence l'attention de l'homme, et de le récréer par ses accents. L'alouette s'élève dans les airs, en saluant le jour et le printemps par des sons gracieux. Le bétail, par ses cris, exprime la vie et la joie dont il se sent animé. Dans les rivières, les poissons, qui, durant l'hiver, immobiles et glacés, étaient au fond des eaux, remontent près de la superficie : ils ont recouvré leur première vivacité et leur souplesse; la douceur et l'agrément de leurs mouvements si variés attirent et réjouissent les regards.

Oh! comment pourrais-je voir tant de merveilles, et n'être pas saisi d'admiration pour cet Être adorable dont la puissance infinie se manifeste avec tant de gloire! Pourrais-je respirer l'air pur et frais du printemps sans me livrer à de délicieuses méditations!... Jamais je ne contemple un arbre couronné de feuillage, un champ couvert d'épis, une forêt majestueuse, des prés émaillés de fleurs; jamais, dans ces jardins où se trouvent réunies toutes les beautés de la nature, je ne cueille la violette ou la rose sans penser avec attendrissement que c'est Dieu qui, au moyen des arbres, me couvre d'un ombrage frais, que c'est lui qui rend les fleurs si belles et m'envoie leurs doux parfums, qui revêt les prairies et les bois de cette aimable verdure qui rend à chaque animal le sentiment de son existence, que c'est lui par qui j'existe aussi moi-même, et par qui je jouis du spectacle de la plus agréable des saisons.

CVI. — Les phénomènes ordinaires de l'orage : la foudre, la grêle.

L'été est le temps des orages et du tonnerre. Ces formidables phénomènes ont quelque chose de grand qui excite l'admiration : leurs effets terribles sont bien dignes de notre examen, et les recherches auxquelles nous allons nous livrer sont d'autant plus nécessaires, qu'une crainte excessive empêche la plupart des hommes de considérer avec attention ce majestueux spectacle.

L'état électrique des nuages est pour les uns positif, ou de même nom ; pour les autres négatif, ou de nom contraire ; il en est même qui se trouvent à l'état naturel. Si un nuage flottant dans l'atmosphère et chargé d'électricité positive rencontre un autre nuage, il attire l'électricité négative, et repousse la positive, ou l'électricité de même nom. Si les nuages continuent à se rapprocher, bientôt une étincelle éclatera entre eux, et sera la marque que les deux fluides se sont combinés. Cette étincelle est la foudre ; le bruit qui en résulte, c'est le tonnerre. Si le nuage électrisé passe au-dessus d'un corps terrestre, il agira sur lui de la même manière, attirant à lui l'électricité négative, et repoussant la positive, en sorte que, si le nuage passe à une distance voulue, ce corps sera foudroyé, parce que le mouvement des fluides, manifesté par l'étincelle, lui a imprimé une secousse extraordinaire. Si l'objet foudroyé est une personne, un animal, le résultat de la fulmination est ordinairement la mort.

Souvent on n'aperçoit qu'un éclat de lumière, subit ou momentané ; d'autres fois, ce sont des traînées de feu qui forment des courbures, et prennent différentes inclinaisons. L'explosion qui accompagne l'éclair agite l'air avec violence. A chaque étincelle électrique on entend un coup de tonnerre. L'intervalle qui se trouve entre l'éclair et le coup peut faire juger en quelque sorte de la grandeur et de la proximité du danger ; car il faut toujours un temps très sensible pour que le son arrive à notre oreille, au lieu que la lumière traverse le même espace et frappe nos yeux dans un instant presque indivisible. On se rappelle que le son parcourt trois cent quarante mètres par seconde : d'un autre côté, les pulsations du pouls se font à peu près dans le même intervalle; d'où il suit que, si depuis l'éclair on compte douze ou treize pulsations avant d'entendre le tonnerre, on est éloigné d'environ quatre kilomètres de l'orage.

La foudre ne part pas toujours en ligne droite, de haut en bas : souvent elle serpente de tous côtés, elle va en zigzag; et quelquefois elle ne s'allume que fort près de la terre. Ne manquant point alors de frapper, elle peut causer de grands ravages. Mais, comme les lieux incultes, inhabités et les mers occupent la plus grande partie de notre globe, la foudre peut tomber des milliers de fois sans occasionner aucun dommage réel.

Les routes de la foudre sont tout-à-fait singulières, et absolument incalculables. La direction du vent, la quantité des exhalaisons qui se rencontrent dans l'atmosphère, etc., influent sur ces déterminations; il est des corps à travers lesquels l'électricité se communique avec la plus grande facilité. Un homme appuyé contre un mur pendant un orage est frappé de mort : la foudre, tombée de l'autre côté du mur, s'était communiquée par le moyen d'une barre de fer qui le traversait.

On juge de la force prodigieuse de la foudre par les effets qu'elle produit. L'ardeur de la flamme est telle qu'elle brûle et consume tous les corps combustibles : elle fond même les métaux; mais souvent elle épargne les corps qui les environnent; elle calcine quelquefois les os d'animaux, sans que les chairs soient endommagées; les édifices les plus solides sont écrasés; les arbres, fendus ou déracinés; les pierres et les rochers, brisés et mis en poudre, tandis que des substances légères et très poreuses demeurent souvent intactes.

Les effets de l'orage sont d'autres fois portés à leur comble par la grêle dont il est accompagné. C'est au sein des orages que se forme ce terrible météore, au milieu des tonnerres qu'il se prépare.

Parmi les nuages sombres qu'une tempête impétueuse semble

lancer de l'horizon, on aperçoit de petits nuages blanchâtres : leur vue jette l'effroi dans l'âme de l'habitant des champs, qui, instruit par une funeste expérience, sait que ces nuages renferment un fléau d'autant plus redoutable, qu'il ne produit ses ravages qu'au moment, pour ainsi dire, où l'espoir d'une brillante récolte le consolait de ses longues fatigues. Déjà la foudre gronde au loin, les éclairs sillonnent les airs; ces nues blanchâtres s'étendent, s'augmentent, se détachent des nuages obscurs qui les environnent, et descendent vers la terre. Un bruit sourd se fait entendre : le cliquetis des glaçons devient plus considérable et plus sensible à mesure que la nue s'approche de la terre. Mais ce n'est plus un simple nuage, c'est un amas de glaçons, qui par leur chute accélérée acquièrent une grande force, brisent tout ce qu'ils frappent, et détruisent en un instant les récoltes près d'être moissonnées. Tout ne présente que des ruines : les campagnes désolées n'offrent qu'un spectacle désastreux; les blés, hachés, sont couchés dans la poussière; les plantes et les fleurs sont coupées sur leurs tiges : souvent même les branches des arbres sont abattues. Le tonnerre redouble, la grêle croît en grosseur : les bestiaux et leurs gardiens, le malheureux laboureur et le voyageur surpris par cet orage impétueux, sont mutilés sous les coups des glaçons qui se précipitent des airs. De tous côtés un affreux dégât annonce le passage de ce terrible météore, et les amas de ces glaçons qui couvrent les champs retardent, et même arrêtent trop souvent, par un refroidissement subit, la fructification des végétaux.

Quoique la grêle soit plus fréquente en été, il en tombe aussi dans les autres saisons. Il grêle plus souvent pendant la nuit. La figure et la grosseur des glaçons ne sont pas toujours les mêmes. Quelquefois ils sont ronds; d'autres fois, concaves et hémisphériques; souvent coniques et anguleux. Leur grosseur ordinaire est celle d'un pois : rarement égale-t-elle celle d'une noix. Il en tombe néanmoins d'aussi gros que des œufs d'oie. On se souvient encore de cette grêle épouvantable qui ravagea une partie de la France dans l'année 1788.

CVII. — L'automne.

Aux agréments de l'été, malgré tous les feux que répandait l'astre du jour, ont succédé les douceurs et les fruits de l'automne. Les arbres, chargés des dons les plus précieux, semblaient se pencher vers nous comme pour nous inviter à les cueillir, à nous en nourrir dans toute leur fraîcheur, et à en faire une provision suffisante pour en perpétuer la jouissance. Un air tempéré et calme nous permettait d'user en liberté de tous les plaisirs de la campagne; des amusements variés s'offraient à nous de toutes parts. Après avoir vu, à une époque plus reculée, tomber sous la faucille du moissonneur les épis dorés, et avoir rempli nos granges de la riche dépouille de nos guérets fertiles, le temps est venu où, parmi les jeux, les repas simples et rustiques, nous avons partagé la gaieté franche et les travaux des vendangeurs. Nous les avons vus fouler les raisins dans la cuve, d'où devait sortir la liqueur vivifiante qui se trouve maintenant renfermée dans nos celliers ou dans nos caves. Ainsi s'amènent tour à tour et suivent les saisons dans lesquelles la nature nous comble de ses présents.

Mais déjà l'automne tire à sa fin; le soleil jette sur nos demeures des regards affaiblis. Cette terre, si belle et si féconde, devient de jour en jour triste, indigente et stérile. Je ne verrai de longtemps ce bel émail des arbres fleuris, les charmes du printemps, la magnificence de l'été. Ces teintes et ces nuances des forêts et des prairies, cette couleur purpurine des raisins, ces trésors divers qui couvraient nos campagnes, tout a disparu. Les arbres viennent de perdre leur dernière parure; les pins, les ormes et les chênes plient sous l'effort des aquilons. Dénués de force et sans chaleur, les rayons du soleil ne pénètrent plus la terre. Les champs, qui nous ont fait tant de présents, sont enfin épuisés, et ne promettent plus rien à l'homme.

Ces tristes révolutions doivent nécessairement diminuer nos agréments et nos jouissances. Lorsque la terre est privée de sa verdure, de son éclat et de sa gloire; lorsque les campagnes n'offrent plus qu'un terroir fangeux et de sombres couleurs, je ne goûte plus qu'en partie les plaisirs attachés au sens de la vue. Dépouillée de ses richesses, la terre ne montre de tous côtés qu'une surface inégale et raboteuse; elle n'a plus cet accord, ce bel ensemble qui nous mettaient sous les yeux les blés, les légumes et les herbages. Les oiseaux ne font plus entendre leurs chants mélodieux; rien ne rappelle à l'homme cette allégresse universelle qu'il partageait avec tous les êtres animés; il n'entend plus que le mugissement des vagues, le sifflement des vents, et ce bruit monotone et continuel n'excite en lui que des sentiments désagréables. Les champs n'ont plus leurs parfums, et l'on ne respire qu'une certaine odeur humide, qui n'a rien de gracieux lorsqu'elle ne vient pas tempérer la sensation trop vive de la chaleur; le sens du toucher est blessé par les impressions d'un air nébuleux et froid. Ainsi la campagne n'a plus rien qui nous flatte, et les faibles rayons de l'astre du jour ne nous communiquent plus assez d'activité.

Cependant, au milieu de ces aspects mélancoliques, je reconnais encore combien la nature est fidèle à remplir la loi invariable qui lui a été prescrite, d'être utile dans tous les temps, dans toutes les saisons. L'hiver se montre déjà dans l'éloignement : les fleurs, il est vrai, ont disparu, et la terre n'est plus décorée de sa beauté primitive. Mais la campagne, toute dépouillée, toute déserte qu'elle est, ne laisse pas encore de rappeler à l'homme sensible l'idée du bonheur. Ici, dit-il en élevant vers le ciel un cœur reconnaissant, ici j'ai vu croître le blé, et naguère ces champs arides étaient couverts d'abondantes moissons. Les jardins potagers, les vergers n'offrent maintenant que de tristes aspects; mais le souvenir des présents dont ils nous ont comblés mêle un sentiment de joie et d'espoir aux regrets que j'éprouve. Elles sont tombées les feuilles qui paraient les arbres; les prairies sont sans attraits, de sombres nuages couvrent le ciel, les pluies tombent en abondance, la promenade va devenir impraticable. L'homme qui ne réfléchit point murmure; mais le sage voit avec une douce émotion ces terres humides et détrempées : les feuilles sèches, l'herbe jaunâtre sont préparées par les pluies de l'automne à devenir un engrais utile qui fertilisera son domaine. Cette réflexion, jointe à l'attente du retour du printemps, excite sa gratitude pour les tendres soins du Créateur, et le remplit de la plus vive confiance. Tandis que la terre, privée de tous ses agréments extérieurs, est exposée aux plaintes de ses enfants, qu'elle a nourris et réjouis, elle recommence à travailler pour eux, et déjà elle s'occupe en secret de leur bonheur futur.

CVIII. — Le froid augmente par degrés.

Nous sentons en automne que chaque jour le froid augmente. Au mois d'octobre il était supportable, parce que la terre conservait des restes de la chaleur qu'elle avait acquise pendant l'été, et qu'elle était encore un peu échauffée par les rayons du soleil. Novembre amène plus de frimas; plus les jours diminuent, plus la terre perd de sa chaleur et plus le froid prend d'intensité. Nous ne saurions douter d'un fait que nous éprouvons chaque année; mais pensons-nous à la bonté, à la sagesse qui se manifestent dans les progrès insensibles du froid?

D'abord cette augmentation graduelle est nécessaire pour prévenir le dérangement, et peut-être même la destruction totale de nos corps. Si le froid que nous éprouvons pendant les mois d'hiver survenait tout-à-coup avec le commencement de l'automne, nous serions subitement engourdis, et cette révolution nous causerait la mort. Avec quelle facilité l'on s'enrhume dans les soirées fraîches de l'été! Et que serait-ce si nous passions subitement des ardeurs de la canicule au froid glaçant de l'hiver! Le Créateur a donc pourvu à notre santé et à notre vie en nous ménageant, pendant les mois qui suivent immédiatement l'été, une température qui prépare peu à peu le corps à supporter plus facilement l'augmentation du froid. Que deviendraient la plupart des animaux si l'hiver venait, pour ainsi dire, à l'improviste et sans être annoncé? Les deux tiers des insectes et des oiseaux périraient en une seule nuit, et leur couvée serait détruite avec eux sans ressource. Au contraire, cette gradation leur permet de faire les préparatifs qu'exige leur conservation. Les mois d'automne, qui séparent l'été de l'hiver, les avertissent d'abandonner leurs demeures pour se retirer dans des pays plus chauds, pour chercher des endroits où pendant la saison rigoureuse ils puissent se livrer au sommeil tranquillement et avec sécurité. Une privation subite de la chaleur ne serait pas moins fatale à nos jardins et à nos champs : les plantes, et surtout celles qui sont exotiques, périraient inévitablement; le printemps ne pourrait plus nous donner de fleurs, ni l'été de fruits.

Reconnais donc, ô homme, et adore dans cet arrangement la sagesse et la bonté de Dieu. Ce n'est pas sans de grandes raisons que, depuis les derniers jours de l'été jusqu'au commencement de l'hiver, la chaleur diminue peu à peu, et le froid augmente par degrés. Ces révolutions insensibles étaient nécessaires pour que tant de millions de créatures pussent subsister, et pour que la terre pût continuer à leur fournir les aliments qui leur conviennent. Homme présomptueux, toi qui oses si souvent blâmer les lois de la nature, déplace seulement quelques roues de la grande machine du monde, et tu ne tarderas pas à être forcé de reconnaître combien les vues de son auteur sont au-dessus de notre prétendue sagesse. Apprends que rien ne s'y fait par saut; qu'il n'y arrive point de révolution qui ne soit suffisamment préparée. Tous les événements naturels se succèdent par degrés; tous sont dans l'ordre le plus régulier; tous arrivent précisément au temps marqué : l'ordre est la grande loi que Dieu suit dans le gouvernement de l'univers, et de là vient que toutes ses œuvres sont si belles, si invariables, si parfaites.

CIX. — La neige.

La neige est une bruine ou vapeur de nuages congelée dans sa chute des régions supérieures de l'atmosphère, et qui arrive à terre sous la forme de flocons blancs et légers.

Il neige très rarement en été, parce que rarement, dans cette saison, l'atmosphère se trouve avoir un degré suffisant de froid pour congeler l'eau. Il se peut néanmoins qu'au milieu même de l'été il se forme de la neige dans les régions supérieures de l'atmosphère. Mais il ne fait presque jamais assez froid dans cette saison pour que les particules glacées ne se réchauffent et ne se fondent en approchant des régions inférieures de l'air : ce qui les empêche de paraître sous la forme de neige. Il n'en est pas de même en hiver : l'atmosphère alors a très souvent le degré de froid nécessaire pour glacer l'eau; et, comme il fait aussi très froid dans les régions inférieures, les bruines congelées ne peuvent recevoir en tombant le degré de chaleur suffisant pour les fondre.

Dans leur chute lente et vacillante, ces infiniment petites molécules congelées se rencontrent, s'entre-choquent et s'accrochent. Si l'air inférieur est plus chaud ou plus humide, l'effet devient plus sensible encore; elles s'amollissent un peu, et, quand elles viennent à se toucher, elles restent plus facilement attachées les unes aux autres et forment des amas plus ou moins gros. De là les flocons de neige, dont la figure est très remarquable. Ils ressemblent d'ordinaire à des étoiles hexagones; il s'en trouve qui forment huit angles, d'autres qui en ont dix, d'autres dont la figure est tout-à-fait irrégulière. On a trouvé jusqu'à quarante-huit formes secondaires. Elles dérivent toutes de l'hexagone.

Dans nos climats, la neige est assez grosse; mais les voyageurs assurent que dans la Laponie elle est quelquefois si petite, qu'elle ressemble à une poussière fine et sèche; ce qui provient sans doute de l'âpre température de ce pays. Lorsque l'air inférieur est très froid, les molécules tombent séparément sans pouvoir s'unir : aussi remarque-t-on dans nos contrées que les flocons sont plus gros à mesure que le froid est plus tempéré, et qu'ils deviennent plus menus lorsqu'il gèle fortement.

La formation de ces flocons nous paraîtrait merveilleuse, si nous n'étions accoutumés à leur retour annuel. Mais, parce que certaines merveilles se reproduisent souvent, est-ce une raison pour n'y être pas attentif? Admirons la puissance de Dieu, qui dans toutes les saisons se montre si riche, si inépuisable en moyens de pourvoir aux besoins et aux plaisirs des hommes! Ne nous plaignons plus que l'hiver ne fournisse pas aux sens et à l'esprit des récréations variées. Quel spectacle admirable ne nous offrent pas ces flocons de neige formés avec la plus exacte symétrie, et tombant de l'air en nombre si prodigieux! Quelles figures diverses l'eau sait revêtir sous la main créatrice! Tantôt elle se forme en grêle, tantôt elle se durcit en glace : là elle se change en givre, ici en innombrables flocons de neige. Tous ces changements tendent à la fois et à l'utilité et à l'embellissement de la terre; car, jusque dans les moindres phénomènes de la nature, Dieu se montre grand et digne de toutes nos adorations. Quelle surprise serait la nôtre, si nous voyions pour la première fois ce merveilleux météore, et si nous apprenions que, tout brillant qu'il est, il n'est dû qu'à quelques vapeurs de l'atmosphère! Comme elle se forme subitement cette neige dont nous nous trouvons tous environnés, souvent sans l'avoir prévu! Quelle multitude de flocons tombent de l'atmosphère, se serrent les uns les autres, et couvrent dans un instant la terre! Ce phénomène, en fournissant à nos yeux un spectacle agréable, et à notre esprit un sujet abondant de réflexions, justifie bien cette pensée : les frimas mêmes ont leurs agréments, et l'hiver a ses douceurs. Les plaisirs innocents et purs ne sont inconnus qu'à ces hommes stupides qui ne réfléchissent sur rien, et ne font aucune attention aux œuvres du Seigneur.

La neige n'est d'une blancheur si éblouissante que parce qu'elle n'absorbe aucun des rayons de la lumière, et qu'elle les réfléchit tous avec beaucoup de force. Mais pourquoi les réfléchit-elle? C'est le secret du Créateur. Nouvellement tombée, elle est vingt-quatre fois plus légère que l'eau : ce qui provient de l'extrême finesse des parties qui la composent. On a mis en doute s'il neigeait sur la mer : il ne faut qu'être voisin de cet élément pour se convaincre de l'affirmative, et les voyageurs qui pendant l'hiver ont navigué dans les mers septentrionales, assurent qu'ils y ont vu beaucoup de neiges. On sait aussi que les hautes montagnes n'en sont jamais entièrement dépourvues. Si quelquefois il s'en fond une partie, elle est bientôt remplacée par de nou-

19

veaux flocons. L'air étant beaucoup plus chaud dans nos plaines qu'il ne l'est sur les hauteurs, il peut pleuvoir chez nous, tandis qu'il neige abondamment sur les montagnes élevées.

CX. — L'hiver des contrées du Nord.

Dans la saison rigoureuse, l'excès du froid entraîne sans doute de graves inconvénients à sa suite : mais ils tiennent à l'ordre général et au bien du tout. Dans l'état présent des choses, cet ordre et ce bien ne pourraient avoir lieu sans ces inconvénients locaux ou partiels, qui n'excitent nos murmures que parce que nous ne voyons que les résultats et les effets du moment, qu'un côté et qu'une partie de l'ensemble.

En hiver, parmi nous l'eau gèle à une telle profondeur, qu'il n'est pas possible de faire usage des fontaines : les poissons meurent dans les étangs, les fleuves se couvrent d'énormes glaçons, les moulins s'arrêtent, le bois manque ou devient d'un prix excessif; les plantes, les arbres périssent; divers animaux succombent au froid ou à la faim; la santé de l'homme en souffre, et sa vie même peut être exposée.

Voilà des maux frappants : mais combien d'hivers nous passons sans en éprouver aucun! Que sont-ils, d'ailleurs, si nous les comparons à ceux de quelques autres contrées?

Dans une grande partie des pays septentrionaux, il n'y a ni printemps ni automne : la chaleur y est aussi insupportable en été que le froid en hiver. La violence de celle-ci est telle, que l'esprit-de-vin se gèle dans les thermomètres. Quand on ouvre la porte d'une chambre échauffée, l'air extérieur, en y pénétrant, convertit en neige toutes les vapeurs qui s'y trouvent, et l'on se voit entouré de tourbillons blancs et épais. Sort-on de la maison, on est presque suffoqué, et l'air semble déchirer la poitrine. Tout paraît mort; et personne n'ose hasarder de quitter sa demeure : quelquefois même le froid devient si rigoureux, et cela tout-à-coup, que, si l'on ne peut se sauver à temps, on est en danger de perdre un bras, une jambe, et même la vie. Le vent pousse la neige avec une telle violence, qu'on n'est plus en état de trouver son chemin. Les arbres et les buissons en sont couverts, les yeux en sont éblouis, et à chaque pas on s'enfonce dans un nouveau précipice. En été il fait constamment jour pendant trois mois : une nuit perpétuelle règne en hiver pendant le même espace de temps.

A Saint-Pétersbourg, où l'on est à 59 degrés 56 minutes 23 secondes de latitude, le soleil, en hiver, se lève à 9 heures 15 minutes du matin, et se couche à 2 heures 45 minutes du soir. A Tobolsk, qui est un peu plus méridional, il se lève à 8 heures 56 minutes, et se couche à 3 heures 4 minutes. Mais à Arkangel, situé à 64 degrés 34 minutes, cet astre ne se lève qu'à 10 heures 24 minutes, et se couche à 1 heure 36 minutes. On sent bien que cette absence du soleil, quoique moins longue encore que celle dont nous parlons plus haut, doit cependant donner lieu, par rapport à la terre, à des déperditions de chaleur qui insensiblement amènent des froids considérables. Si l'on y joint les causes physiques accidentelles, comme les bois, les lacs, les hautes montagnes, qui s'opposent à l'arrivée des vents du sud, on n'est plus étonné de ce que l'on rapporte de l'intensité du froid éprouvé dans ces villes. Un auteur qui se trouvait en Russie pendant le fameux hiver de 1759 à 1760 rapporte que le froid y fut si violent, qu'à peine la fumée des cheminées pouvait-elle sortir; les corbeaux, les pies, les moineaux tombaient de l'air comme morts : il vit plusieurs lièvres restés roides sur leurs quatre pattes, comme s'ils eussent été vivants. Il n'est pas rare que les membres gèlent lorsqu'ils se trouvent exposés à l'air : le remède infaillible pour prévenir la putréfaction est de les frotter de neige avec assez de force pour les rappeler à la chaleur et à la vie.

En 1760, le thermomètre descendit à Saint-Pétersbourg à 33 degrés. En Sibérie, il n'est pas rare d'éprouver un froid qui donne 53 degrés et demi; et à Iénisseï, le 16 janvier 1735, il descendit à 69 degrés un quart. Sur les frontières de la Mongolie, on a vu même, en 1772, le mercure gelé par un froid naturel.

Et nous nous plaignons du froid de nos contrées ! Que dirions-

nous s'il nous fallait vivre sous de pareils climats? Nos jours
d'hiver, quelque rigoureux qu'on les trouve, sont du moins supportables.

Mais pourquoi le Créateur a-t-il assigné à nos semblables des
régions où la nature les remplit d'effroi pendant une grande
partie de l'année? Pourquoi le sort de ces peuples est-il plus
malheureux que le nôtre?

C'est être dans l'erreur de supposer que les peuples voisins
des pôles gémissent de la violence et de la longueur de leurs
hivers. Pauvres, mais exempts, par leur simplicité même, de tout
désir difficile à satisfaire, ces hommes, dans l'ignorance où ils
sont des biens que nous envisageons comme une partie essentielle de la félicité, vivent contents au milieu des glaces qui les
entourent. Si l'aridité du sol s'oppose à la variété des productions
de la terre, la mer en est d'autant plus libérale dans les dons
qu'elle leur fait. Leur manière de vivre les endurcit contre le
froid, et les met en état de braver les tempêtes. La nature, d'ailleurs, a peuplé leurs déserts de bêtes sauvages, dont la fourrure
les garantit de l'intempérie de leur climat. Elle leur a donné les
rennes, dont ils reçoivent leur nourriture et leur boisson, leurs
lits, leurs vêtements et leurs tentes. Les rennes satisfont à la
plupart de leurs besoins, et l'entretien n'en est point à charge.
Quand le soleil ne se lève pas pour eux, et qu'ils sont environnés
de ténèbres, la nature leur allume elle-même un flambeau, et
l'aurore boréale vient éclairer leurs nuits. Peut-être ces peuples
regardent-ils leur pays comme la plus heureuse contrée de la
terre, et nous plaignent-ils autant que nous les trouvons à
plaindre.

Ainsi, chaque climat a ses avantages et ses inconvénients;
mais, après tout, il est assez difficile de dire lequel mérite la
préférence. Il n'est point de contrée sur la terre, soit que le soleil
lance perpendiculairement ses feux sur elle, soit qu'il ne l'échauffe
que par des rayons obliques, soit que des neiges éternelles en
couvrent la surface, qui au fond soit plus avantagée qu'une autre. Ici abondent les commodités de la vie; là cette variété de

biens est absolument inconnue : mais ceux à qui ces biens manquent sont exempts des tentations, des soucis rongeurs et des
cuisants remords qui en sont la suite : ils ne connaissent pas une
foule d'obstacles à la félicité : et cela compense sans doute la
privation d'une multitude d'agréments. Ce que nous savons avec
certitude, c'est que la Providence a départi à chaque contrée ce
qui était nécessaire à l'entretien et au bonheur de ses habitants.
Tout y est assorti à la nature du climat, et elle a pourvu par les
moyens les plus sages aux divers besoins de ses créatures.

CXI. — De la température dans les divers climats de la terre.

Il semble que la température et la chaleur des diverses contrées
de la terre devraient se régler sur leur position relativement au
soleil, puisque cet astre darde ses rayons de la même manière
sur celles qui se trouvent au même degré de latitude. Mais l'expérience, comme on l'a vu, nous apprend que le chaud, le froid,
et toute la température, dépendent aussi de plusieurs autres circonstances. Les saisons peuvent être très différentes dans des
lieux placés sous le même parallèle, et quelquefois elles sont
assez semblables sous des climats très différents. Les montagnes,
plus ou moins élevées, occasionnent des différences très grandes
dans la température des contrées adjacentes. Ainsi, puisque des
causes accidentelles font varier la chaleur à la même latitude, et
qu'il s'en faut bien qu'elle soit toujours telle que la distance du
soleil semblerait l'exiger, il est difficile de déterminer exactement
les saisons et la température pour chaque pays.

Le froid de la mer n'étant point glacial pendant l'hiver, cela
influe sur les pays adjacents, et la température en est plus douce;
aussi la neige y fond-elle plus vite que dans l'intérieur des terres.
On assure que certaines plantes, qu'on est obligé à Paris de renfermer dans la serre aux approches de l'hiver, passent la même
saison en plein air aux environs de Londres. Au contraire, plus
un lieu est élevé au-dessus de la surface de la mer, plus le froid
y est considérable : l'air y est plus subtil, et par là même plus
difficile à s'échauffer, absorbant moins de chaleur solaire. Quito

est presque sous la ligne; mais son élévation fait que la chaleur y est très modérée. Du reste, ces sortes de pays ont d'ordinaire un air serein, léger, et une température assez égale.

De hautes montagnes attirent les nuées : de là vient que les pluies et les orages sont plus fréquents dans les pays montagneux, et l'on a observé qu'il ne pleut presque jamais dans les plaines de l'Arabie. De grandes et vastes forêts rendent très froids les pays qu'elles occupent : la glace, couverte de l'ombre des arbres, s'y fond plus lentement pendant l'hiver, elle refroidit l'air supérieur, et ce nouveau froid retarde le dégel.

Ce qui tempère encore la chaleur dans les climats chauds, c'est que les jours n'y sont pas d'une durée fort considérable, et que le soleil n'y reste pas longtemps sur l'horizon. Dans les contrées plus froides, les jours d'été sont très longs, et la chaleur y est en proportion de leur durée : la sérénité du ciel, le beau clair de la lune, et les longs crépuscules rendent les longues nuits plus supportables. Sous la zone torride on ne distingue pas tant les saisons par l'été et l'hiver que par le temps humide et pluvieux; car, lorsque le soleil s'élève le plus sur l'horizon et que ses rayons tombent le plus directement, alors viennent les pluies, dont la continuité est plus ou moins soutenue. Dans ces contrées, la saison la plus agréable est celle où le soleil est à son moindre degré d'élévation. Au-delà des tropiques, le temps est d'ordinaire plus inconstant qu'en-deçà. C'est au printemps et à l'automne que les vents règnent avec le plus d'empire. En hiver, la terre se gèle à plus ou moins de profondeur, mais rarement au-delà d'un mètre en Allemagne. Dans les contrées plus septentrionales il gèle plus profondément pendant l'hiver, et il ne dégèle que de quelques pieds pendant l'été. Les eaux dormantes et les rivières se couvrent de glace, d'abord près du rivage, ensuite sur toute la superficie. La différente qualité des terroirs, et la faculté qu'ils ont de conserver plus ou moins la chaleur, contribuent aussi à la différence du climat.

En réglant ainsi les saisons et la température dans les diverses contrées, le Créateur a rendu chaque partie de la terre propre à être habitée par les hommes et par les animaux. Nous nous faisons souvent de fausses idées des zones glaciales et de la torride : nous croyons que les habitants de ces régions éloignées doivent être les hommes les plus infortunés du globe, au lieu qu'ils jouissent, comme nous l'avons observé plus haut, d'une portion de bonheur assortie à leur nature et à leur destination sur la terre. Chaque pays a ses avantages et ses inconvénients, qui se balancent les uns les autres, et il n'est pas un coin de la terre où Dieu n'ait manifesté sa bienveillance : tout est rempli de ses dons, tous les habitants du globe éprouvent ses soins paternels.

CXII. — La lune, ou l'astre qui préside à la nuit.

La lune est, après le soleil, celui des corps célestes qui a le plus d'éclat; et quand par elle-même elle ne serait pas un sujet très digne de notre attention, elle le deviendrait au moins par les grands avantages qu'elle procure à la terre.

Déjà, sans le secours du télescope et à la vue simple, nous pouvons découvrir plusieurs phénomènes de la lune. C'est un corps rond, opaque, et dont la partie lumineuse est toujours tournée vers le soleil, duquel cette planète emprunte sa douce clarté. Les accroissements et les diminutions de sa lumière suffisent pour nous convaincre de ces vérités. Elle tourne, dans un orbite particulier, autour de notre globe, qu'elle accompagne dans toute sa révolution autour du soleil.

Mais ce que l'œil ne peut observer dans la lune n'est rien en comparaison de ce qu'on y découvre à l'aide du télescope et du calcul. Quelles obligations n'avons-nous pas aux vrais savants, dont les recherches et les découvertes nous mettent en état de nous former les notions les plus étendues des corps célestes, et manifestent de plus en plus à nos yeux la gloire du Créateur! Au moyen de ces recherches pénibles, nous savons à présent que la lune, celle de toutes les planètes qui est la plus proche de nous, et qui malgré sa proximité nous paraît si petite, est toutefois un corps assez considérable en lui-même. Sa surface est quatorze fois moindre que celle de la terre; son volume est quarante-neuf fois plus petit, et sa masse quatre-vingt-dix fois moindre que celle de la terre.

Dans la face de la lune se découvrent plusieurs taches, même à la simple vue. Quelques-unes de ces taches sont pâles et obscures; d'autres sont plus lumineuses. Les taches lucides sont vraisemblablement des terres, des montagnes qui réfléchissent la lumière en plus grande quantité que les taches obscures.

La lune est un corps plus important que le vulgaire ignorant se l'imagine. Sa grandeur, sa distance et tout ce que nous en connaissons, nous fournissent, au contraire, d'utiles sujets de méditation. Une planète aussi considérable n'aurait-elle pas d'autre destination que celle d'éclairer notre globe pendant la plupart des nuits, de produire le flux et le reflux de nos mers, et de procurer aux habitants de notre globe d'autres avantages qui nous sont inconnus? La surface d'un corps de quelques millions de lieues carrées serait-elle dénuée de créatures vivantes? L'être infini aurait-il laissé cet immense espace désert et vide? Le Seigneur n'a-t-il établi son empire que dans la planète que nous habitons? N'est-il pas d'autres créatures qui adorent avec nous un même Seigneur et un même père, qui soient, comme nous, l'objet des soins de sa providence, et au bonheur desquelles il pourvoie avec la même bonté?

Bornons-nous en ce moment aux avantages que la lune procure à notre globe. Les tendres soins du père de la nature envers les hommes se manifestent ici bien sensiblement. Il a placé la lune si près de nous, afin qu'elle seule répandît plus de lumière sur la terre que toutes les étoiles ensemble. Par là elle nous offre un agréable spectacle, une multitude de commodités et d'avantages. A la clarté de cet astre, nous pouvons entreprendre des voyages, aller partout où le besoin nous appelle, prolonger nos travaux, et terminer plusieurs affaires. Combien d'ailleurs sert à la division et à la mesure du temps la régularité avec laquelle es phases de la lune se succèdent les unes aux autres.

CXIII. — Eclipses de soleil et de lune.

Une éclipse est un effet purement naturel : la trace de l'orbite de la lune dans le ciel est différente de cinq degrés de celle qu'y décrit le soleil, c'est-à-dire de l'*écliptique ;* mais elle coupe ce cercle en deux points, qu'on appelle *nœuds*. Tous les quinze jours la lune passe dans un de ces nœuds, et, si le soleil se trouve vers le même endroit du ciel, la lune nous le cache, ce qui fait l'éclipse de soleil ; ou si elle est à l'opposite de cet astre, elle est cachée par la terre, ce qui fait l'éclipse de lune.

L'éclipse de soleil ne peut avoir lieu que quand la lune, qui est un corps opaque et naturellement obscur, se trouve placée en ligne directe ou presque directe entre le soleil et notre globe. Dans ce cas elle nous cache, ou une partie de cet astre, et c'est une éclipse partielle, ou l'astre tout entier, et c'est une éclipse totale. Celles de cette dernière espèce sont surtout remarquables par les effets qu'elles produisent. On passe très promptement du jour le plus éclatant à une obscurité plus **grande** que celle de la nuit ordinaire, du moins plus sensible et plus frappante : les chevaux sont obligés de s'arrêter dans le milieu du chemin, ne sachant où mettre le pied ; la rosée commence à tomber par l'interruption subite de la chaleur ; les oiseaux mêmes tombent vers la terre par l'effroi que leur cause une si triste obscurité.

On voit que l'éclipse solaire depend de la situation où se trouve la terre lorsque l'ombre de la lune se répand sur elle, et que c'est une erreur grossière de croire que le soleil soit alors réellement obscurci : il n'est que voilé par rapport à nous ; cet astre conserve toute sa clarté, et tout le changement qui arrive, c'est que les rayons qui en émanent ne peuvent parvenir jusqu'à nous, à cause de l'interposition de la lune entre la terre et lui. De là vient qu'une éclipse solaire n'est jamais visible en même temps sur tous les endroits du globe ; car il faudrait que le soleil eût effectivement perdu sa lumière pour que l'éclipse fût aperçue à la fois, et sous les mêmes rapports, dans tous les points d'un même hémisphère ; au lieu qu'elle est plus grande dans un pays que dans l'autre, et qu'il y a même des contrées où elle n'est nullement aperçue.

Si la lune obscurcit quelquefois la terre, celle-ci répand aussi quelquefois son ombre sur la lune, et lui intercepte les rayons du soleil en tout ou en partie : de là les éclipses de la lune. Mais ce phénomène ne peut avoir lieu que quand cette dernière planète est à un des côtés de la terre, tandis que le soleil est du côté opposé, c'est-à-dire dans la pleine lune. Comme elle est réellement obscurcie par l'ombre de la terre, l'éclipse est aperçue en même temps sur tous les points du même hémisphère de notre globe.

Il doit y avoir éclipse au moins deux fois l'année, c'est-à-dire dans les nouvelles ou pleines lunes, qui arrivent quand le soleil se trouve vers un des deux points du ciel où sont les *nœuds*. Mais ces éclipses ne sont pas toujours visibles pour nous, parce que la lune ne peut cacher le soleil qu'à une petite partie de la terre. Il peut arriver six ou sept éclipses dans la même année pour différentes parties de la terre, parce qu'il n'est pas nécessaire, pour qu'il y ait éclipse, que le soleil réponde précisément aux nœuds de la lune. La largeur de ces deux astres suffit pour qu'ils paraissent se toucher, sans qu'ils répondent précisément au même point du ciel; et la largeur de la terre fait que la lune peut cacher à un pays le bord du soleil, quoiqu'elle soit éloignée de plusieurs degrés du nœud ou de l'intersection des deux orbites. On a remarqué que les éclipses reviennent à peu près dans le même ordre au bout de dix-huit ans et dix jours.

CXIV. — Coup d'œil sur les mondes.

Qu'elles sont multipliées les œuvres de notre Dieu! Qu'il est majestueux ce ciel étoilé, et combien le Créateur y paraît grand! Des milliers de mondes annoncent sa gloire, et les êtres intelligents qu'ils renferment reconnaissent et adorent Celui qui les a formés. Quels puissants motifs de nous unir aux chœurs célestes, pour que les louanges du Très-Haut retentissent dans toutes les parties de ce vaste univers! Heureuse perspective qui s'ouvre pour nous dans l'éternité, où nous serons à la portée de connaître ces mondes, et d'en contempler les merveilles! Quel sera notre étonnement en découvrant des objets tout-à-fait nouveaux, ou du moins dont nous n'avions qu'une idée fort imparfaite! De quel éclat brilleront à nos yeux les perfections divines, dont l'empire s'étend sur une foule de mondes, tandis que nous nous imaginions sans motif qu'elles s'exerçaient uniquement sur le globe que nous habitons! Quelle source intarissable de connaissances variées! quelle riche matière de glorifier le Créateur et le maître de ces mondes innombrables!

L'imagination succombe sous le poids de la création. Elle cherche la terre, et ne la démêle plus. Dans cet amas immense de corps célestes, ce globe se perd comme un grain de poussière dans une haute montagne. Ces millions d'étoiles fixes ont chacune, comme notre soleil, leurs planètes particulières, et nous entrevoyons autour de nous une multitude inconcevable de mondes, dont chacun a son arrangement, ses lois, ses habitants, ses productions.

Mais élevons-nous plus haut, et, portés sur les ailes majestueuses de la révélation, traversons ces myriades de mondes, et approchons-nous du ciel où Dieu habite!... Parvis resplendissant de la gloire céleste, demeures éternelles des esprits bienheureux, lumière inaccessible, trône auguste de *Celui qui est*, quel est le faible mortel à qui il serait donné de pouvoir vous décrire!

Pour concevoir les plus hautes idées de l'étendue et de la population de l'univers, viens, ô homme, et médite un moment sur l'admirable système du monde. Essaie de contempler toute la magnificence de la création universelle!...

Quel ne sera pas ton ravissement à la vue de ces milliers, que dis-je! de ces millions de comètes qui circulent autour de notre soleil dans des orbes de plus en plus excentriques, et sous toutes sortes de directions et d'inclinaisons! Mais combien ton étonnement redoublera, quand tu viendras à penser que peut-être notre soleil, et ces milliers d'autres soleils que nous nommons *étoiles*, circulent eux-mêmes autour d'un autre monde, qui, par sa supériorité et sa masse, domine sur tous ces soleils et sur leur im-

mense cortége, tandis qu'il est dominé à son tour par un autre
monde plus puissant encore, et dont il ne serait lui-même qu'un
satellite!... Qu'un satellite! ici l'esprit perd la force d'admirer, et
l'étonnement se change en stupeur. Oh! comment un tel spectacle pourrait-il s'offrir aux yeux d'un simple mortel!... Et, pour
en jouir, ne faudrait-il pas être un ange, ou avoir été *ravi au
troisième ciel!...*

CXV. — Hymne à la louange de Dieu sur les merveilles que nous offre la contemplation du ciel.

De la terre je porte mes regards vers le ciel; vers le ciel, où
est placé le trône du Dieu que j'adore. Accablé des merveilles qui
s'offrent à ma contemplation, je ne sais ce que je dois le
plus admirer, ou la grandeur, ou le nombre, ou la marche de
tant de vastes corps qui forment le dehors du palais que s'est
construit le Créateur de l'univers.

Ici tout me ravit, tout me confond, tout m'anéantit. Si jamais
un être matériel pouvait nous éblouir par quelque image sensible
de la majesté du Dieu de la nature, et surprendre l'hommage des
mortels abusés, c'était ce globe immense qui régit notre système
planétaire. Etabli au centre apparent de l'univers, dans un océan
de lumière dont il est la source, il s'y montre entouré de ces
astres errants qui semblent former sa cour. Par sa force attractive, il les tient sous sa dépendance; il les éclaire, les échauffe
et les féconde par sa permanente irradiation : il en est comme le
bienfaiteur, il en est le monarque.

Mais ce soleil lui-même se perd au milieu d'un nombre incal-
culable d'autres soleils. Les étoiles, à une distance prodigieuse
les unes des autres, nous montrent dans l'univers une immensité
où se perd l'imagination, où s'abîme notre intelligence. Elles
paraissent semées dans l'espace avec une profusion qui nous
atterre... Et ce ne sont encore là que les avenues de la création!...
Quel est donc le maître de cet empire?... Qui oserait lui refuser
l'hommage qu'on lui doit? Combien il est digne de nos admira-
tions!

Toutes les armées célestes glorifient la force et la majesté de mon Créateur, et toutes les sphères qui roulent dans l'immense espace célèbrent la sagesse de ses œuvres. La mer, les montagnes, les forêts, les abîmes, qu'un acte de sa volonté a fait sortir du néant, sont les hérauts de son amour, les chantres de sa puissance.

Serai-je seul à garder le silence?... N'entonnerai-je pas un hymne à sa louange? Ah! je veux que mon âme s'élance jusqu'à son trône, et si ma langue ne fait que bégayer, au moins de douces larmes qui coulent de mes yeux exprimeront l'amour que j'ai pour lui.

Oui, ma langue bégaie; mais tu le vois, ô Très-Haut, l'autel de mon cœur brûle des plus saintes, des plus vives ardeurs. Ah! quand je pourrais tremper mon timide pinceau dans les flammes du soleil, encore me serait-il impossible de tracer un faible crayon, une légère esquisse, un seul trait de ton essence. Même les esprits purs ne peuvent t'offrir que d'imparfaites louanges.

Par quel pouvoir des millions de soleils brillent-ils avec tant de splendeur? Qui détermine le cours merveilleux des sphères roulantes? Quel lien les unit? Quelle force les anime? C'est ton souffle, ô Éternel! C'est ta voix puissante.

Tout est par toi. Tu appelas les mondes, et ils accoururent dans l'espace. Alors notre globe naquit : les oiseaux et les poissons, le bétail et les bêtes sauvages qui se plaisent dans les bois, l'homme enfin, vinrent l'habiter et y goûter la joie.

Tu réjouis nos yeux par des aspects riants et variés. Tantôt ils se promènent sur la verte prairie, ou bien ils contemplent les forêts qui semblent toucher les nues; tantôt ils voient briller la rosée que tu verses sur les fleurs, et ils suivent dans son cours le ruisseau limpide où la forêt vient se réfléchir.

Pour rompre la violence des vents, et tout à la fois pour nous offrir un spectacle enchanteur, s'élèvent les montagnes d'où jaillissent des sources salutaires. Tu abreuves de pluies et de rosées les vallons arides, tu rafraîchis l'air par le souffle du zéphir.

C'est par toi que la main du printemps étend sous nos pas des tapis de verdure; c'est toi qui dores nos épis, qui colores de pourpre nos raisins; et, quand le froid vient engourdir la nature, tu l'enveloppes d'un voile éclatant de blancheur.

Par toi, l'esprit de l'homme pénètre jusque dans la voûte étoilée; c'est par toi qu'il connaît le passé, qu'il sait discerner le faux d'avec le vrai, l'apparence d'avec la réalité; c'est par toi qu'il juge, qu'il désire ou qu'il craint; par toi que, dans la partie la plus essentielle à son être, il échappe au tombeau et à la mort.

Seigneur, ma bouche fera éternellement retentir ce monde où tu m'as placé de la magnificence de tes œuvres. Seulement ne dédaigne pas la louange de celui qui devant toi n'est qu'un faible vermisseau. Toi qui lis dans mon cœur, agrée les mouvements qu'il éprouve sans pouvoir les exprimer.

Quand, le front ceint d'une couronne immortelle, je me présenterai devant ton trône, alors j'exalterai ta majesté par des chants plus sublimes. O moment si longtemps et si ardemment désiré! hâtez-vous de paraître! Hâtez-vous, moment si fortuné, où des joies sans mélange et sans fin inonderont mon cœur.

FIN.

TABLE.

FIN DE LA TABLE.

Limoges. — Imp. EUGÈNE ARDANT et Cⁱᵉ.

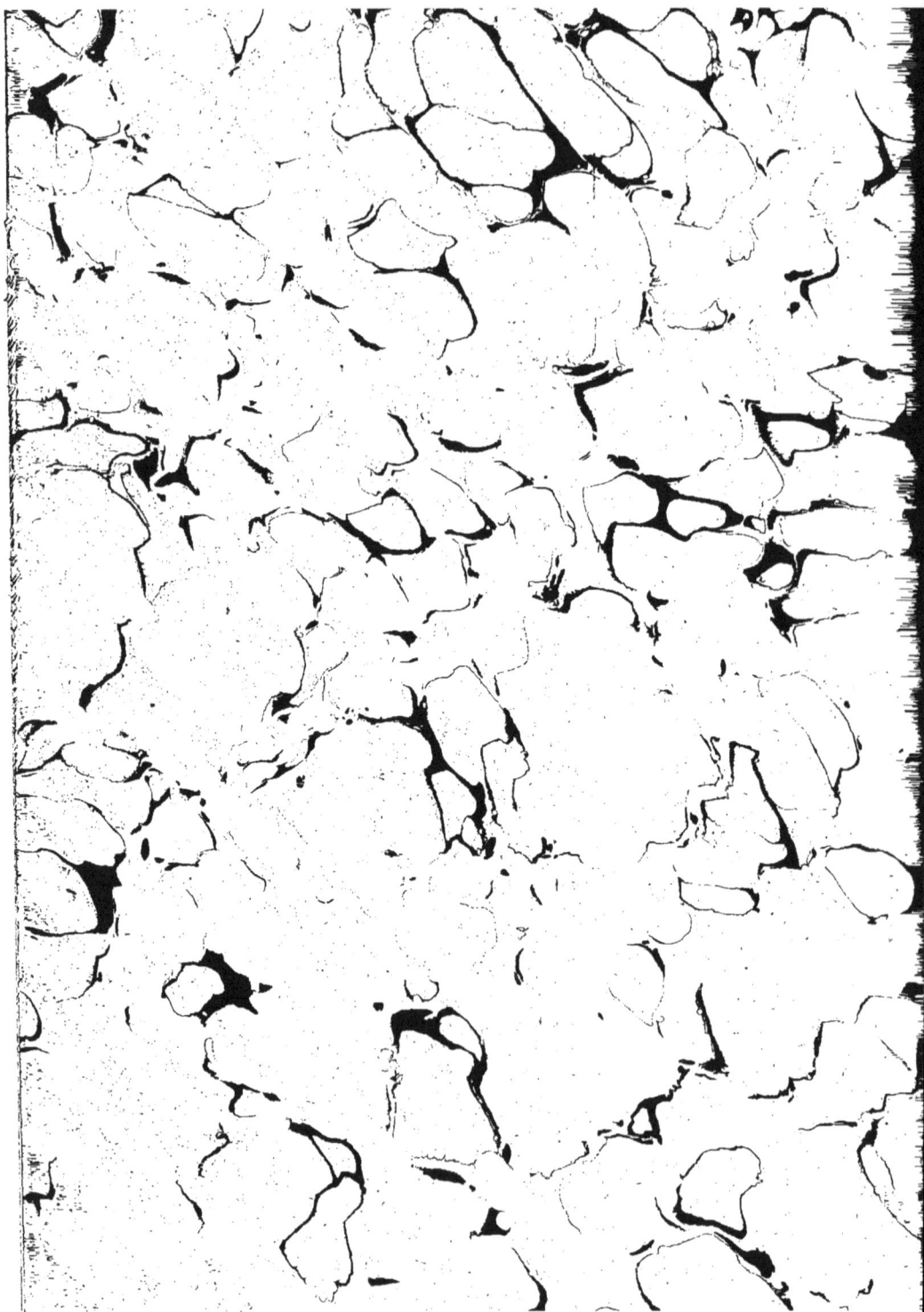

www.ingramcontent.com/pod-product-compliance
Lightning Source LLC
Chambersburg PA
CBHW032327210326
41518CB00041B/1385